权威·前沿·原创

皮书系列为
"十二五""十三五"国家重点图书出版规划项目

U0206759

气候变化绿皮书

GREEN BOOK OF
CLIMATE CHANGE

应对气候变化报告
（2018）

ANNUAL REPORT ON ACTIONS TO ADDRESS
CLIMATE CHANGE (2018)

聚首卡托维兹

Gathering in Katowice

主　编／谢伏瞻　刘雅鸣
副主编／陈　迎　巢清尘　胡国权　潘家华

社会科学文献出版社
SOCIAL SCIENCES ACADEMIC PRESS（CHINA）

图书在版编目（CIP）数据

应对气候变化报告.2018：聚首卡托维兹 / 谢伏瞻，
刘雅鸣主编 . -- 北京：社会科学文献出版社，2018.11
（气候变化绿皮书）
ISBN 978 - 7 - 5201 - 3981 - 6

Ⅰ.①应… Ⅱ.①谢… ②刘… Ⅲ.①气候变化 - 研
究报告 - 世界 - 2018 Ⅳ.①P467

中国版本图书馆 CIP 数据核字（2018）第 260495 号

气候变化绿皮书
应对气候变化报告（2018）
——聚首卡托维兹

主　　编 / 谢伏瞻　刘雅鸣
副 主 编 / 陈　迎　巢清尘　胡国权　潘家华

出 版 人 / 谢寿光
项目统筹 / 周　丽　陈凤玲
责任编辑 / 田　康　宋淑洁

出　　版 / 社会科学文献出版社·经济与管理分社（010）59367226
　　　　　　地址：北京市北三环中路甲 29 号院华龙大厦　邮编：100029
　　　　　　网址：www.ssap.com.cn
发　　行 / 市场营销中心（010）59367081　59367083
印　　装 / 三河市龙林印务有限公司

规　　格 / 开　本：787mm × 1092mm　1/16
　　　　　　印　张：25.75　字　数：389 千字
版　　次 / 2018 年 11 月第 1 版　2018 年 11 月第 1 次印刷
书　　号 / ISBN 978 - 7 - 5201 - 3981 - 6
定　　价 / 128.00 元

皮书序列号 / PSN G - 2009 - 144 - 1/1

本书如有印装质量问题，请与读者服务中心（010 - 59367028）联系本书由"中国社会科学院－中国气象局气候变化经济学模拟联合实验室"组织编写。

本书由国家社会科学基金"我国参与国际气候谈判角色定位的动态分析与谈判策略研究"（编号：16AGJ011）和中国气象局气候变化专项项目"气候变化经济学联合实验室建设（绿皮书）"（编号：CCSF201814）资助出版。

感谢科技部改革发展专项"巴黎会议后应对气候变化急迫重大问题研究"第九课题和第十五课题（2016）、教育部重大项目"构建公平合理的国际气候治理体系研究"（编号：15JZD035）、科技部"第四次气候变化国家评估报告"、中国清洁发展机制基金"碳关税及隐形碳关税对我国出口贸易的影响及其国际治理模式研究课题"（编号：2013030）、国家重点研发计划项目"服务于气候变化综合评估的地球系统模式"课题（编号：2016YFA0602602）、国家社科基金重大项目"我国低碳城市建设评价指标体系研究"（编号：15ZDA055）、国家重大科学研究计划课题"地球工程的综合影响评价和国际治理研究"（编号：2015CB953603）、科技部国家重点研发计划课题"雄安新区气候变化风险评估及三生适应模式研究"（编号：2018YFA0606304）、内蒙古气候变化政策研究院课题"一带一路背景下的中蒙俄绿色低碳发展国际合作前景研究"和"大数据视域下的内蒙古应对气候变化政策研究"、国家社会科学基金项目"中国西部农村电气化及分布式可再生能源发展的政策分析（编号：13CJL055）"的联合资助。

同时感谢中国气象学会气候变化与低碳发展委员会的支持。

气候变化绿皮书编纂委员会

主要编纂者简介

谢伏瞻 中国社会科学院院长、党组书记,学部委员,学部主席团主席,研究员,博士研究生导师。主要研究方向为宏观经济政策、公共政策、区域发展政策等。历任国务院发展中心副主任、国家统计局局长、国务院研究室主任、河南省人民政府省长、河南省委书记;曾任中国人民银行货币政策委员会委员。1991 年、2001 年两次获孙冶方经济科学奖;1996 年获国家科技进步二等奖。1991~1992 年,美国普林斯顿大学访问学者。先后主持完成"东亚金融危机跟踪研究""国有企业改革与发展政策研究""经济全球化与政府作用的研究""金融风险与金融安全研究""完善社会主义市场经济体制研究""中国中长期发展的重要问题研究"和"不动产税制改革研究"等重大课题研究。

刘雅鸣 中国气象局党组书记、局长,教授级高级工程师。中国共产党第十九次全国代表大会代表,第十二届全国人大代表。世界气象组织(WMO)执行理事会成员,世界气象组织中国常任代表,政府间气候变化专门委员会(IPCC)中国代表。曾任水利部水文局党委书记、局长,长江水利委员会党组书记、主任,长江流域防汛抗旱总指挥部常务副总指挥,水利部党组成员、副部长。

陈 迎 中国社会科学院城市发展与环境研究所可持续发展经济学研究室研究员,博士研究生导师。研究领域为环境经济与可持续发展、能源和气候政策、国际气候治理等。政府间气候变化专门委员会(IPCC)第五、第六次评估报告第三工作组主要作者。2013 年至今任中国社科院城环所创新工程项目首席研究员。现任"未来地球计划"中国委员会副主席，中国气象学会气候变化与低碳发展委员会副主任委员，中国环境学会环境经济分会副主任委员。主持和承担过国家级、省部级和国际合作的重要研究课题二十余项，发表合著、论文、文章等七十余篇（部）。多项研究成果获奖，如第二届浦山世界经济学优秀论文奖（2010年）、第十四届孙冶方经济科学奖（2011年）、中国社会科学院优秀科研成果二等奖（2004年、2014年）等。

巢清尘 国家气候中心副主任，研究员级高级工程师，理学博士。研究领域为气候系统分析及相互作用、气候风险管理以及气候变化政策研究。现任全球气候观测系统指导委员会委员，中国气象学会气候变化与低碳发展委员会主任委员、中国气象学会气象经济委员会副主任委员、国家生态红线专家委员会委员等。第三次气候变化国家评估报告编写专家组副组长，第四次气候变化国家评估报告领衔作者。曾任中国气象局科技与气候变化司副司长。长期作为中国代表团成员参加《联合国气候变化框架公约》（UNFCCC）和政府间气候变化专门委员会（IPCC）工作。《中国城市与环境研究》《气候变化研究进展》编委。主持科技部、国家发展与改革委、中国气象局项目十余项，发表合著、论文五十余篇（部）。

胡国权 国家气候中心副研究员，理学博士。研究领域为气候变化数值模拟、气候变化应对战略。先后从事天气预报、能量与水分循环研究、气候系统模式研发和数值模拟，以及气候变化数值模拟和应对对策等工作。参加了第一、第二、第三次气候变化国家评估报告的编写工作。作为中国代表团成员参加了《联合国气候变化框架公约》（UNFCCC）和政府间气候变化专门委员会（IPCC）工作。主持了国家自然科学基金、科技部、中国气象局、国家发改委等的资助项目十几项，参与编写专著十余部，发表论文二十余篇。

潘家华 中国社会科学院经济学部委员，城市发展与环境研究所所长，研究员，博士研究生导师。研究领域为世界经济、气候变化经济学、城市发展、能源与环境政策等。担任国家气候变化专家委员会委员，国家外交政策咨询委员会委员，中国城市经济学会副会长，中国生态经济学会副会长，政府间气候变化专门委员会（IPCC）第三、第四、第五、第六次评估报告主要作者。先后发表学术（会议）论文二百余篇，撰写专著 4 部，译著 1 部，主编大型国际综合评估报告和论文集 8 部；多项研究成果获奖，如中国社会科学院优秀成果一等奖（2004 年）、二等奖（2002 年），孙冶方经济科学奖（2011 年）等。

摘　要

气候变化是人类社会面临的最严峻的挑战之一。从 2009 年丹麦哥本哈根《联合国气候变化框架公约》第 15 次缔约方会议，到即将在波兰卡托维兹召开的气候公约第 24 次缔约方会议，国际气候治理走过了十年艰辛曲折的历程。伴随这一历程，"气候变化绿皮书"自第一部《应对气候变化报告（2009）：通向哥本哈根》，到即将和读者见面的《应对气候变化报告（2018）：聚首卡托维兹》，也正好历经十个年头。

本书共分为六个部分。第一部分是总报告。回首气候变化领域过去十年的一些重要进展，包括科学观测和评估、国际气候治理，以及国内应对气候变化的政策行动。在此基础上，重点关注当前全球国际气候合作所处的新的国际环境、中国的绿色低碳发展之路以及中国在国际气候治理中的作用。

第二部分是定量指标分析，继 2017 年推出城市暴雨韧性指数之后，2018 年特别推出低碳城市建设评价指标体系，从 6 个维度，选取 15 个指标全面评估了 2016 年各地低碳城市建设取得的成绩和存在的问题，可以为城市管理提供重要参考。需要强调的是，定量指标分析重在推动低碳城市建设，城市排名结果并不是最重要的。

第三部分聚焦国际应对气候变化进程，选取 11 篇文章，其中包括一组 3 篇针对即将启动的"塔拉诺阿"促进性对话的文章，反映中国视角，贡献中国智慧。2018 年 10 月新鲜出炉的政府间气候变化专门委员会（IPCC）1.5℃目标特别报告备受全球关注。参与 IPCC 大会的专家在第一时间对报告重点进行全面解读，信息丰富，难能可贵。此外，航空和航海排放、"弃煤联盟"、南南合作、国际非政府组织参与国际气候治理等方面的发展动态，也都值得关注和深入思考。

第四部分聚焦国内应对气候变化政策与行动，选取5篇文章，从不同方面反映了我国认识和应对气候变化的相关政策和行动。例如，随着各地打响"蓝天保卫战"，雾霾治理成效显著，大气污染物与温室气体的协同治理是城市绿色低碳发展的关键。我国能源战略强调"节能优先"，节能与减排是相辅相成的。又如，随着我国通过去过剩产能控制煤炭消费总量的力度不断加大，在促进能源转型的过程中也必须处理好民生问题，所谓"公正转型"对我国很有现实意义。此外，绿色金融方兴未艾，对于我国如何应对全球气候融资体系，我国碳市场对覆盖行业的国际竞争力影响如何，也有专篇论述。

第五部分"研究专论"选取了5篇与应对气候变化相关的研究报告，涉及气候变化的认知、气候科学研究和国际合作、气候变化与贫困、城市适应气候变化政策等不同主题，内容丰富，有利于读者开阔视野。例如，气候变化对农村脆弱生态环境的不利影响是农村贫困的重要原因之一，实施精准扶贫战略须考虑气候变化因素，改善和提升贫困地区和贫困人群适应气候变化的能力。又如，城市人口和经济活动聚集，城市适应气候变化需要综合考虑城市"三生"（即生产、生活、生态）的特点和需求，构建适合城市可持续发展的"三生"模式。

本书附录依惯例收录2017年世界各主要国家和地区的社会经济、能源及碳排放数据，以及全球和中国气候灾害的相关统计数据，供读者参考。

关键词：国际气候治理　减缓　适应　可持续发展

前　言

　　气候变化是人类社会面临的严峻挑战。气候监测事实表明，2017年平均温度比工业化前时期高出约1.1℃，为有完整气象观测记录以来的第二暖年份，也是有完整气象观测记录以来最暖的非厄尔尼诺年份。冰冻圈不断收缩，海平面加速上升，气候变化对自然和人类系统的不利影响正在加剧。在此背景下，全球范围的极端天气气候事件趋多趋强，2017年全球气候灾害尤为严重，北大西洋飓风、印度次大陆洪水、非洲严重干旱，都对当地可持续发展构成严重威胁。据慕尼黑再保险公司评估，2017年天气和气候相关事件的总灾害损失为3200亿美元，创历史纪录。世界经济论坛《2018年全球风险报告》中将极端天气事件确定为人类面临的最主要风险。

　　2018年10月，政府间气候变化专门委员会（IPCC）在韩国仁川发布了特别报告《全球变暖1.5℃》，全面评估了在实现可持续发展和努力消除贫困的背景下，实现控制全球升温1.5℃目标情景下的气候变化影响、适应和减排路径等。相比2℃目标情景，将全球变暖限制在1.5℃以内可以避免一系列气候变化带来的损失与风险，但要实现1.5℃目标，需要全社会各个部门和领域以前所未有的速度和力度进行低碳转型，挑战可想而知。

　　2016年11月4日生效的《巴黎协定》体现了国际社会在合作应对气候变化责任和行动等方面的共识。尽管特朗普总统上台后，美国在气候变化问题上的立场和政策发生了很大变化，但美国国内支持积极应对气候变化的力量仍然存在。2018年9月在美国旧金山召开的全球气候行动峰会，充分展示了民间力量支持落实《巴黎协定》的强大决心。

　　十八大以来，生态文明建设提升到了前所未有的新高度。在全球绿色低碳转型的大趋势下，坚定走绿色、低碳和可持续发展的道路，是中国的战略

选择。2017 年，中国单位 GDP 二氧化碳排放量比 2005 年下降了 46%，相当于减少二氧化碳排放 40 多亿吨，提前实现 2020 年碳强度下降 40% ~45% 的目标。未来中国还将继续积极落实国家自主贡献目标，百分之百地兑现中国应对气候变化承诺，以成为全球生态文明建设的重要参与者、贡献者和引领者。

气候变化绿皮书是中国社会科学院和中国气象局的专家联手国内气候变化研究领域一线学者联合编撰，汇集国内外气候变化最新科学进展、政策、应用实践等的权威性年度出版物，自 2009 年推出《应对气候变化报告（2009）：通向哥本哈根》以来，十年坚持不懈，立时代潮头，发中国强音，学理评点国际博弈，睿智思辨国内转型，在国内外产生了积极而广泛的影响。2018 年，国际关系纷繁复杂，世界经济不确定性加剧，但全球绿色低碳发展的趋势不可逆转。高质量发展，促进人与自然和谐共生，不仅仅是中国转型发展的方向，更是中国在全球的责任担当。《应对气候变化报告（2018）：聚首卡托维兹》，在总结最近十年应对气候变化进程和行动的基础上，聚焦国内外气候变化领域的新动态、新进展和新问题，希望继续得到广大读者的关注和支持。也借此机会，向为绿皮书出版做出努力的各位作者和出版社表示诚挚的感谢！

中国社科院院长　谢伏瞻

中国气象局局长　刘雅鸣

2018 年 10 月

目 录

Ⅰ 总报告

G. 1 十年气候前行路，历经风雨见彩虹

………………… 陈 迎 巢清尘 胡国权 刘 哲 王 谋 / 001

引 言 …………………………………………………… / 002

一 气候变化科学认知的进展 ……………………………… / 003

二 国际气候进程与国际治理 ……………………………… / 009

三 中国应对气候变化政策与行动 ………………………… / 016

四 气候变化绿皮书十年统计分析 ………………………… / 021

结束语 …………………………………………………… / 026

Ⅱ 定量指标评价

G. 2 我国低碳城市建设成效评估……………… 陈 楠 庄贵阳 / 027

Ⅲ 国际应对气候变化进程

G. 3 "去全球化"背景下中国引领全球气候治理的机遇与挑战

…………………………………………………… 滕 飞 / 045

G.4 应对气候变化"塔拉诺阿对话"中国方案的若干思考与建议
………………………………………………… 柴麒敏 祁 悦 / 057

G.5 构建气候韧性社会：挑战与展望
………………………………………… 孙 劢 巢清尘 黄 磊 / 066

G.6 IPCC《全球1.5℃增暖》特别评估报告
……………………………………… 黄 磊 巢清尘 张永香 / 079

G.7 全球气候治理新变化和非政府组织地位的上升………… 于宏源 / 088

G.8 "弃煤联盟"的发展动向、可能影响及应对 …………… 陈 迎 / 100

G.9 气候变化南南合作的现状、问题和战略对策
………………………………………… 谭显春 顾佰和 朱开伟 / 115

G.10 全球气候治理规则体系基于科学和实践的演进
……………………………………………………… 高 翔 高 云 / 128

G.11 协同推进气候行动与可持续发展的国际进展
…………………………………………………… 张晓华 邓梁春 / 142

G.12 国际海运温室气体减排初步战略浅析
………………………………………… 张琨琨 赵颖磊 张 爽 / 158

G.13 国际航空碳抵消与减排机制（CORSIA）及其影响分析
………………………………………… 王 任 赵凤彩 吕继兴 / 169

Ⅳ 国内应对气候变化政策与行动

G.14 我国城市大气污染防治政策协同减排温室气体效果评价
——以重庆为案例 ………………………… 冯相昭 毛显强 / 181

G.15 中国节能服务产业发展现状与展望 ………………… 赵 明 / 192

G.16 应对气候变化与公正转型 …………………………… 张 莹 / 204

G.17 中国碳价格对覆盖行业国际竞争力的影响
………………………………………………… 齐绍洲 杨光星 / 216

G.18 转型中的全球气候融资体系与中国的应对
………………………………………… 刘 倩 许寅硕 罗 楠 / 230

V　研究专论

G.19 气候与水文耦合模拟研究进展 ················· 王守荣 / 241

G.20 气候新常态向冰冻圈科学提出服务新需求

················· 马丽娟　秦大河 / 254

G.21 气候贫困的影响机制及应对策略 ············· 孟慧新　郑　艳 / 264

G.22 极端气候事件对城市"三生"系统的影响及其适应策略探讨

················· 李国庆　陈　璟　袁　媛 / 276

G.23 新疆地区人群对气候变化的感知及适应性对策分析

··········· 赵　琳　王长科　王　铁　李元鹏　韩雪云 / 291

VI　附录

G.24 世界各国与中国社会经济、能源及碳排放数据 ········· 朱守先 / 309

G.25 全球气候灾害历史统计 ················· 翟建青　秦建成 / 339

G.26 中国气候灾害历史统计 ················· 翟建青　秦建成 / 352

G.27 缩略词 ················· 胡国权　崔　禹 / 365

英文摘要及关键词 ················· / 369

皮书数据库阅读**使用指南**

CONTENTS

I General Report

G.1   10 Years of Tackling Climate Change: Light at the End of the Tunnel

Chen Ying, Chao Qingchen, Hu Guoquan, Liu Zhe, Wang Mou / 001

Introduction   / 002

1. Progress on Scientific Understanding   / 003

2. International Climate Process and International Governance   / 009

3. Domestic Policies and Actions to Address Climate Change   / 016

4. Statistics of the Green Book within 10 Years   / 021

Conclusions   / 026

II Evaluation with Quantitative Indexs

G.2   Effectiveness Evaluation of Low-carbon Cities Construction in China

Chen Nan,Zhuang Guiyang / 027

III International Process to Address Climate Change

G.3   Opportunities and Challenges of China as a Torchbearer in Global Climate Governance within the "Deglobalization"   *Teng Fei* / 045

G.4   China's Approach to the"Talanoa Dialogue"on Address Climate Change

Chai Qimin, Qi Yue / 057

G.5   Towards a Climate Resilience Society: Challenges and Prospects

Sun Shao, Chao Qingchen, Huang Lei / 066

G.6   IPCC Special Report on Global Warming of 1.5°C

Huang Lei, Chao Qingchen, Zhang Yongxiang / 079

G.7   The New Changes of Global Climate Governance and the
Rising Status of NGOs   *Yu Hongyuan* / 088

G.8   Powering Past Coal Alliance: Status, Impacts and Policy Implications

Chen Ying / 100

G.9   Current Situation, Problems and Tactics of South-South Cooperation
on Climate Change   *Tan Xianchun, Gu Baihe, Zhu Kaiwei* / 115

G.10   Evolution of the Global Climate Regime Based on Science
and Practice   *Gao Xiang, Gao Yun* / 128

G.11   The Clobal Progress of Advancing the Synergy between Climate Actions
and Sustainable Development   *Zhang Xiaohua , Deng Liangchun* / 142

G.12   Analysis on Initial IMO Strategy on Reduction of GHG Emissions
from Ships   *Zhang Kunkun, Zhao Yinglei, Zhang Shuang* / 158

G.13   Impact Analysis on the Carbon Offsetting and Reduction Scheme
for International Aviation   *Wang Ren, Zhao Fengcai, Lv Jixing* / 169

Ⅳ   Domestic Policies and Actions on Climate Change

G.14   An Evaluation on the Co-benefits of Reducing Greenhouse Gases
Emission from Urban Air Pollution Prevention Policies in
China—Taking Chongqing City As a Case

Feng Xiangzhao, Mao Xianqiang / 181

G.15   Esco Development in China   *Zhao Ming* / 192

G.16   Addressing Climate Change and Just Transition   *Zhang Ying* / 204

G.17 The Impacts of China's Carbon Emission Price on International
Competitiveness of the Covered Industries
Qi Shaozhou, Yang Guangxing / 216

G.18 Global Climate Financing System in Transition and China's Response
Liu Qian, Xu Yinshuo, Luo Nan / 230

V Special Research Reports

G.19 Research Progress on Coupling Simulation of Climate and Hydrology
Wang Shourong / 241

G.20 New Service Demands Proposed to Cryospheric Science by the New
Normal of Global Climate *Ma Lijuan, Qin Dahe* / 254

G.21 Climate Induced Poverty: Impacts and Coping Measures
Meng Huixin, Zheng Yan / 264

G.22 Impacts of Extreme Climate Events on Ecosystem, Production
and Living in Urban Area and Adaptation
Li Guoqing, Chen Lu, Yuan Yuan / 276

G.23 Analysis on the Perception and Adaptation Countermeasures
on Climate Change of Populations in Xinjiang Region
Zhao Lin, Wang Changke, Wang Tie, Li Yuanpeng, Han Xueyun / 291

VI Appendix

G.24 Statistics of Population, Economy, Energy and Carbon Emissions
in Major Countries and Regions *Zhu Shouxian* / 309

G.25 Statistics of Global Weather and Climate Disaster
Zhai Jianqing, Qin Jiancheng / 339

G.26 Statistics of National Weather and Climate Disaster in China
Zhai Jianqing, Qin Jiancheng / 352

G.27 Abbreviations *Hu Guoquan, Cui Yu* / 365

Abstracts and Keywords / 369

总 报 告

General Report

G.1
十年气候前行路，历经风雨见彩虹

陈迎 巢清尘 胡国权 刘哲 王谋*

摘　要： 中国社会科学院与中国气象局合作编写的"气候变化绿皮书"自2009年推出第一本至今已经走过十个年头。"气候变化绿皮书"十年来一直密切关注和反映国际气候进程和中国的低碳发展。本文从科学认知、国际气候治理和国内低碳行动几个不同视角回顾十年的发展历程，分析当前应对气候变化的总体形势，同时也简要总结"气候变化绿皮书"的诞生和发展过程，展望未来发展的方向。

* 陈迎，中国社会科学院城市发展与环境研究所研究员，研究领域为国际气候治理、低碳发展政策；巢清尘，中国气象局国家气候中心副主任、研究员，研究领域为气候系统分析及相互作用、气候风险管理以及气候变化政策；胡国权，国家气候中心副研究员，研究领域为气候变化数值模拟、气候变化应对战略；刘哲，生态环境部政策研究中心副研究员，研究领域为环境与经济政策；王谋，中国社会科学院城市发展与环境研究所副研究员，研究领域为国际气候治理、低碳发展政策。

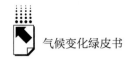

关键词： 气候变化　科学认知　国际气候治理　低碳发展

引　言

2009 年，《联合国气候变化框架公约》第 15 次缔约方大会在哥本哈根召开，全球对气候变化的关注度空前高涨。中国社会科学院城市发展与环境研究所潘家华研究员领导的团队，潜心气候变化政策研究已经有十几年，但气候变化问题的研究和讨论更多的是学者圈的话题，公众对气候变化仅有一些朴素的认识，对国际气候谈判仍有神秘感。当时就想到应该有一本气候变化主题的年度政策报告，分解不同的主题，由专业的研究人员，包括亲身参加一线国际谈判的人员来撰写，让社会公众能够全面准确了解气候变化领域的进展，增强气候变化意识，促进应对气候变化的行动。这是创办"气候变化绿皮书"的背景和初衷。

气候变化涉及的学科领域非常广泛，自然科学和社会科学交叉，要全面准确反映气候变化国内外动态，一个团队的研究力量明显不足。基于中国社会科学院城市发展与环境研究所和中国气象局国家气候中心的长期合作，2009 年 6 月 17 日，中国社会科学院－中国气象局气候变化经济学模拟联合实验室成立，由时任中国社会科学院副院长王伟光和中国气象局局长郑国光为联合实验室揭牌。联合实验室的成立为"气候变化绿皮书"的编写提供了一个很好的平台。2009 年 11 月，由中国社会科学院院长和中国气象局局长联合担任绿皮书主编，中国社会科学院－中国气象局气候变化经济学模拟联合实验室组织编写的国内第一本气候变化主题的年度政策报告《应对气候变化报告（2009）：通向哥本哈根》正式和读者见面。

从 2009 起步到 2018 年，时光荏苒，十年一晃而过。回首十年，国际气候进程坎坷前行，国内绿色低碳发展如火如荼。"气候变化绿皮书"也在我们的不懈努力中不断成长，连续推出十部，成为气候变化领域的一个具有良好口碑的品牌。以下从科学认知、国际气候治理和国内低碳行动几个不同视角回顾十年的发展历程，分析当前应对气候变化的总体形势，同时也简要总结"气候变化绿皮书"的诞生和发展过程，寄语"气候变化绿皮书"下一个十年再创辉煌。

一　气候变化科学认知的进展

2007 年 IPCC 发布第四次气候变化评估报告，中国也于 2006 年底首次发布了《气候变化国家评估报告》，两份报告分别全面总结了全球和中国气候变化的事实、趋势、影响以及应对政策和行动。气候变化的科学基础得到进一步夯实，科学认知水平上升到了一个新的高度。

如图 1 所示，2008～2017 年全球发表的以"气候变化"为主题的 SCI 论文和中国发表的气候变化主题论文数量增长很快，十年内以"气候变化"为主题的全球 SCI 论文数量上升了 2.7 倍多，中国的 SCI 论文数量则更是增长了 9.2 倍。检索中国学术期刊网络出版总库（CAJD），十年内中国发表的气候变化主题论文共计近 3 万篇。大量的科学研究成果进一步奠定了气候变化的科学基础。

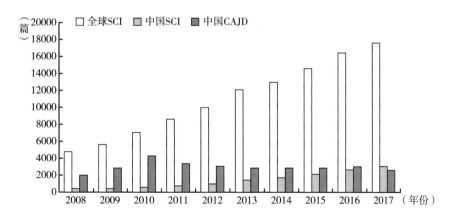

图 1　2008～2017 年全球和中国发表的"气候变化"主题论文数量

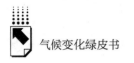
（一）全球气候系统的变化和影响

全球气候变暖已是不争事实。对全球三个常规地面观测资料数据集和两个再分析资料数据集的分析表明[①]，2017 年是有记录以来全球三个最暖年份之一，并且是明显未受厄尔尼诺影响的有记录以来最暖年份。另外两个分别是 2015 年（第三暖年）和 2016 年（最暖年），全球平均气温比工业化前水平（1850～1900 年）高 1.1±0.1℃。全球九个最暖年份都出现在 2005 年以后，五个最暖年份出现在 2010 年以后。2013～2017 年的五年平均温度也是有记录以来的最高值，比 1981～2010 年平均值高了 0.4℃（见表 1），比工业化前高了 1.0℃。作为气候变化关键驱动因素的大气温室气体浓度上升是另外一个指标。虽然全球 2017 年主要温室气体浓度平均数值得到 2018 年末才能发布，但是部分观测站的实时资料表明，CO_2、CH_4、N_2O 浓度水平在 2017 年持续上升。2016 年，温室气体浓度达新高，CO_2 为 403.3±0.1ppm、CH_4 为 1853±2ppb、N_2O 为 328.0±0.1ppb，它们分别比工业化前（1750 年前）水平上升了 45%、57% 和 22%，也超过了 80 万年前的自然变率。

表 1　全球有记录以来的最暖年份的全球平均气温水平

年份	与 1981～2010 年平均值的距平(℃)	年份	与 1981～2010 年平均值的距平(℃)
2016	+0.56	2005	+0.27
2017	+0.46	2013	+0.24
2015	+0.45	2006	+0.22
2014	+0.30	2009	+0.21
2010	+0.28	1998	+0.21

"全球碳收支"是准确评估大气、海洋和陆地中 CO_2 排放量和再分布的一个指标，有助于人们掌握人类改变地球气候的方式、支持气候政策的制定以及改进对未来气候变化的预估。数十年来，化石燃料和工业的 CO_2 排放

---

① WMO, "WMO Statement on the Status of the Global Climate in 2017," Geneva, WMO-No. 1212, 2018.

量一直在增加。2014～2016 年，虽然全球经济持续发展，但 CO_2 排放量首次停止增长。2017 年的初步数据表明，化石燃料排放和工业排放以 1.5% 的速率再次增长，达到了 366±20 亿吨的创纪录高点，比 1990 年高了 65%。在过去十年的所有人为 CO_2 排放中，每年平均只有约 45% 滞留在大气中，其余的由海洋吸收了 25%，陆地生物圈吸收了 30%。

全球海洋热含量处于创纪录的水平，2017 年 0～700 米深度层平均海洋热含量达 158.1ZJ，0～2000 米的热含量为 233.5ZJ，也是有记录以来的最高值。尽管最近两年海平面变化相对稳定，但自 2017 年中期以来，又呈继续上升趋势。2004～2015 年海平面上升 3.5mm/年，而之前十年为 2.7mm/年。海洋继续酸化，据夏威夷以北的阿罗哈站自 20 世纪 80 年代末以来的记录，海水 pH 值不断下降，从 20 世纪 80 年代初大于 8.10 下降到过去五年的 8.04～8.09。北极和南极海冰范围远低于平均值，2017 年北极和南极海冰范围远低于 1981～2010 年的平均值。

各类极端天气气候事件也趋强趋频。在《美国气象学会公报》对 2016 年全球发生的极端事件的 27 份分析报告中，21 份指出人类活动是极端事件发生频率增加的重要因素，特别是其中 15 份报告认为无论是陆地还是海洋上的极端温度事件都与人类活动关系密切，13 份报告认为高温事件的出现更为频繁和强烈，低温寒冷事件总体呈减少趋势。

由于各地自然地理条件和社会经济状况不同，气候变化在全球范围内的影响呈现不同的格局，全球各领域和区域对气候变化的响应有所不同。气候变化对农业的不利影响比有利影响更为显著，对热带和温带地区主要作物的产量产生了更为不利的影响，1981～2010 年玉米、大豆、稻米和小麦单产显著下降。[①] 气候变暖造成很多地区的降水变化和冰雪消融，尤其是高纬度地区和高海拔山区的多年冻土层变暖和融化，影响下游的径流和水资源。沿海地区将更多地受到海平面上升导致的淹没、海岸洪水和海岸侵蚀等不利影

---

① Nelson, G. C., H. Valin, R. D. Sands, et al., "Climate Change Effects on Agriculture: Economic Responses to Biophysical Shocks," *Proceedings of the National Academy of Sciences*, 2014, 111 (9): 3274.

响。在 2000~2016 年，易受热浪事件影响的弱势群体的数量增加了大约
1.25 亿人。[①] 温度上升还会产生不均衡的宏观经济影响，不利影响主要集中
在气候相对炎热的地区，而大多数低收入国家分布在这些地区。在这些国
家，温度上升会降低中短期的人均产量，主要是通过使农业减产、降低承受
高温工作人员的生产力、减缓投资并损害健康等。[②] 对于中位数新兴市场经
济体而言，年平均温度从 22℃上升 1℃ 可使同年的增长降低 0.9%。对于中
位数低收入发展中国家而言，当年平均温度为 25℃时，温度上升 1℃ 的影响
更大：增长下降 1.2%。2016 年，经济受到温度升高重大不利影响的国家的
GDP 仅占全球 GDP 的 20% 左右；然而，它们则养育着近 60% 的全球人口，
预计到 21 世纪末将养育超过 75% 的全球人口。

（二）中国的气候变化和影响

近 116 年来中国地表年平均气温也呈显著上升趋势，并伴随明显的年代
际波动，其间年平均气温上升了 1.21℃。1951~2017 年，中国地表年平均
气温增速为 0.24℃/10 年；近 20 年是 20 世纪初以来的最暖时期，2017 年属
异常偏暖年份，地表年平均气温接近历史最高年份（2007 年）的水平。据
国家海洋局《2017 年中国海平面公报》，1980~2017 年，中国沿海海平面
变化总体呈波动上升趋势，上升速率为 3.3 毫米/年，高于同期全球平均水
平。2017 年，中国沿海海平面较 1993~2011 年平均值高 58 毫米，为 1980
年以来的第四高位。冰川末端进退亦是反映冰川变化的重要监测指标之一，
体现冰川对气候变化的综合及滞后响应。1980 年以来，天山乌鲁木齐河源 1
号冰川末端退缩速率总体呈加快趋势。由于强烈消融，1 号冰川在 1993 年
分裂为东、西两支。监测结果表明，在冰川分裂之前的 1980~1993 年，冰

---

① Watts, N. et al., "2017: The Lancet Countdown on Health and Climate Change: From 25 Years of Inaction to a Global Transformation for Public Health," Lancet, 30 October 2017.
② 国际货币基金组织：《世界经济展望（2017）——努力实现可持续发展：短期复苏、长期挑战》，https://www.imf.org/en/Publications/WEO/Issues/2017/09/19/world-economic-outlook-october-2017，2017 年 10 月。

川末端平均退缩速率为 3.6 米/年；1994～2017 年，东、西支平均退缩速率分别为 4.6 米/年和 5.7 米/年。2011 年之前，西支退缩速率大于东支，之后两者退缩速率呈现交替变化特征。2017 年，东、西支分别退缩了 7.5 米和 4.5 米。1989～2017 年，阿尔泰山木斯岛冰川的平均退缩速率为 11.5 米/年，大于同期 1 号冰川的平均退缩速率。2017 年，木斯岛冰川末端退缩 9.5 米。1961～2017 年，中国气候风险总体呈升高趋势，且阶段性变化特征较为明显，20 世纪 70 年代和 80 年代气候风险低，90 年代初以来气候风险高。1991～2017 年平均气候风险指数较 1961～1990 年平均值增加了 55%。①

气候变化对中国的影响也是非常明显的，其有利影响和不利影响见图 2。

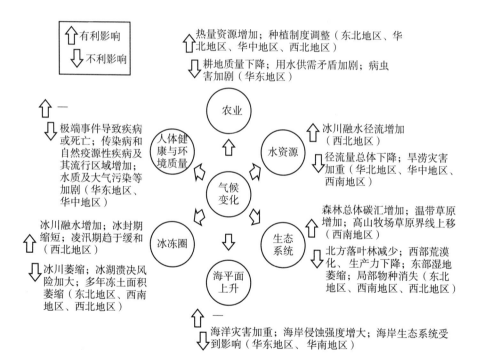

图 2　目前气候变化对中国主要领域的影响及区域利弊特征

资料来源：参考吴绍洪、罗勇、王浩等《中国气候变化影响与适应：态势和展望》，《科学通报》2016 年第 10 期，第 1042～1054 页。

———————————

① 中国气象局气候变化中心：《中国气候变化蓝皮书（2018）》，中国气象局气候变化中心，2018。

（三）中国科技工作推动了应对行动的深化

2005 年我国制定了《国家中长期科学和技术发展规划纲要（2006～2020 年）》，将"全球变化与区域响应"列为未来 15 年面向国家重大战略需求基础研究领域的 10 大方向之一，并将工业节能、新能源汽车等列为重点领域的优先主题。2012 年，发布了《"十二五"国家应对气候变化科技发展专项规划》；自 2006 年起，已先后发布三次《气候变化国家评估报告》，目前《第四次气候变化国家评估报告》的编制工作已启动。

在经费投入上，"十二五"期间科技部、中科院、自然基金会、气象局等 10 个部门，通过国家科技支撑计划，国家 863 计划，国家 973 计划，全球变化研究国家重大科学研究计划，国家国际科技合作计划项目，应对气候变化专项，中科院战略性先导科技专项，国家自然科学基金重大研究计划和农、林、水、环保、气象、海洋等各类公益性行业专项基金，中国清洁发展机制基金，全球环境基金等多种渠道，部署了一大批科研项目，根据不完全统计，累计投入经费超过 138.59 亿元。"十三五"期间，新的五类科技计划（基金、专项）中，国家重点研发计划成为应对气候变化科技投入主渠道。在已启动实施的 42 个国家重点研发计划重点专项中，"全球变化及应对""粮食丰产增效科技创新""煤炭清洁高效利用和新型节能技术"等 9 个重点专项均被部署了与应对气候变化相关的研究任务。综合计算国家重点研发计划投入和国家自然科学基金等其他渠道投入，2016 年、2017 年与应对气候变化相关的科技投入总量已接近 140 亿元。

我国在气候变化应用基础研究和技术创新上取得了长足的进展，不仅填补了国内认知上的空白，部分研究成果也达到了世界前沿的水平。全球变化监测网络建立和创新型数据集开发有了突破性进展，气候变化事实和归因研究的影响力不断扩大，地球系统动力学模式大幅缩小与国际水平的差距，气候影响风险评估系统性增强，气候适应技术研发和示范进程加快，低碳技术优势增强，增汇技术紧跟世界前沿，气候经济模型与气候治理战略研究不断深化，基地建设和人才培养取得明显成效，这些都为国内制定应对气候变化行动计划及参与国际气候谈判提供了坚实的科学基础和技术工具。

二　国际气候进程与国际治理

从2009年第一本"气候变化绿皮书"发布到2018年的十年中，国际气候治理进程呈现一些阶段性特征，国家分组和谈判格局出现调整，非国家行为体在国际气候治理中的作用明显增强。

（一）从哥本哈根到后巴黎气候谈判进程

"气候变化绿皮书"跟踪和记录了近十年国际气候治理进程。总的来看，自2009年以来，国际气候治理可以分为四个阶段。

2009年，《哥本哈根协议》谈判攻坚阶段。在哥本哈根会议前期，世界各国紧锣密鼓筹备气候变化谈判，当年的气候谈判会议拉锯了6轮，结果却远远低于人们的预期。2007年正值中国经济增长高速期，中国政府发布了第一个《应对气候变化国家方案》。随后印度、巴西等几大发展中国家快速跟进，纷纷推出了自己的"应对气候变化行动方案"。2009年的哥本哈根气候大会作为《联合国气候变化框架公约》第15次缔约方会议原本要就《京都议定书》第二承诺期达成协议，结果由于会议组织问题，加之发达国家谈判意愿不足，谈判成果由各国领导人直接上阵短兵相接仓促完成，成为全球环境治理为数不多的失败案例。当年，应对气候变化的问题被媒体炒到空前的高度，但此次缔约方会议并没有很好地完成公约授权，谈判的成果也没有法律约束力。

2010~2011年，国际气候治理格局处于变革酝酿阶段。在哥本哈根会议失败之后，各缔约方开始总结经验，重拾斗志，致力于挽回谈判颓势。坎昆会议和德班会议中，谈判阵营开始进一步分化，小岛国和最不发达国家与欧盟①一

---

① 小岛国、最不发达国家和欧盟加起来所代表的缔约方数量达到110个，成为除了"G77 + China"外，缔约方数目最多的谈判阵营。

起成为推动气候变化国际进程的实际领导者。伞形集团按兵不动但纷纷开始国内应对行动,事实上,澳大利亚、新西兰、美国早已试行碳市场,并与雨林国家开展了切实的排放权交易。在这一阶段的后期,发展中国家逐步完成了彻底的分化,除了小岛国、最不发达国家外,小拉美集团也逐渐活跃。此外,出于意识形态的不同和国家切实利益的需求,玻利瓦尔联盟和阿拉伯集团也逐步强化了各自的主张。为了团结一切可以团结的力量,我国分别加入了基础四国(BASIC)和立场相近国家(LMDC)的阵营,与非洲国家联盟一道成为发展中国家阵营的中流砥柱。此时,国际社会逐步认识到对抗性的谈判无法解决实际问题,也无法推动实际行动,自上而下的国际气候治理格局从根本上动摇了。

2011~2015年,国际气候治理新局面。开启德班平台谈判促进国际气候治理新秩序阶段。德班增强行动平台①谈判的确立和完善,是小岛国、最不发达国家和欧盟意志的体现,在德班平台授权下,缔约方会议先后完成了《京都议定书》第二承诺期的谈判,并在多哈会议上形成了《京都议定书》修正案,建立和推动了华沙国际损失损害平台和华沙可持续林业发展机制(REDD+),并将"巴厘路线图"确立的双轨制谈判并轨运行。通过利马行动倡议,缔约方会议明确向着2020年后国际气候治理框架推进,并预期于2015年底的巴黎会议上,通过谈判达成一个具有法律约束力的、所有缔约方都参与其中的成果文件。在此期间,与《联合国气候变化框架公约》谈判并行的城市行动、区域行动和部门行动陆续展开,自下而上的应对气候变化国际合作初具规模。综观当前国际局势,全球经济复兴任重道远,发达国家虽然也有应对气候变化的迫切需求,但是出资意愿严重不足。传统的发达国家率先垂范治理思路难以为继,但是履约机制和争端解决机制正逐步建立和完善。

---

① 2011年南非德班气候大会通过了建立德班增强行动平台特设工作组的决议,"德班平台"明确了两大任务,一是如何提高2020年前的减排雄心,二是在2015年达成一个适用于公约所有缔约方的法律文件或法律成果,作为2020年后各缔约方加强公约实施、减控温室气体排放和应对气候变化的依据。

2015 年至今。在《联合国气候变化框架公约》的原则和相关条款指导下，各缔约方于 2015 年 12 月签署了《巴黎协定》，各国在合作应对气候变化问题上达到了空前共识。在各界共同的努力推动下，《巴黎协定》在短短一年内于 2016 年 11 月 4 日正式生效，成为自《京都议定书》签订和生效以来，全球气候治理领域第二部具有里程碑意义的、具有法律约束力的多边国际环境条约。《巴黎协定》项下谈判的重点议题包括"国家自主贡献的形式、程序和进展""透明度机制的框架和要素""2018 年促进性对话""全球盘点""遵约"等。是否区分发达国家和发展中国家的行动方式、力度、效果等规则仍然是谈判各方关切的关键问题。

自《巴黎协定》达成和生效以来，世界各国携手应对气候变化的政治意愿得到加强，但是地缘政治经济领域的"黑天鹅"事件频发，给全球应对气候变化的合作带来了不确定性。当前，全球气候变化多边进程在曲折中前行。

（二）非国家行为体的参与

《巴黎协定》采用"自下而上"的方式，由各国根据本国经济社会发展情况和意愿，自愿提出贡献目标（含减排目标）。各国提出的保守性目标与 IPCC 提出的实现 2℃温升控制目标之间可能存在的差距，一直备受关注。从主要国家提交的贡献目标来看，国际社会关于长期目标难以达成的焦虑不无道理。因此，行动差距的问题比较早地受到了关注，并且也成为巴黎会议上的热点问题之一。《巴黎协定》中各国就减排差距问题达成共识，《巴黎协定》第 17 段指出"估计 2025 年和 2030 年由国家自主贡献产生的温室气体排放合计总量不符合成本最低的 2℃情景，在 2030 年预计会达到 550 亿吨水平，又指出，需要做出的减排努力应远远大于与国家自主贡献相关的减排努力，才能将排放量减至 400 亿吨，将与工业化前水平相比的全球平均温度升幅控制在 2℃以内，或减至以下第 21 段提到的特别报告所指出的水平，使温度升幅限定在比工业化前水平高 1.5℃"。

事实上在巴黎会议之前，国际社会已经预感各国承诺目标偏向保守，讨论以"多主体行动计划"弥补各国承诺减排目标的不足。该计划的核心是要建立一个国家和非国家主体联合行动的平台，UNFCCC 是国际气候治理的主线，各国政府是履行减排承诺的主体，但非国家主体的行动也应该汇入国际气候治理进程中，成为弥补减排差距的中坚力量。2014 年 9 月的联合国气候峰会是一个尝试，随后的利马会议就非国家主体的行动如何报告和计算商议了规则，在 2015 年巴黎气候会议上，缔约方达成一致"欢迎所有非缔约方利益相关方，包括民间社会、私营部门、金融机构、城市和其他次国家级主管部门努力处理和应对气候变化"并授权建立了相关机制和平台。[①] 在国家行动之外，来自企业、地方政府、公民社会的行动，也应该成为国际气候治理的组成部分。应对气候变化，不仅是国家或者外交事务，企业、机构、公民社会也需要共同行动，承担各自的责任。

2018 年 9 月 12~14 日，在美国旧金山市举行的全球气候行动峰会便是由美国加利福尼亚州政府主办，而非美国政府主办，来自全球六大洲的 4000 多名代表出席了这一盛会，再次显示了非国家行为体推动全球气候行动的力量。此次峰会旨在推动地方政府、企业、社会组织等次国家层面应对气候变化的行动，我国气候变化事务特别代表解振华作为峰会联合主席出席了会议，并在开幕活动上介绍了中国参与全球气候治理的行动和取得的成绩。在减排方面，中国的地方政府、企业、公益组织、研究机构一直采取积极有力的行动，已有 72 个城市提出了碳排放达峰目标，一些企业成立了低碳联盟，践行低碳发展，中国的一些基金会、公益组织、研究机构在此次峰会上启动了"气候变化全球行动"倡议。可以预见，未来不同层面、不同性质的非国家行为体在国际气候治理进程中的作用会逐渐增强，行动也将更为积极。

---

① 本文所引用和评述的《巴黎协定》都引自《联合国气候变化框架公约》网站公布的"通过《巴黎协定》"的主席提案及《巴黎协定》（中文版），如未特别说明，下文所有关于《巴黎协定》的内容皆引用于此。参见 https://unfccc.int/process-and-meetings/the-paris-agreement/the-paris-agreement。

（三）国际气候治理体系的发展变化

近十年国际气候治理体系的发展变化，集中反映在以下几个方面。

一是国际气候格局的调整。全球应对气候变化的基本格局，已从20世纪80年代的南北两大阵营演化为当前的南北交织、南中泛北、北内分化、南北连绵波谱化的局面。所谓"南北交织"，指南北阵营成员之间在地缘政治、经济关系和气候保护上存在利益重叠交叉；"南中泛北"，主要指一些南方国家成为发达国家俱乐部成员，一些南方国家与北方国家表现出共同或相近的利益诉求，另有一些南方国家成长为有别于纯南方国家的新兴经济体，仍然属于南方阵营，但有别于欠发达国家；"北内分化"，是指北方国家内部出现不同利益诉求的集团，而且这些国家在部分问题上出现立场分化。总体来看，北方国家对全球经济的控制力相对下降，新兴经济体地位得到较大幅度提升，欠发达国家地位相对持恒。追溯国际气候治理格局的演变，1992年达成的《联合国气候变化框架公约》划分出附件一国家和非附件一国家这南北两大阵营；1997年《京都议定书》将附件一国家区分为发达国家和经济转轨国家；2007年《京都议定书》第二承诺期和《联合国气候变化框架公约》下长期目标谈判奉行"双轨"并行的巴厘行动计划；2009年《哥本哈根协议》不再区分附件一和非附件一国家，并取消经济转轨国家定义；2015年《巴黎协定》强调不分南北、法律表述一致的"国家自主决定的贡献"，仅能通过贡献值差异看出国家间自我定位差异。至此，全球气候治理格局已基本模糊了南北阵营的分界线，表现出连续变化的波谱化特征。

二是国际气候制度框架基本确立。《巴黎协定》是在变化的国际经济政治格局下，各方利益诉求再平衡的结果。基本确立了未来国际气候制度的框架。第一，继续肯定了发达国家在国际气候治理中的主要责任，保持了发达国家和发展中国家责任和义务的区分，发展中国家行动力度和广度显著上升。第二，采用自下而上的承诺模式，确保最大范围的参与度。《巴黎协定》秉承《哥本哈根协议》达成的共识，由缔约方根据自身经济社会发展情况，自主提出减排等贡献目标。正是因为各国可以基于自身条件和行动意愿提出贡献目标，很多之前没有提出国家自主贡献目标的缔约方也受到鼓励，提出国家自主贡献，保证了《巴黎协定》广泛的参与度，同时也因为是各方自主提出的贡献目标，有利于确保贡献目标的实现。第三，确立了符合国际政治现实的法律形式，既体现了约束也兼顾了灵活。气候协议的形式在一定程度上可以表现各国政治意愿和全球环境意识水平。《巴黎协定》虽然没有采用"议定书"的称谓，但从其内容、结构到批约程序等安排都完全符合一份具有法律约束力的国际条约的要求，当批约国家达到一定条件后，《巴黎协定》将生效并成为国际法，约束和规范2020年后全球气候治理行动。"协定"的称谓相比"议定书"也会相对简化各国批约的程序，有助于缔约方快速批约。第四，建立全球盘点机制，动态更新和提高减排努力程度。为确保其高效实施，促进各国自主减排以实现全球长期减排目标，《巴黎协定》建立了每5年一次的全球盘点机制，盘点不仅是对各国贡献目标实现情况的督促和评估，而且可以给目前贡献目标相对保守的国家保留更新目标和加大行动力度的机会，从而促进形成动态更新的、更加积极的全球协同减排和治理模式。

三是未来发展趋势相对明朗，2018年底的气候大会有几大看点。从哥本哈根会议提出自下而上的减排目标和行动的承诺方式，到《巴黎协定》通过国际法律条文确认，到2018年底波兰第24届缔约方大会可能通过一揽子决定，明确《巴黎协定》的实施细则。整体来看，2018年气候谈判的重点在于"塔拉诺阿对话"①，在国际社会还存在不同理解和期待的情况下，盘点各缔约方在实现《巴黎协定》中提到的长期目标的集体进展，并为各国准备"国家自主贡献"提供信息。2018年气候谈判的另一个关注重点是如何在2020年之前扩大各国的气候目标和实施行动，涉及《京都议定书》第二承诺期修正案的批准等内容，目前"多哈修正

① Talanoa Dialogue，又作"2018年促进性对话"，是斐济语，2017年UNFCCC缔约方会议主席国斐济呼吁，各国要在谈判中发扬"塔拉诺阿"精神，意为不要互相指责，要互相信任，以集体利益为重。

案"已得到111个国家的批准，并将在获得另外30个国家批准后生效。经过这轮谈判，各缔约方有望确立国际气候治理的框架，各国可以集中精力开展行动，兑现《巴黎协定》中的承诺。未来国际气候谈判各方关注的焦点将更多地集中于履约进程监控，以及目标的更新或新目标的提出等方面，相关的议题如遵约、透明度，全球盘点以及国家自主贡献等的实施将受到持续关注。基于《巴黎协定》奠定的制度基础，未来全球行动中发展中国家和发达国家的区分将进一步模糊，共同行动成为大势所趋。应对气候变化在欧盟、美国等缔约方的国家发展议程中已经开始实现由负担向机遇的转型，各国纷纷探索如何通过应对气候变化工作促进经济发展，并形成新的经济增长点。发展中国家则广泛探讨应对气候变化工作如何与经济转型升级、生态环境治理等事务协同，产生最大的经济、社会和环境效益。所有这些认识的提升、减排意愿的增加、气候治理行动的开展，构成了未来国际气候治理进程中各方共同开展务实行动的基本面。可以预见，无论诸如美国退约这样的"黑天鹅"事件是否发生，国际气候治理仍将遵循《联合国气候变化框架公约》和《巴黎协定》等确立的多方治理机制向前推进。

四是对适应问题的关注度上升。长期以来，国际气候治理往往"重减缓、轻适应"。随着对气候变化的认识不断深化，全球气候变化的严重威胁日益显现，国际社会对适应的重视程度明显提升。2018年10月16日，在荷兰海牙成立的全球适应委员会（Global Commission on Adaptation）正式启动，委员会包括17个召集国（阿根廷、孟加拉国、加拿大、中国、哥斯达黎加、丹麦、埃塞俄比亚、德国、格林纳达、印度、印度尼西亚、马绍尔群岛、墨西哥、荷兰、塞内加尔、南非、英国），由联合国第8任秘书长潘基文、比尔和梅琳达盖茨基金会联合主席比尔·盖茨以及世界银行首席执行官克里斯塔丽娜·乔吉耶娃共同领导。为了在气候风险面前更具韧性，委员会致力于加强各界对气候适应的了解，提高政府对气候适应的重视程度，鼓励制订相应的解决方案，包括更明智的投资、新技术以及更好的规划。

三 中国应对气候变化政策与行动

回首十年，中国应对气候变化，从理念创新，到目标设定，从政策行动，到实施成效，都发生了变化，取得了令人瞩目的成就。中国以节能减排的实际行动，积极履行绿色低碳发展的承诺，为全球应对气候变化做出重要贡献，国际社会有目共睹。

（一）理念创新

2007年10月，十七大报告提出："要建设生态文明，基本形成节约能源资源和保护生态环境的产业结构、增长方式、消费模式"，深刻阐述了科学发展观的时代背景、科学内涵和精神实质，对深入贯彻落实科学发展观提出了明确要求。对于应对气候变化问题，报告提出"加强应对气候变化能力建设，为保护全球气候做出新贡献"。

2012年11月，十八大报告从新的历史起点出发，提出了"经济建设、政治建设、文化建设、社会建设、生态文明建设"五位一体的总布局，以及实现社会主义现代化和中华民族伟大复兴的总任务。对于气候变化问题，报告强调"坚持共同但有区别的责任原则、公平原则、各自能力原则，同国际社会一道积极应对全球气候变化"。

2017年10月，十九大报告做出了"中国特色社会主义进入了新时代"的重要论断，为我国发展确定了新的历史方位。全面阐述了新时代中国特色社会主义思想，对新时代各项工作提出新要求。对于气候变化问题，报告强调要"引导应对气候变化国际合作，成为全球生态文明建设的重要参与者、贡献者、引领者"。

2018年5月，全国生态环境保护大会召开，确立了"习近平生态文明思想"，进一步强化了"共谋全球生态文明建设"的全球观，以创新、协调、绿色、开放、共享的发展理念，深度参与全球环境治理，携手构建人类命运共同体。

自十七大报告提出生态文明以来，生态文明思想不断发展、丰富、系统、升华。以生态文明思想为指导，随着对气候变化科学认知的不断深化，结合国际气候治理格局的演化，中国从"要我做"变成了"我要做"，从相对被动应对，向积极贡献、主动引导、争取引领的方向努力，应对气候变化的理念也发生了明显变化。

（二）目标设定

随着理念创新，中国应对气候变化的目标也不断拓展更新，减排力度不断加大。2009 年哥本哈根气候大会前夕，中国政府自主提出 2020 年应对气候变化目标：2020 年相对 2005 年单位 GDP 二氧化碳排放下降 40% ~ 45%，2020 年非化石能源占一次能源消费比重达到 15% 左右，2020 年相对 2005 年森林面积增加 4000 万公顷，森林蓄积量增加 13 亿立方米。尽管哥本哈根会议在各方政治博弈中黯然落幕，媒体评论"离失败仅一步之遥"，但时任国务院总理温家宝代表中国政府郑重承诺"言必信，行必果"，依然掷地有声。

中国在"十一五"规划中首次提出量化节能目标，2010 年相比 2005 年将单位 GDP 能源消耗降低 20%，但只提及"相应减少二氧化碳排放"。为落实哥本哈根会议承诺目标，"十二五"规划将单一的节能目标扩展为一组节能低碳目标[1]，2015 年相比 2010 年单位 GDP 能源消耗降低 16%，二氧化碳排放降低 17%，非化石能源占一次能源消费比重达到 11.4%，这是中国首次在社会经济发展规划中提出约束性的、量化的减少二氧化碳目标。

2012 年德班会议启动 2015 年后国际气候制度谈判进程，2015 年的巴黎会议能否达成协议，避免重蹈哥本哈根的覆辙，备受瞩目。为推动巴黎气候大会取得成果，2014 年 11 月和 2015 年 9 月，中美两国元首先后发表《中

---

[1] 《国民经济和社会发展第十二个五年规划纲要》，中国政府网，http://www.gov.cn/2011lh/content_ 1825838. htm，2011 年 3 月 16 日。

美气候变化联合声明》和《中美元首气候变化联合声明》①，中国提出 2030
年左右实现二氧化碳排放峰值并将努力早日达峰，首次提到峰值目标，以及
一系列具体的减排目标和政策措施，其中包括 2017 年启动全国碳排放交易
体系的计划。

2015 年 6 月 30 日，巴黎会议前，中国政府正式向《联合国气候变化框
架公约》秘书处提出 2020 年后强化应对气候变化的国家自主贡献目标②，
包括到 2030 年左右二氧化碳排放达到峰值并争取尽早达峰，单位 GDP 二氧
化碳排放相比 2005 年下降 60% ~65%，非化石能源占一次能源消费比重达
到 20% 左右，森林蓄积量比 2005 年增加 45 亿立方米左右。显示了中国绿
色低碳发展的雄心。

为确保 2020 年减排目标的实现，为 2030 年自主贡献目标打好基础，
"十三五" 规划提出一系列约束性目标，到 2020 年单位 GDP 能源消费比
2015 年下降 15%，能源结构优化，单位 GDP 二氧化碳排放下降 18%，非化
石能源比重达到 15%，森林蓄积量比 2015 年增加 14 亿立方米左右。③ 随后
出台的《"十三五" 节能减排综合工作方案》强调实施能源消费总量和强度
双控，2020 年能源消费总量控制在 50 亿吨标准煤以内，煤炭占能源消费总
量比重下降到 58% 以下，电煤占煤炭消费量比重提高到 55% 以上，非化石
能源占能源消费总量比重达到 15%，天然气消费比重提高到 10% 左右，基
本形成以低碳能源满足新增能源需求的能源发展格局。④

由此可见，过去十年间，节能减排目标的制定，一方面确保我国履行对

① 《〈中美气候变化联合声明〉发表》，人民网，http：//politics. people. com. cn/n/2014/1115/
　c70731 –26030589. html，2014 年 11 月 15 日；《中美元首气候变化联合声明》，新华网，
　http：//www. xinhuanet. com//world/2015 – 09/26/c_ 1116685873. htm，2015 年 9 月 26 日。
② 《我国提交应对气候变化国家自主贡献文件》，国家发改委网站，http：//www. ndrc. gov. cn/
　xwzx/xwfb/201506/t20150630_ 710204. html? gs_ ws = weixin_ 6357129977011008137&amp；
　from = timeline&amp；isappinstalled =0，2015 年 6 月 30 日。
③ 《十三五规划纲要》，新华网，http：//www. sh. xinhuanet. com/2016 – 03/18/c_ 135200400_
　2. htm，2016 年 3 月 18 日。
④ 《"十三五" 节能减排综合工作方案》，财政部网站，http：//www. mof. gov. cn/zhengwuxinxi/
　caizhengxinwen/201701/t20170106_ 2515580. htm，2017 年 1 月 6 日。

外承诺，另一方面范围不断拓展，力度不断加大，从强度减排，过渡到强度目标和总量目标的双控，向定量绝对减排目标转变。

（三）政策行动

近十年，为应对气候变化，中央和地方各部门出台的相关文件层出不穷，中长期规划和专项规划、综合工作方案、政策措施和具体行动不胜枚举，形成了比较完善的应对气候变化的政策体系，节能减排成效显著。

2014 年 9 月，我国首部应对气候变化中长期规划《国家应对气候变化规划（2014～2020 年)》出台，相比 2007 年颁布的《应对气候变化国家方案》，规划不仅更新了减排目标，还提出促进减排的政策体系，强调逐步建立我国碳排放交易市场，通过碳定价的政策工具约束碳排放，将环境成本纳入价格形成机制，推进能源结构的调整和资源价格改革。2017 年，在 7 个排放交易试点城市的基础上启动全国碳市场。碳市场建设方兴未艾，目前仅电力行业纳入碳排放交易体系，未来还要进一步完善和扩大范围，加强相关法律法规建设，搭建统一碳交易平台，完善配额分配和监管机制，更好发挥碳价格的信号作用。

根据国家应对气候变化的战略部署和规划，国务院每年年初制定《控制温室气体综合工作方案》，将目标分解到各级地方政府，每年组织对各省、自治区、直辖市政府控制温室气体排放目标责任进行评价考核，并公布结果。这一举措使得节能减排工作成为基层政府的一项重要工作，不敢有丝毫松懈。

中长期规划还非常重视试点示范，要求到 2020 年低碳试点示范取得新进展，建成一批具有典型示范意义的低碳城区、低碳园区和低碳社区。我国自 2010 年推出第一批低碳试点城市以来，已经启动三批试点工作，目前已有 80 多个省市加入低碳城市试点，在实践探索中积累了许多好的经验和做法。还有一批达峰先锋城市早于国家 2030 年目标提出了自己的达峰时间。

2013 年以来，每年 6 月的第二周都举办全国范围的节能宣传周活动，设立低碳日，大力宣传节约资源和保护环境的基本国策，倡导宣传绿色消费

和低碳生活的理念，是调动全社会力量推动绿色低碳发展的重要举措。

2009 年正值"十一五"的末期，近十年横跨三个五年计划。表 2 比较了三个五年计划的减排目标和完成情况。数据显示，"十二五"全面超额完成了规划的减排任务，2015 年森林蓄积量增加到 151 亿立方米，已经提前实现了到 2020 年增加森林蓄积量的目标。

表 2　中国低碳发展成效

		单位 GDP 能耗降低（%）	单位 GDP 二氧化碳排放降低（%）	非化石能源占比达到（%）	森林蓄积量增加（亿立方米）
"十一五"时期 2010 年比 2005 年	目标	20	—	—	—
	完成	19.2	—	—	—
"十二五"时期 2015 年比 2010 年	目标	16	17	11.4	6
	完成	19	20	12	16
"十三五"时期 2020 年比 2015 年	目标	15	18	15	14
	完成	—	2017 年提前 3 年完成 2020 年承诺目标	可望完成 2020 年承诺目标	2015 年提前 5 年完成 2020 年承诺目标

资料来源："十一五""十二五""十三五"规划纲要中的相关约束性目标。

2017 年中国顺利启动全国碳排放交易体系，碳强度比 2016 年下降 5.1%，比 2005 年累计下降约 46%，提前实现对《巴黎协定》承诺到 2020 年碳强度下降 40%～45% 的目标。

（四）对国际气候治理进程的贡献

中国一直是全球气候变化治理机制的重要缔约方，在国际气候进程中占有举足轻重的地位。一方面，中国经济体量大，增速快，作为温室气体排放大国，在气候变化领域天然具有世界影响力；另一方面，中国通过实实在在的减排努力和外交实践，对构建全球气候治理机制发挥了重要的作用。

哥本哈根会议无果而终，令国际社会信心受挫。巴黎气候大会能否取得预期成果，对国际气候进程十分关键。巴黎会议之前，中国提出了自主贡献目标，与美国发表《中美元首气候变化联合声明》。法国作为东道主，利用娴熟的外交技巧，与主要国家穿梭外交，为巴黎会议奠定良好基础，包括与中国达成了《中法元首气候变化联合声明》。巴黎气候会议期间，中国推动在减缓、适应、资金、技术和透明度等方面体现发达国家与发展中国家的区分，要求各国按照自己的国情履行自己的义务、落实自己的行动和兑现自己的承诺。正如中国气候变化谈判特别代表解振华说："从成果看，我们所有的要求、推动力方面，都在这个协定中有所体现，中国为《巴黎协定》的达成起到了巨大的推动作用。"可以说，在促成《巴黎协定》的过程中，中国发挥了不可或缺的关键作用。联合国秘书长潘基文则于 G20 杭州峰会期间高度赞扬习近平主席在《巴黎协定》达成和签署过程中展现出的领导力。中国积极促进《巴黎协定》的达成和生效，是中国深度参与全球治理的一个成功范例。

2016 年多哈会议期间，《巴黎协定》刚刚生效就传来特朗普当选美国总统的消息。中国谈判代表当即坚定表态：中国气候政策立场不变、中国谈判原则不变、中国减排行动力度不变、国际气候合作方向不变。中国"四个不变"的坚定立场给弥漫失望忧虑情绪的国际气候谈判增强了信心。[1] 2017 年 6 月，特朗普不顾国际社会的反对，宣布美国退出《巴黎协定》，当年在德国汉堡召开的 G20 峰会，形成了"19 国对 1"的局面，中欧气候变化领域的合作得到加强，中国坚定推动落实《巴黎协定》的立场和行动，赢得国际社会的赞许和尊重。

四 气候变化绿皮书十年统计分析

2009 年，中国气象局国家气候中心和中国社会科学院城市发展与环境研究所，成立中国社会科学院 – 中国气象局"气候变化经济学模拟联合实验室"。联合实验室合作研究的重点领域是：气候变化与经济系统交互作用机理、减缓气候变化的社会经济学问题、适应气候变化社会经济学问

---

① 陈迎：《全球气候治理的中国担当》，《瞭望》2016 年 11 月 19 日。

题、气象经济学理论与方法。联合实验室成立后,将"气候变化绿皮书"编写作为每年的常规任务和重要任务,至今已发布十部,包含250篇报告(不包含附录),稿件作者539人次,字数近400万字。围绕绿皮书的编写,每年召开策划会、作者会、审稿会、发布会等,在每年年底《联合国气候变化框架公约》谈判结束后,还召开联合实验室工作总结会,分享年终形势总结。

(1)主要板块稳定,灵活增加热点板块。"气候变化绿皮书"从创办至今保持了很好的连续性,主要板块和风格保持不变。主要板块包括总报告、国际应对气候变化进程、国内应对气候变化行动、研究专论和附录(世界各国及中国社会经济、能源及排放数据,全球气候灾害历史统计,中国气候灾害历史统计),具体分布比例见图3。2017年起,为增强量化分析,增加了气候变化相关指标量化分析板块,内容涉及G20成员低碳发展和气候领导力指标分析、城市适应气候变化能力评估、低碳城市指标体系开发和示范

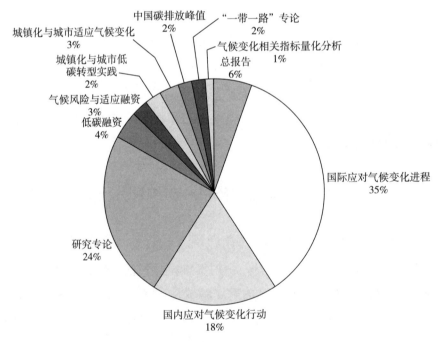

图3 气候变化绿皮书稿件栏目主题分布

城市评估。绿皮书在保持主要板块不变的同时，根据当年热点灵活设置专栏组稿，如 2012 年以气候融资为主题，集中反映低碳融资（10 篇）和气候风险与适应融资（6 篇）。2013 年以低碳城镇化为主题，集中反映城镇化与城市低碳转型实践（6 篇）、城镇化与城市适应气候变化（7 篇）、中国碳排放峰值（5 篇）。2017 年，设置了"一带一路"专论栏目，采用了 5 篇稿件从不同侧面反映气候变化与"一带一路"建设的关系。

（2）主题突出年度热点。绿皮书主题力求紧扣国际进程，命名多加入气候变化大会举办地，一路走来，宛如一座座里程碑。例如 2009 年主题为"通向哥本哈根"，2010 年为"坎昆的挑战与中国的行动"，2011 年为"德班的困境与中国的战略选择"，2015 年为"巴黎的新起点和新希望"，2018 年为"聚首卡托维兹"。其中 2005～2017 年，均涉及《巴黎协定》，从 2015 年的"巴黎的新起点和新希望"到 2016 年"《巴黎协定》重在落实"，再到 2017 年"坚定推动落实《巴黎协定》"，不断递进，不断落实深化。2012 年"气候融资与低碳发展"和 2013 年"聚焦低碳城镇化"，主题聚焦具体问题。2014 年恰逢 IPCC 第五次评估报告密集发布，选择"科学认知与政治争锋"为主题，反映 IPCC 加强科学认知与促进国际治理的双重作用。

（3）内容密切跟踪国际进程，切合国家宏观政策，反映学术前沿。"气候变化绿皮书"在国际进程板块持续关注了主要谈判议题的进展，如共同愿景、减缓目标、全球盘点、气候风险与适应、技术转让、资金机制、透明度和 MRV、航空航海减排等，也包括 IPCC 评估报告和特别报告的主要结论及对谈判的影响；密切反映主要国家和国家集团的谈判立场和气候政策，如欧盟将民航纳入排放交易、美国退约、基础四国（BASIC）、日本福岛核电等。国内政策和行动板块除关注"十一五""十二五""十三五"国家宏观政策，与气候变化密切相关的经济、能源和环境政策之外，还反映社会热点问题，贴近人们生活，如低碳城市发展、城市适应气候变化、雾霾趋势和防治、APEC 蓝、城市通风廊道、公众气候变化意识调查等。此外，绿皮书也选择了一些前瞻性的前沿问题，如能源互联网、地球工程、气候保险、公正转型等。

（4）建立了相对稳定的作者队伍，并不断补充新鲜力量。"气候变化绿皮书"每年篇幅相对稳定，平均25篇，上下略有浮动（见图4）。每年参与稿件撰写的作者不等，平均为54位（见图5）。其中，一半左右为来自中国社会科学院城环所和国家气候中心的研究人员，另一半为根据当年重点和热点问题特邀的外部专家。经过十年大发展，尽管稿费很少，但绿皮书作者队伍已相对稳定，每年还有一些新的年轻作者加入。很多作者多次为绿皮书撰稿，兢兢业业、反复修改，令人感动。

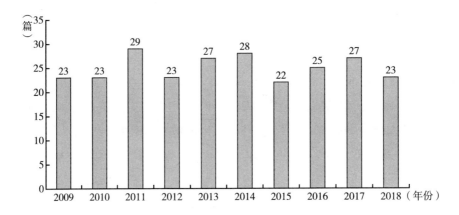

图4　气候变化绿皮书稿件数量

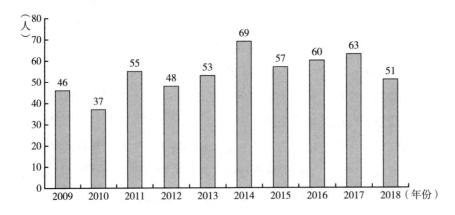

图5　气候变化绿皮书作者数量

（5）选择每年联合国气候变化大会召开的有利时机，举办"气候变化绿皮书发布会暨高峰论坛"。邀请了国家发展和改革委员会、外交部、科技部、中国科学院、中国工程院、中国社会科学院、中国气象局、中国农业科学院、交通运输部、清华大学、全球能源互联网发展合作组织、中国可再生能源学会等单位的高级嘉宾，以及人民网、新华网、中国网、中央电视台、《中国社会科学报》、中国气象报社等国内知名媒体。此外，还有众多来自气象局、中国社科院、中国农科院等研究机构的作者和专家学者参会。发布会增加了"气候变化绿皮书"的社会影响力，相关成果在报纸、网络、电视等媒体上广泛传播。近年来，微信等新媒体兴起，每年都有多个微信公众号转发绿皮书发布会的新闻和主要内容，传播效率大大提升。

（6）综合评价排名稳居第一梯队。中国社会科学院皮书研究院每年对众多皮书的学术影响力和社会影响力进行评价，近年来，"气候变化绿皮书"排名稳居第一梯队（见表3）。其中，2015年巴黎气候大会举行，气候变化问题的全球关注度高涨，气候变化绿皮书也取得佳绩，当年在330种皮书中排名第12，在经济类40种皮书中排名第6，创历史新高。此外，绿皮书还曾获得"优秀皮书奖"1次（2012年），书中部分稿件获"优秀皮书报告奖"4次（2010年、2013年、2014年和2016年）。

表3　气候变化绿皮书稳居皮书系列排名榜前列

年份	综合排名(约330种)	分类排名(经济类，约40种)
2012	40	16
2013	44	11
2014	15	6
2015	12	6
2016	31	7

（7）两次出版气候变化绿皮书英文版，扩大国际影响力。2012年，推出第一本"气候变化绿皮书"英文版 *CHINA'S CLIMATE CHANGE POLICIES*，由1836年创立的英国劳特利奇（Routledge）出版社出版，获新闻出版总署等

部门颁发的"2012 年度输出版优秀图书奖"。2014 年，再度推出第二本"气候变化绿皮书"英文版 *Chinese Research Perspectives on the Environment Special Volume*：*Annual Report on Actions to Address Climate Change*（2012），由 1683 年创立的荷兰博睿（Brill）学术出版社出版。"气候变化绿皮书"英文版精选部分反映中国气候变化政策和行动的稿件翻译后结集出版，增加国际社会对中国应对气候变化的政策和行动的了解。

结束语

党的十九大报告指出"气候变化等非传统安全威胁持续蔓延，人类面临许多共同挑战""合作应对气候变化，保护好人类赖以生存的地球家园"。中国将继续坚定推动《巴黎协定》的落实，与国际社会一起，逐步强化应对气候变化行动，倡导维护人类共同利益，主动引领全球气候治理变革，积极在全球气候治理中贡献中国智慧和中国力量，推动建立合作共赢、全球发展的新型国际关系。对于中国如何引导应对气候变化国际合作，成为全球生态文明建设的重要参与者、贡献者、引领者，仍有很多前沿课题需要加强研究。"气候变化绿皮书"好像一个蹒跚学步的孩童，经过十年磨炼，成长为一个仍略显稚嫩的少年。站在新时代的新起点上，张开臂膀，迎接下一个十年的辉煌。

定量指标评价

Evaluation with Quantitative Indexs

我国低碳城市建设成效评估[*]

陈 楠 庄贵阳[**]

摘 要： 本文利用中国社会科学院城市发展与环境研究所全新开发的
低碳城市建设评价指标体系对2016年我国不同规模城市进行
了多维度评估。研究表明，我国大部分城市低碳发展取得了
一定成效，东部城市、生态优先型城市、珠三角城市低碳发
展整体水平较高，但具有内部差异较大等特征，故提出明确
城市发展定位、缩小区域内城市低碳发展差距，优化指标选
取、扩大评估范围，发挥低碳与区域发展的协同效应、构筑

---

* 本文受中国博士后科学基金特别资助项目"中日对'一带一路'沿线国家贸易隐含碳分析"
（2018T110179）、中国博士后科学基金面上资助申请项目"基于增加值贸易核算的贸易隐含碳
研究——以中日贸易为例"（2017M611097）的联合资助。

** 陈楠，中国社会科学院城市发展与环境研究所博士后，研究领域为低碳经济；庄贵阳，博士，
中国社会科学院城市发展与环境研究所研究员、博士研究生导师，研究领域为低碳经济与气
候变化政策。

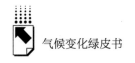
区域绿色发展新体系等建议。

关键词： 低碳城市建设　成效评估　评价指标体系

城市是 CO_2 排放的重要载体，也是实现低碳转型的关键主体。2017 年我国城镇化率达到 58.52%，有研究预测到 2050 年这一数字将达到 80%，因此，低碳、集约式的城镇化将是我国应对气候变化的一个十分重要的课题。目前，国内外对低碳城市评价研究较多，包括指标体系理论研究、方法研究[1]、用于区域性研究[2]等，部分指标体系也做到了公开发布[3]。但是基于城市层面，能够兼具普适性、差异性，实现不同用户、大范围、多维度评估的低碳指标体系鲜有出现。基于此，本文利用中国社会科学院城市发展与环境研究所全新开发的低碳城市建设评价指标体系对 2016 年我国不同规模的城市进行多维度评估，以期为城市发展战略探讨和规划的制定提供科学指导。

一　低碳城市建设评价指标体系构建

指标选取以国家自主贡献目标、国家应对气候变化目标、IPCC 报告提出的重点减排领域为主要依据，并考虑发展阶段、锁定效应，交通、绿色制造等。经多轮专家讨论，最终选取宏观、能源、产业、低碳生活、资源环

---

[1] 唐笑飞、鲁春霞、安凯：《中国省域尺度低碳经济发展综合水平评价》，《资源科学》2011 年第 4 期；郭海湘、叶文辉、刘晓等：《武汉城市圈城市低碳竞争力方针评价》，《中国地质大学学报》（社会科学版）2015 年第 5 期。

[2] He, G., Zhou N., C. Williams, et al., "ELITE Cities: A Low-carbon Eco-city Evaluation Tool for China," *Eceee Summer Study Proceedings*, 2013, (6): 887 – 897; EIU, "The Green City Index," http://www.siemens.com/entry/cc/en/greencityindex.htm, 2017.

[3] "European Green Capital Award," http:// ec.europa.eu / environment / European green capital / index_ en.htm, 2018.

境、低碳政策与创新六个维度作为评价的重要领域。

各指标评分选取"标杆值"方法，包括达峰与否、绝对脱钩/相对脱钩、国家/省级规划目标、全国平均水平、"领跑者"水平等进行对标，具体指标及其介绍见表1。

表1 低碳城市建设评估指标体系及评分细则

重要领域	权重	核心指标	权重	单位	评分标准
宏观	31%	碳排放总量	11%	万 t	达峰与否
		人均 CO_2 排放量	9%	t/人	脱钩理论
		单位 GDP 碳排放量	11%	t/万元	城市分类后领跑者水平值为标杆值
能源	20%	煤炭占一次能源消耗比重	10%	%	省级目标值为标杆值
		非化石能源占一次能源消耗比重	10%		省级目标值为标杆值
产业	17%	规模以上工业增加值能耗下降率	9%	%	城市分类后领跑者水平值为标杆值
		战略性新兴产业增加值占 GDP 比重	8%	%	国家"十三五"规划目标值为标杆值
低碳生活	17%	万人公共汽(电)车拥有量	7%	辆/万人	城市分类后领跑者水平值为标杆值
		城镇居民人均住房建筑面积	5%	m^2	全国平均水平为标杆值
		人均生活垃圾日产生量	5%	kg/人	全国平均水平为标杆值
资源环境	7%	PM2.5 年均浓度	3%	$\mu g/m^3$	环境空气质量标准的二级标准为标杆值
		森林覆盖率	4%	%	城市分类后领跑者水平值为标杆值
低碳政策和创新	8%	低碳管理	2%	—	定性评估
		节能减排和应对气候变化资金占财政支出比重	4%	%	城市分类后领跑者水平值为标杆值
		其余创新活动	2%	—	定性评估

资料来源：笔者综合整理，下文图表同。

权重确定选取了层次分析和专家咨询相结合的方法，每个指标的赋值在 0 和 1 之间，最后根据各指标权重计算最终的总目标层指数，百分制换算为

城市低碳建设综合指数，取值区间为 [0，100]。

本文数据主要来源于统计年鉴、统计公报等公开的基础数据。因部分城市不具备能源平衡表，碳排放相关数据根据能源结构推算，虽然存在一定误差，但属于系统性误差，不影响对结果和趋势的判断。

二 低碳城市建设评价结果

本文共搜集了不同规模的 72 个城市，为了能真实反映不同城市的低碳发展情况，按照宏观维度、地理位置、城市群、不同类型城市、不同级别城市进行多方面比较。

（一）宏观维度评价

2016 年 72 个城市低碳综合指数集中在 68～99 分（见表 2），90 分以上的有 3 个、80～90 分的有 38 个、70～80 分的有 28 个、60～70 分的有 3 个，总体上有了提高。

表 2 2016 年 72 个城市低碳综合指数

单位：分

城市	总分	城市	总分	城市	总分	城市	总分
深 圳	98.59	广 州	85.03	贵 阳	81.08	衢 州	76.35
北 京	96.08	景德镇	84.86	宁 波	81.07	乌鲁木齐	76.15
桂 林	93.04	杭 州	84.25	长 春	80.95	湘 潭	75.86
广 元	88.89	温 州	84.15	郑 州	80.83	烟 台	75.49
厦 门	88.84	西 安	84.11	中 山	80.56	石家庄	75.17
昆 明	88.47	合 肥	83.86	吉 林	79.77	潍 坊	75.12
重 庆	88.44	南 京	83.60	哈尔滨	79.69	淮 北	75.09
大兴安岭	87.97	天 津	82.92	三 明	79.63	呼和浩特	74.68
黄 山	87.64	赣 州	82.61	兰 州	79.61	淮 安	74.34
南 昌	87.56	苏 州	82.54	长 沙	79.41	呼伦贝尔	73.39
南 平	85.93	金 华	82.46	朝 阳	79.00	株 洲	72.88
三 亚	85.57	大 连	82.31	西 宁	78.90	太 原	72.31

续表

城市	总分	城市	总分	城市	总分	城市	总分
福 州	85.50	遵 义	82.28	济 南	78.84	晋 城	71.79
武 汉	85.45	池 州	82.05	镇 江	78.01	银 川	71.47
成 都	85.36	沈 阳	81.51	保 定	77.77	济 源	70.49
抚 州	85.31	青 岛	81.45	常 州	77.66	昌 吉	68.78
秦 皇 岛	85.17	延 安	81.22	吴 忠	77.21	乌 海	68.53
上 海	85.11	郴 州	81.20	嘉 兴	76.61	金 昌	68.29

在低碳政策和创新部分，排名前十位的都是低碳试点城市，且四个直辖市中北京、上海、天津入选，其余都是省会城市和副省级城市。排名后十位的城市包括小型工业城市，也包括郑州等省会城市（见表3）。出现这种现象的主要原因在于：一是试点的工业型小城市转型难度大，存在政策制定与落实不匹配问题；二是排名末位的省会城市为非试点城市，国家对它没有专门的政策约束。

表3　2016年低碳政策和创新部分排名前十位和后十位城市

城市	排名	城市	排名
深 圳	1	潍 坊	63
镇 江	2	济 源	64
厦 门	3	朝 阳	65
北 京	4	西 安	66
上 海	5	郴 州	67
青 岛	6	太 原	68
贵 阳	7	哈 尔 滨	69
广 州	8	长 春	70
天 津	9	呼和浩特	71
杭 州	10	郑 州	72

（二）按地理位置评价

从地理分布来看，东、中、西部城市的低碳综合总分（指数）和纯客观得分①均呈现东部＞中部＞西部②的趋势（如图1所示）。从重要领域来看，东部城市，宏观、低碳政策和创新及产业领域优势最为明显，促使碳排放减少最快；中部城市，除宏观与低碳政策和创新领域的分数高于西部城市之外，其余领域的优势弱于西部城市；西部城市，在资源环境、低碳生活方面的低碳比较优势较大（如图2所示）。为进一步探究低碳成效的原因，选取低碳贡献度最大的指标进行分析发现（如图3所示），三个地区的共同特点是能源结构调整取得了较好成效；除此以外，东部地区由于经济水平相对较高以及政策支持较早，战略性新兴产业与低碳创新的带动作用远超其余两类地区；西部地区的规模以上工业增加值能耗下降明显，但西部地区的化石能源结构偏重、传统产业淘汰与转型依然存在较大挑战；中部地区经过自身努力，煤炭占一次能源消费比重的低碳贡献度最大为8.87%，但产业、环境及政策落实等方面的低碳水平亟待提高。

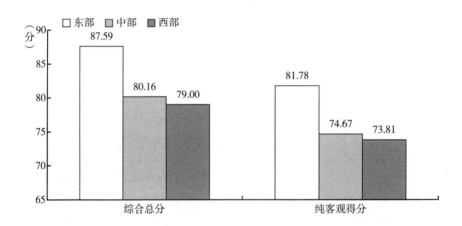

图1 东、中、西部城市低碳综合总分及纯客观得分情况

---

① 纯客观得分是指剔除低碳政策和创新领域主观指标后所得的分数。
② 东部地区包括北京、天津、上海、辽宁、河北、山东、江苏、浙江、福建、广东、广西、海南各省份所包含的城市，中部地区包括山西、内蒙古、黑龙江、吉林、安徽、江西、河南、湖北、湖南各省份所包含的城市，西部地区包括重庆、陕西、甘肃、青海、宁夏、新疆、四川、云南、贵州、西藏各省份所包含的城市。

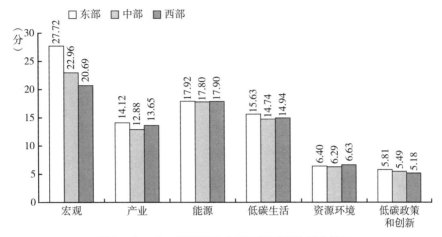

图 2　东、中、西部城市各重要领域平均得分情况

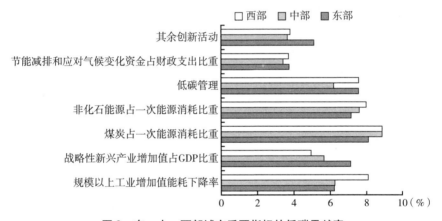

图 3　东、中、西部城市重要指标的低碳贡献率

（三）按城市群评价

按照城市群划分①发现，珠三角地区的低碳综合总分（指数）排名第一，在产业、资源环境及低碳政策和创新领域的排名也是第一，其他领域

---

① 本文城市群划分参照麦肯锡划分方法并结合本文研究具体的城市数量和低碳评价目的，分为 10 个城市群，分别为京津冀、长三角、珠三角、东北、西北、中原、晋陕蒙、云贵川、海峡西岸、山东半岛。

排名第二和第四，说明整体上珠三角地区的低碳发展最优，这主要依赖于深圳低碳辐射带动作用和区位经济发展诱发的创新作用。云贵川和海峡西岸的低碳综合指数分别排名第二、第三。这两个城市群低碳发展成效显著的原因既有共性又有差异性，共性在于两个城市群的资源环境本底值较高，差异性在于海峡西岸包括福州、厦门等经济社会整体发展较好的城市，其结构改革、技术提升、政策创新的能力高于云贵川，但存在为了满足自身需求而引致的高碳消费；云贵川的低碳生活较为突出，但在能源结构优化和政策引领方面有所欠缺。京津冀的低碳综合指数排名第四，主要归功于国家对京津冀地区的政策和资金支持，北京的产业和能源结构调整及创新力度显著提升了整个区域的低碳综合指数，如果剔除北京，该地区的低碳综合排名会下降，特别宏观领域的得分。长三角的低碳综合指数和资源环境及低碳政策和创新得分处于中间位次，能源结构调整取得了一定成绩，但也存在高碳消费的现象。西北、晋陕蒙、山东半岛、中原、东北地区的综合指数和分领域低碳水平处于后位、中后位（见表4），是未来重点关注的区域。

表4　2016年主要城市群低碳综合指数和分领域排名

排名	综合指数	宏观	产业	能源	低碳生活	资源环境	低碳政策和创新
1	珠三角	长三角	珠三角	东北	云贵川	珠三角	珠三角
2	云贵川	珠三角	京津冀	珠三角	京津冀	云贵川	京津冀
3	海峡西岸	海峡西岸	云贵川	长三角	山东半岛	海峡西岸	海峡西岸
4	京津冀	云贵川	东北	海峡西岸	珠三角	长三角	长三角
5	长三角	京津冀	西北	云贵川	海峡西岸	京津冀	云贵川
6	东北	中原	山东半岛	中原	中原	山东半岛	山东半岛
7	中原	东北	海峡西岸	京津冀	晋陕蒙	西北	西北
8	山东半岛	晋陕蒙	长三角	西北	东北	东北	东北
9	晋陕蒙	山东半岛	中原	晋陕蒙	长三角	晋陕蒙	晋陕蒙
10	西北	西北	晋陕蒙	山东半岛	中原	中原	西北

（四）按城市分类评估

四类城市的平均低碳综合指数表现为生态优先型＞服务型＞综合型＞工业型，各类城市排名前三的见表5。服务型城市在产业、能源上优势明显，但宏观领域优势弱于生态优先型和综合型；综合型和生态优先型城市在低碳生活、资源环境方面具有比较优势；工业型城市在各领域的平均水平处于中后位（如图4所示）。

表5　2016年各类城市低碳综合指数、分领域排名前三位城市

城市类型	综合指数	客观总分	宏观	产业	能源	低碳生活	资源环境	低碳政策和创新
服务型城市	深圳	深圳	北京	深圳	厦门	广州	昆明	深圳
	北京	北京	三亚	北京	南京	杭州	三亚	厦门
	厦门	昆明	昆明	厦门	上海	北京	厦门	杭州
综合型城市	重庆	重庆	抚州	天津	吉林	重庆	呼伦贝尔	镇江
	黄山	黄山	温州	朝阳	西宁	成都	黄山	苏州
	福州	抚州	成都	成都	长沙	苏州	福州	石家庄
工业型城市	南昌	南昌	南昌	合肥	中山	宁波	三明	晋城
	景德镇	景德镇	景德镇	宁波	吴忠	三明	宁波	金昌
	合肥	合肥	延安	吴忠	湘潭	延安	烟台	宁波
生态优先型城市	桂林	桂林	桂林	桂林	桂林	大兴安岭	南平	桂林
	广元	广元	大兴安岭	广元	南平	广元	广元	广元
	大兴安岭	大兴安岭	南平	南平	赣州	桂林	大兴安岭	南平

在综合排名的基础上，本文研究选取了2010年和2016年城市碳排放总量、人均CO_2排放量和单位GDP碳排放量的实际数据进行对比分析。碳排放总量：生态优先型城市碳排放总量表现最好，工业型次之（如图5和图6所示）。从时间趋势来看，服务型城市的碳排放总量整体增长较快，其他类型城市变化不大，说明应该重点关注服务型城市的碳排放总量水平。因为服务型城市如北京、上海这类一线城市，各方面对能源需求大，而呼和浩特、太原等服务型城市是由于资源禀赋原因而碳排放大，故需要

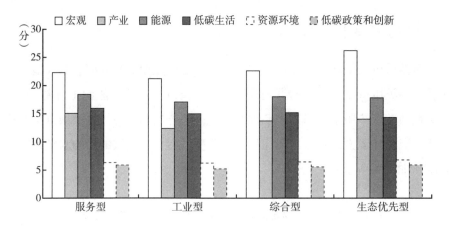

图4　不同类型城市主要领域平均分对比

在控制总量的前提下，缩小服务型城市内部差异。人均 CO_2 排放量：生态优先型表现最好，工业型和综合型相差不大，服务型表现较差。但从时间趋势来看，服务型有明显改善，工业型出现了异常值（如图7和图8所示）。单位 GDP 碳排放量：生态优先型城市、服务型城市表现较好，综合型次之，工业型最差。从时间趋势来看，各类型城市的单位 GDP 碳排放量都出现了下降（如图9和图10所示），说明在控制单位 GDP 碳排放方面，各类型城市都取得了积极成效。

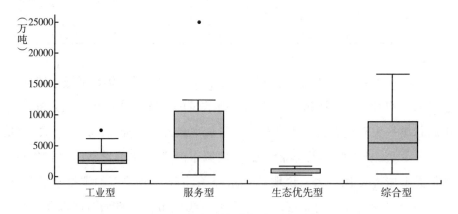

图5　2010年四类城市碳排放总量

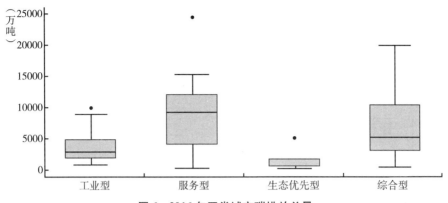

图6　2016年四类城市碳排放总量

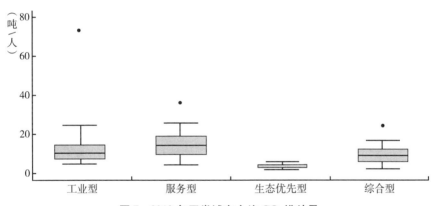

图7　2010年四类城市人均CO_2排放量

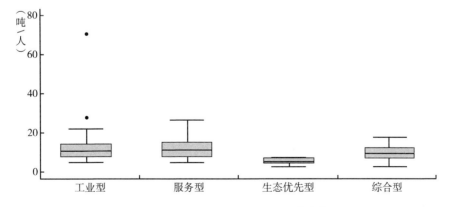

图8　2016年四类城市人均CO_2排放量

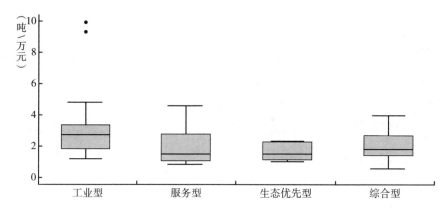

图9　2010 年四类城市单位 GDP 碳排放量

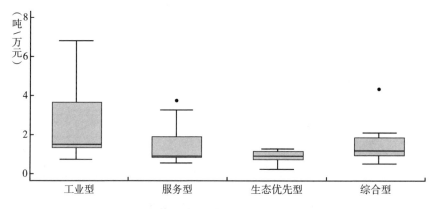

图10　2016 年四类城市单位 GDP 碳排放量

（五）直辖市、省会（首府）城市评价

1. 直辖市低碳评估

四个直辖市的整体低碳情况表现为北京 > 重庆 > 上海 > 天津（见表6）。其中，北京是唯一在宏观领域得满分的城市，在产业及低碳政策和创新方面的得分最高，但 PM2.5 年均浓度得分最低；重庆在低碳生活、资源环境领域得分最高，但产业、能源及低碳政策和创新三个领域的得分不高；上海在能源领域的得分最高，在低碳政策和创新的得分居第二，但具有高碳消费现象，人均 CO_2 排放量得分最低；天津碳排放总量和人均 CO_2 排放量远高于其

余三个城市,直接拉低了宏观领域得分,同时资源环境领域分数偏低,可以借助京津冀污染防治的契机提高环境质量。出现以上评价结果的主要原因是,上海与北京相比,上海是经济中心,由发展产生的碳排放特别是人均 CO_2 量排放高于北京;重庆基于地理位置的原因,低碳本底水平较高,但人们对低碳认知程度和政策倾斜度不及北京、上海;天津由于先进制造业研发基地和北方国际航运核心区的定位,对能源依赖度和碳强度高,需要进一步细化节能降碳的行业、方法。

表6　四个直辖市低碳综合指数和分领域排名情况

排名	综合指数	客观总分	宏观	产业	能源	低碳生活	资源环境	低碳政策和创新
1	北京	北京	北京	北京	上海	重庆	重庆	北京
2	重庆	重庆	重庆	上海	天津	天津	北京	上海
3	上海	上海	上海	天津	重庆	北京	上海	天津
4	天津	天津	天津	重庆	北京	上海	天津	重庆

资料来源:笔者综合整理。

2. 省会(首府)城市低碳评估

全国主要省会(首府)城市低碳综合指数排名前三的是昆明、南昌、福州,排名末位的分别是银川、太原和呼和浩特(如图11所示)。结合城市人均GDP来看,排名前三的人均GDP不高,特别是昆明仅为6.42万元/人,具有低碳排放低经济发展现象;低碳综合指数排名中上的城市中,广州、杭州、南京的人均GDP高,平均为12.93万元/人,西南、西北地区的人均GDP偏低;低碳综合指数排名中间的城市具有低经济发展的现象;低碳综合指数排名中后位的城市中除了长沙、济南以外,经济发展较慢;末位城市除呼和浩特人均GDP(10.27万元/人)稍高外,其余的经济发展较慢。

15个指标中,城市间得分差异性较大的指标如图12所示,人均 CO_2 排放量指标差异最大,昆明与乌鲁木齐相差0.6;单位GDP碳排放量、战略性新兴产业增加值占GDP比重、节能减排和应对气候变化资金占财政支出比

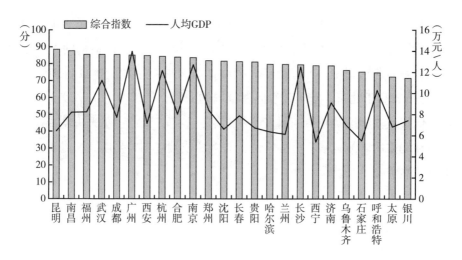

图11 主要省会（首府）城市低碳综合指数和人均 GDP 情况

注：由于数据可得性，共收集到 24 个省会（首府）城市数据，不包括西藏自治区的拉萨、海南省的海口及广西壮族自治区的南宁。

资料来源：笔者综合整理。

重的得分差异性排在中间，说明在国家强调的能源强度、碳强度下降和倡导的绿色产业革命、低碳转型的理念下，省会（首府）城市间的差距在缩小；森林覆盖率在省会（首府）城市间的差异最小。

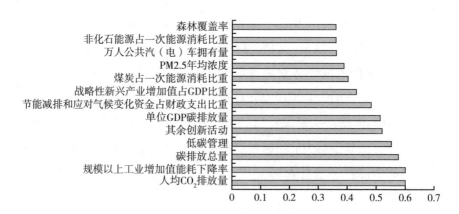

图12 省会（首府）城市间评分差异较大的指标

注：为避免权重对评分差异的影响，把得分划分在 [0，1] 计算真实值。

资料来源：笔者综合整理。

3. 主要地级市低碳评估

全国主要地级市低碳综合指数排名前三的分别是深圳、桂林、广元，排名末位的分别是金昌、乌海和昌吉（如图13所示）。结合城市人均GDP来看，排名前三的城市，深圳在经济水平和低碳发展方面的优势非常突出，广元、桂林的人均GDP低于全国平均水平5.4万元/人；低碳综合指数排名中间的城市经济发展水平有高有低，较为突出的是苏州、青岛、大连、宁波、镇江的人均GDP显著高于全国平均水平，池州、延安、朝阳、保定、吴忠的人均GDP较低；末尾城市的情形与省会（首府）城市相同，除内蒙古的乌海人均GDP较高外，其余城市既高碳又低经济发展。

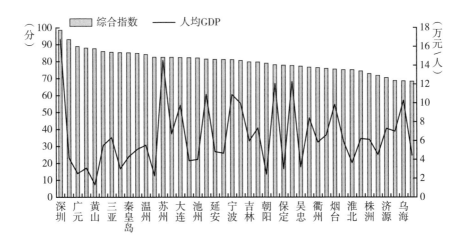

图13 主要地级市低碳综合指数和人均GDP情况

注：图中未列出的地级市从左至右为桂林、厦门、南平、抚州、景德镇、赣州、金华、遵义、青岛、郴州、中山、三明、镇江、常州、嘉兴、湘潭、潍坊、淮安、晋城、昌吉和金昌。

资料来源：笔者综合整理。

城市间得分差异性较大的指标如图14所示，战略性新兴产业增加值占GDP比重得分差异最大，为0.92，其次是人均CO_2排放量和低碳管理指标；非化石能源占一次能源消费比重和城镇居民人均住房建筑面积的得分差异居于中间；煤炭占一次能源消费比重的差异最小。整体来看，地级市间指标得

分的差异性显著高于省会（首府）城市，低碳发展的潜力也较大，这除了取决于当地经济支撑外还与地方政府的低碳导向推动作用密切相关。

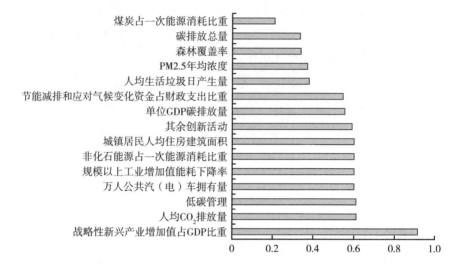

图14 地级市间评分差异较大的指标

注：为避免权重对评分差异的影响，把得分划分在［0，1］计算真实值。
资料来源：笔者综合整理。

三 结论及建议

本文通过低碳城市建设指标体系对我国72个城市进行了多维度低碳成效评估，以下是得出的结论及相应建议。

（一）结论

2016年72个城市低碳综合得分情况集中在68~99分，90分以上的有3个、80~90分的有38个、70~80分的有28个、60~70分的有3个，整体低碳发展水平有了提升，具体结论如下。

第一，按照地理位置评估发现，低碳水平东部城市＞中部城市＞西部城市，其中能源结构调整对不同地区的城市低碳发展都有积极促进作用。东部城市在宏观、产业及低碳政策和创新领域的低碳贡献度最大，说明由结构调整和创新引领的方式可以较好减少碳排放，但是东部地区内部的碳排放量差异明显；中部城市宏观领域的分数高于西部城市；西部城市在低碳生活和资源环境领域具有比较优势。

第二，四类城市的平均低碳综合指数表现为生态优先型＞服务型＞综合型＞工业型。服务型城市在产业、能源上优势明显，综合型和生态优先型在低碳生活、资源环境方面具有比较优势，工业型城市在各领域的平均水平处于中后位。在每类城市内部，城市间的碳排放具有差异性，其中单位GDP碳排放量均出现了明显下降；但服务型、工业型城市的碳排放总量和人均CO_2排放量内部差异明显，需要缩小差距。

第三，珠三角、云贵川、海峡西岸城市群低碳水平最好，京津冀中由于北京的突出作用提升了整体低碳水平，剔除北京的因素，整体水平会下降。西北、晋陕蒙、山东半岛、中原、东北地区的综合指数和分领域低碳水平处于后位、中后位，是未来须重点关注的区域。

第四，四个直辖市的低碳综合指数表现为北京＞重庆＞上海＞天津。省会（首府）城市中，低碳综合指数排名前位的呈现低碳排放低经济增长状况，排名中间的经济发展水平一般，排名后位的呈现高碳排放低经济增长状况。主要地级市低碳综合指数排名前位（除深圳）和后位（除乌海）与省会（首府）城市具有相同规律，排名中间的经济发展水平有高有低，符合中西部经济增长慢、东部经济发展快的特点。从城市间指标得分差异性来看，地级市间指标得分的差异性显著高于省会（首府）城市，一方面说明省会（首府）城市碳排放在一定程度上得到了控制，另一方面也说明地级市低碳发展潜力较大，这除了取决于当地经济支撑外，还与地方政府的低碳导向推动作用密切相关。

（二）建议

第一，明确城市发展定位，缩小区域内城市低碳发展差距。评估发现特大城市、低碳试点城市、东部城市、服务型城市的平均低碳水平较高，但是

气候变化绿皮书

内部差异性非常明显。虽然划分到不同的区域，但是细化到城市级别，影响碳排放的重要因素与城市空间规划体系密切关联，加上短期内不可能依赖颠覆性技术带动城市转型，具有锁定效应。因此城市不应盲目追求低碳排名的上升，而是应在国家提出 2030 年左右碳排放达峰的大背景下，有阶段性地提出自己的目标，合理设置路线图并配套建立严格的责任机制，定期自我评估碳排放的降低情况，逐步缩小与先进城市的差距。

第二，优化指标选取，扩大评估范围。评估是一个动态发展过程，除了考虑碳排放强相关因素外，需要进一步纳入空间形态、公共设施及消费行为的评估。在现有指标体系评估中，城市间交通、建筑评估得分比较趋同，而这两个领域是未来碳排放增多的重要领域，但受制于统计数据的欠缺，对该领域的评估成效偏弱，对指标体系的改进需要统计部门的配合。同时，扩大对城市的评估范围，特别是非试点的地级市评估，这有助于获取更为真实有效的低碳发展情况。

第三，发挥低碳与区域发展的协同效应，构筑区域绿色发展新体系。实现减碳与污染防治技术、环境政策等的协同；建立更加有效的区域协调发展机制，将低碳发展纳入城市综合发展规划中；促进相关职能部门的协同；促进区域间相关经验的交流。

国际应对气候变化进程

International Process to Address Climate Change

G.3
"去全球化"背景下中国引领全球气候治理的机遇与挑战*

滕 飞**

摘 要： 美国退出《巴黎协定》是美英主导的"去全球化"动向的标志性事件，是全球治理体系面临的主要挑战。为维护对和平发展有利的国际环境，我国有必要在推动现有全球化进程的同时，为全球化面临的主要挑战寻求解决方案。气候变化问题不仅仅事关全球环境，更是"去全球化"与"再全球化"的关键角力点，也是我国管控发展风险、实现建设社会主义强国目标的内在需求。我国应当引领全球气

---

* 本文受国家自然科学基金项目"美国退出《巴黎协定》决定对全球应对气候进程和实现温升控制目标的影响"（71741018）、科技部改革发展专项"巴黎会议后应对气候变化急迫重大问题研究"的联合资助。

** 滕飞，清华大学能源环境经济研究所副教授，研究领域为气候变化管理政策。

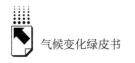

候治理，始终坚持公平公正原则，深度参与并引领全球气候治理制度建设，促进各国间互惠合作、共同发展。气候变化领域可成为我国深度参与全球治理、扩大国际影响力和话语权、提升国家形象和"软实力"的重要领域和成功范例。

关键词： 全球化　气候变化　气候治理　巴黎协定

一　背景

2015 年底《联合国气候变化框架公约》（以下简称《公约》）第 21 次缔约方大会（COP21）在巴黎达成《巴黎协定》，成为全球气候治理的新里程碑。《巴黎协定》的主要特点是以自下而上的国家自主贡献（NDCs）为基础，以增强的透明度机制为保障，以定期的全球盘点机制为导向，形成了以自主承诺促进全面参与、以进展透明促进互信互鉴、以定期盘点促进渐进加强的全球气候治理新体系。

在《巴黎协定》达成期间，中国作为最大的发展中国家发挥了积极的引领作用，为《巴黎协定》的成功达成做出了突出贡献。特别是中美、中法及中欧等一系列双边气候变化联合声明的签署，在巴黎气候变化大会前有力地凝聚了各方共识，就谈判的关键性问题给出了引领性方案；对弥合分歧、扩大共识起到了积极的作用。在《巴黎协定》的谈判过程中，中方在坚守底线的同时积极斡旋，促使发展中国家与发达国家在 NDCs、透明度及气候资金等问题上达成妥协，并与东道国法国保持紧密沟通，对最终案文的形成产生了重要影响。在协议达成的最后关头，中方临危不乱巧妙处置了突发情况，为《巴黎协定》的达成清除了最后的障碍。

自《巴黎协定》达成已近三年，目前气候变化谈判的重点也已从治理框架转向实施细则。但自从美国总统特朗普入主白宫以来，美国外交、贸易、能源及气候变化等领域政策均出现了大幅调整①，全球气候治理体系也随之发生动荡。国内对于我国在低碳及应对气候变化中的角色与定位也有不同的声音出现。在这一背景下，有必要对全球气候治理面临的新形势进行系统梳理，对我国在全球气候治理中的定位与战略进行认真思考。本文首先分析自美国退出《巴黎协定》以来全球气候治理面临的新形势与新挑战，然后分析新形势下中国面临的机遇与挑战，最后就中国在全球气候治理中的定位与战略给出建议。

二 全球气候治理的新形势与新挑战

2015 年底达成的《巴黎协定》是全球应对气候变化合作进程的里程碑式文件，为全球合作应对气候变化确立了治理框架，目前《巴黎协定》后续谈判正围绕其实施细则展开。但自《巴黎协定》通过以来，全球气候治理的形势发生了一些新的变化，全球应对气候变化的合作进程面临新的挑战。

（1）美英等西方国家开始战略调整，意图通过去全球化重构与其有利的国际治理新体系。

自 1945 年第二次世界大战结束以来，美英主导了全球化的进程。这一进程通过联合国、世界贸易组织、世界银行及国际货币基金组织等一系列国际机构的建立，在经济、贸易、政治、技术等各层面前所未有地整合了世界经济。自二战结束以来，出口占全球 GDP 的比重已从不到 10% 增加到 30%，全球经济一体化程度得到显著增强。而以美国退出《巴黎协定》为标志，美国在"去全球化"的浪潮中扮演了主导角色。这一轮去全球化主

---

① 朱松丽、高世宪和崔成：《美国气候变化政策演变及原因和影响分析》，《中国能源》2017 年第 10 期。

要的外在表现为"国家主权"优先、反对多边贸易、减少国际公共物品的提供，但其本质是压制新兴经济体在现有国际体系中取得竞争优势。[1]

纵观历史，发达国家主导了全球化与去全球化的进程，其主要目的是通过国际体系确保国内长期战略目标的实现。在第一次世界大战之后，美国因为全球性金融危机的影响而采取"孤立政策"，为第二次世界大战的爆发埋下隐患。而第二次世界大战后，则为了国内新政的实施，通过马歇尔计划主导战后经济恢复，鼓励欧洲各国放弃贸易保护主义，实现了"30年的繁荣"。而在中国等发展中大国逐渐成长，开始在多边体系中展现竞争优势时，又开始了新一轮的去全球化进程，意图重新确立对其有利的国际体系。

(2) 美国退出《巴黎协定》对国际气候治理的信心造成严重打击，国际气候治理体系面临严峻考验。

这一轮去全球化的标志性事件之一就是美国退出《巴黎协定》。2017年6月1日，本国总统特朗普宣布，美国将退出《巴黎协定》，包括终止实施本国自主决定贡献的减排目标，终止向绿色气候资金捐资，以及要求就《巴黎协定》中对美国"不公"的条款重新谈判。[2] 由于美国在全球气候治理中的地位举足轻重，消息一出，国际舆论哗然。特朗普政府冒天下之大不韪退出《巴黎协定》，无疑会对全球应对气候变化的信心造成重大打击，刚刚建立的全球气候治理体系迎来严峻考验。[3]

首先，特朗普政府退出将降低美国减排目标，扩大全球减排目标的缺口。其次，美国退出可能会引发其他国家效仿，构成多米诺骨牌效应。再次，美国虽然退出《巴黎协定》，但仍可以参加《巴黎协定》有关实施细则的谈判，退出后可以在谈判中以准备重回《巴黎协定》为名，向发展中国家施压，此举可能严重阻碍《巴黎协定》的后续谈判。最后，美国退出使得气候融资问

---

① 刘明礼：《西方国家"反全球化"现象透析》，《现代国际关系》2017年第1期。
② 张永香、巢清尘和郑秋红等：《美国退出〈巴黎协定〉对全球气候治理的影响》，《气候变化研究进展》2017年第5期，第407~414页。
③ 傅莎、柴麒敏、徐华清：《美国宣布退出〈巴黎协定〉后全球气候减缓、资金和治理差距分析》，《气候变化研究进展》2017年第5期，第1~12页。

题愈发严重，将可能极大挫伤发展中国家应对气候变化的信心。

（3）发达国家履约不足造成明显的排放、气候资金及技术转移缺口，实现《巴黎协定》长期目标困难重重。

根据现有研究的预测①，由于废除了"清洁能源计划"等一系列积极的气候政策，美国能源相关的碳排放 2017 年以后很难再有下降的趋势，将基本稳定在 5300MtCO$_2$ 左右，2030 年之后甚至会略有上升。若考虑到碳汇的影响，美国未来 15 年净温室气体排放量将稳定在 6000 GtCO$_2$ – eq 左右，相比于 2005 年仅下降 15% 左右。② 与其《巴黎协定》下 NDCs 确定的相对于 2005 年减排 26% ~ 28% 的目标有较大缺口。将额外增加 8.8% ~ 13.4% 的全球减排赤字。

发展中国家经济社会发展落后，减排技术及资金缺乏是发展中国家履行 NDCs 的最大障碍。《公约》及《巴黎协定》均要求发达国家应为发展中国家提供资金、技术等方面的支持。发达国家的气候资金援助是否到位，将直接影响发展中国家气候治理的程度与效果，甚至将进一步影响一些发展中国家对待气候变化的态度。大部分发展中国家在其提交的 NDCs 中，明确提出了与其减排目标相应的气候资金需求。发达国家也承诺，到 2020 年要实现每年向发展中国家提供 1000 亿美元应对气候变化支持资金的目标。但已有研究指出，美国之前一直是资金援助国中很重要的一环，它退出《巴黎协定》将给全球气候融资带来较大的压力。

未来随着气候变化的影响增强，以及发展中国家需要采取更有力度的减排措施，全球用于应对气候变化的资金需求将大幅上升。根据新气候经济（NCE）研究项目的估算，到 2030 年全球气候投融资需求将高达 93 万亿美元；而根据联合国环境规划署（UNEP）的估计，到 2050 年，全球用于适

---

① Council on Foreign Relations, "The Consequences of Leaving the Paris Agreement," https：// www. cfr. org/backgrounder/consequences-leaving-paris-agreement.

② Belenky, M. , "The United States and the Road to 2025：The Trump Effect," Washington, DC：Climate Advisor, Available from：https：//www. climateadvisers. com/wpcontent/uploads/2017/ 07/US-Achieving-2025-Target-The-Trump-Effect. pdf, 2017.

应气候变化的资金每年将高达 5000 亿美元。而目前发达国家承诺的每年 1000 亿美元气候融资的承诺尚未兑现，未来全球气候融资的缺口将进一步增大，实现《巴黎协定》长期目标的难度凸显。

三　中国的机遇与挑战

（1）国际气候治理是美国主导的"去全球化"与中国倡导的"再全球化"之争的先行端与前哨战。

当前，在美英主导"去全球化"的形势下，世界面临全球化与多极化交织发展的格局，这为我国倡导新型全球治理理念，构建共商、共建、共享的新型领导力模式提供了机遇。中国主导的以"一带一路"为核心的再全球化进程，力图以基础设施投资为纽带，加强区域合作和经济一体化，通过互联互通加快区域间经济贸易合作，形成制约"去全球化"的主要力量。同时中国倡导的"人类命运共同体"概念也超越了仅限于一国政策优先领域的常规决策视野，力促国际社会形成相互依存的共同义利观，努力从社会价值角度重塑全球化的伦理基石。而气候变化问题是人类社会面临的最具挑战的国际和代际外部性问题，因而也成为"去全球化"与"再全球化"之争的先行端。

中国在《巴黎协定》达成、签署和生效进程中展现出的国际领导力已经有目共睹，已成为促进全球气候治理体系变革的重要贡献者和引领者。我国要以构建人类命运共同体的理念为指引，以多方协作、包容互鉴和合作共赢的方式，引领和促进各国独立或合作解决应对气候变化问题，进而实现各国对中国国际领导力的认同，为我国在其他重要国际事务领域发挥影响力和领导力奠定基础。① 这也是打造实现中国梦必不可少的国际和平稳定秩序的必由之路，是实现维护国家自身利益与世界共同利益相一致的战略选择。

---

① 张海滨、戴瀚程、赖华夏等：《美国退出〈巴黎协定〉的原因、影响及中国的对策》，《气候变化研究进展》2017 年第 5 期，第 439～447 页。

（2）应对气候变化为我国推动全球治理体系变革、构建人类命运共同体提供了机遇。

十九大报告提出我国要"积极参与全球治理体系改革和建设，不断贡献中国智慧和力量"，也特别提到"坚持环境友好，合作应对气候变化，保护人类赖以生存的家园"。应对气候变化事关全人类共同利益与福祉，虽然各国及各集团间存在利益博弈，但各国合作意愿强烈，仍有广泛的合作空间和利益交汇点。应对气候变化领域可能成为我国在全球治理体系改革和建设中发挥领导力的重要舞台，成为打造人类命运共同体的成功范例。

气候变化与可持续发展目标关系紧密，大多数发展中国家亟须寻找应对气候变化、实现可持续发展的低碳经济发展路径。我国在自身发展过程中，经历了环境与经济协调发展的中国实践，在环境与气候的协同治理上也积累了一些最佳实践和经验，并且在能效、可再生能源、低碳交通等方面具有先进的制造能力和技术水平。依托于这些中国经验，我国有能力为广大发展中国家提供与其自身发展阶段和发展条件相适应的中国方案，为全球生态安全和可持续发展做出与我国综合实力相称的贡献。帮助发展中国家探索创新性发展路径是我国发挥国际领导力、构建人类命运共同体的关键领域。

（3）气候变化在广泛领域产生显著的直接和间接影响，是我国实现建设社会主义强国目标和总体国家安全面临的"灰犀牛"，积极应对气候变化是我国的内在需求。

目前全球经济增长虽然强劲，但风险也有所加剧、前景难料，特别是气候变化等全球环境问题是未来影响全球复杂体系的重大薄弱环节和重要风险因子。在世界经济论坛《全球风险报告》列出的十大风险中，按发生概率和潜在危害排名，分别有八项及五项因素与气候变化相关。气候变化威胁到我国国土安全、经济安全、基础设施安全和公众健康与生命财产安全。气候变化也可能严重破坏重要的军事基地和国家重要的防御资源，对国家安全产生直接影响。气候变化也是区域热点问题的"助燃剂"和"催化剂"，加剧国际和周边不稳定国家的社会与政治紧张局势，不利于营造长期稳定和平发展的国际环境。气候变化还将对未来社会、经济、政治和安全领域产生显著

的直接和间接影响，并进一步危及社会经济的平衡与充分发展，成为全球可持续发展的共同威胁。未来气候变化将成为我国新时代社会主义现代化建设进程中潜在的巨大风险，成为威胁我国发展目标和总体国家安全的"灰犀牛"，需要妥善应对。

全球气候变化对我国的不利影响已经显现，并可能在未来进一步加剧。在粮食生产上，由于气候变化及其造成的水资源短缺，我国主要粮食作物小麦、玉米和大豆的单产在近30年分别降低了1.27%、1.73%和0.41%，约占播种面积12%~22%的耕地受干旱影响，此外气候变化还导致病虫害恶化，进一步加剧我国粮食安全面临的严峻挑战。在水资源方面，受气候变化影响，我国东部主要河流径流量减少。冰川退缩使青藏高原七大江河源区径流量变化不稳定。水资源可利用性降低，北方水资源供需矛盾加剧，南方出现区域性甚至流域性缺水现象。同时，气候变化也是我国水土流失、生态退化和物种迁移的重要原因，严重影响我国生态安全。

气候变化的直接风险可能与其他风险相互作用并叠加、放大，形成影响更为严重的系统性风险。2015年出版的《中国极端天气气候事件和灾害风险管理与适应国家评估报告》指出"21世纪中国高温、洪涝、干旱等主要灾害风险加大，未来人口增加和财富集聚对于极端天气气候等灾害风险具有叠加和放大效应，对此需要加强对气候安全问题的重视"。此外，气候变化的反馈作用也会加剧其风险，气候变化导致冬季采暖、夏季制冷的能源消费增加，对可再生能源资源及其供应形成不利影响。例如，我国华北北部和东南沿海风速减小、风机发电量降低，日照时间下降制约太阳能开发与利用，河川径流变化也会影响水电站发电及出力。气候安全可能与能源安全问题形成共振，对我国能源安全产生影响。

四　中国的行动路径和目标

（1）建议我国以气候变化作为坚守全球化的重要战略支点，继续积极引领和推动《巴黎协定》的落实和实施，将"一带一路"倡议和南南合作与应对气候变化紧密结合，积极推动应对气候变化的国际合作和务实行动。

虽然美英主导了新一轮"去全球化"，但发达国家内部并不完全认同"去全球化"可以解决全球化面临的各种问题与挑战。由于中国的经济总量庞大，很多国家希望中国能为全球治理中的突出问题找到新的解决之法。特别是在气候变化问题上，由于中国的经济总量与排放量举足轻重，更多的国家希望中国成为全球气候治理的新引领者。一方面，《巴黎协定》凝聚了全球广泛的政治共识，美国退出并没有对全球气候治理框架造成实质性影响，而美国参与意愿的降低给了中国更多的话语权和议程设定能力，如果善加运用则有望推动全球治理向我国期望的方向转型。另一方面，和平与发展仍然是当今世界的两大主题，通过全球气候治理促进全球能源变革和可持续发展，帮助发展中国家探索实现创新性的发展路径是我国发挥国际领导力的关键领域。因此气候变化问题可以成我国坚守全球化的主要战略支点，我国需要将气候变化与"一带一路"等我国重大战略举措相结合，在创造对我国和平崛起有利的国际环境中发挥合力。

"一带一路"倡议是我国的重大战略举措，沿线国家大多处于气候变化脆弱带和敏感区，受气候变化不利影响较大。我国在为"一带一路"沿线国家基础设施、资源开发等互联互通有关项目提供投融资支持时，要充分考虑气候变化导致不可控风险的"阈值"，提升相关项目的抗风险水平，并防范生态风险。积极推动可再生能源和新能源领域的产业合作，推动绿色基础设施建设和低碳运营，打造"绿色低碳丝绸之路"。建议加强应对气候变化的"南南合作"，并以其为引导，加强与发展中国家可持续发展战略的对接，发挥我国在新能源和低碳基础设施领域的技术优势，扩展互利共赢的务实合作，促进广大发展中国家将应对气候变化转变为实现可持续发展的机遇，共同探索经济发展、环境改善和应对气候变化多方共赢和共同发展的合作路径。我国应在新成立的国际发展合作署的工作中充分考虑国际气候合作，在气候变化南南合作基金的设计和运行中增强对其他发展中国家开展减缓和适应等应对气候变化行动的支持，积极回应发展中国家的关切，充分体现中国对发展中国家应对气候变化工作的重视和贡献，积极推动应对气候变

化的国际合作和务实行动。

（2）建议加快研究制定我国中长期低排放发展战略的目标、路径及措施，以气候变化为抓手统筹并强化减排和低碳发展的目标取向和实施效果。

《巴黎协定》要求各国 2020 年前提交 2050 年温室气体低排放发展战略。低排放发展战略是引领长期低碳发展的导向性战略，与实现全球应对气候变化长期目标息息相关。为实现全球 2℃温升目标，到 21 世纪下半叶全球需要基本实现源汇平衡，即实现温室气体近零排放。同时，我国在十九大报告中确立了到 2050 年建设现代化强国的目标和战略。我国需要将这两个目标统筹考虑，协调部署。建议由生态环境部牵头组织有关研究力量，研究并提出与我国新时代社会主义建设的目标和进程相契合的低排放发展目标、战略与措施，外树形象和领导力，内促发展和转型。

我国在"十三五"期间环境空气质量得到了明显改善，污染防治攻坚战取得了相当进展。但随着未来空气质量目标的进一步严格，仅靠末端治理措施的加强将难以实现目标，只有通过能源消费的低碳化才能实现环境和空气质量的进一步改善。因此，我国未来应当考虑以二氧化碳排放总量和强度目标为主要政策目标和着力点，通过管控二氧化碳排放总量促进上游的节能和能源低碳，同时实现下游空气污染物减排的协同效益，取得多政策目标协同推进的政策效果。同时以正在推进的全国碳市场为主要政策工具，通过碳价手段为企业节能减排提供长期稳定的政策激励，在保持企业整体税负不增加的条件下在碳市场覆盖范围外的行业开征碳税，通过财政政策为可再生能源进一步快速发展提供更为灵活的发展空间和政策激励。

（3）统筹考虑《巴黎协定》全球目标和新时代社会主义现代化建设目标，研究并制定不同阶段我国低碳发展的战略目标。

根据新时代社会主义现代化建设两个阶段的目标，以及《巴黎协定》确定的全球目标，可以考虑将我国的低排放发展战略分为两个时间阶段进行考虑。

2020～2035 年是我国基本实现社会主义现代化的第一阶段，在这一阶段我国要实现生态环境根本好转，美丽中国建设目标基本实现。我国在

《巴黎协定》下提出的 2030 年 NDCs 目标的时间范围与这一时间安排相一致。同时在 2023 年全球盘点机制启动后，我国还将按要求更新有关国家自主贡献的目标。根据我国目前减排目标的进展，我国有望争取二氧化碳排放峰值在 2030 年之前实现，《巴黎协定》下我国其他各项自主承诺目标也均有望提前和超额实现。我国可以研究考虑更新并提高 2030 年减排目标的不同方案，在合适时机提出从而为我国在应对气候变化问题上发挥国际引领作用做出贡献。同时还可以进一步根据国内可持续发展的内在需求，研究制定 2035 年减排目标，为下一轮国家自主承诺的提交做好准备。

2035～2050 年是我国建成社会主义现代化强国的第二阶段，在这一阶段我国要成为综合国力和国际影响力领先的国家。而为实现全球应对气候变化的长期目标，全球在 21 世纪中叶后必须实现近零排放。在这一阶段，全球应对气候变化的要求将比我国国内可持续发展的内在需求更加严格。我国必须加快经济发展和能源系统向低碳转型，基本建成以新能源和可再生能源为主体的新型能源体系，引领全球能源变革和低碳发展路径转型。为此我国需要研究制定 2050 年温室气体比峰值年大幅下降的减排目标与实施路径。由于我国未来经济发展仍面临较大不确定性，可以参考之前为单位 GDP 排放强度目标设定范围的做法，为 2050 年的温室气体总量下降目标设定相应范围。在中长期我国还应对将非二氧化碳温室气体纳入总量减排目标，一方面通过扩大气体覆盖范围体现我积极应对气候变化的姿态，另一方面也可以为我国实现总量下降目标提供安全垫与灵活空间。

五　结论

《巴黎协定》和全球气候治理的新体系已基本确立，虽然《巴黎协定》的实施细则还在继续谈判过程中，但《巴黎协定》确立的基于自下而上自主承诺的国际气候治理体系经受住了美国退出的考验，证明了其稳定性。未来《巴黎协定》能否在实现全球长期目标上取得进展是检验其是否有效的重要考量。

2016 年以来在发达国家主导的"去全球化"潮流下,现有国际治理体系面临重大挑战,作为现有体系的主要受益者,我国必须维护现有国际治理体系,同时为解决全球化面临的一系列挑战找到出路。气候变化问题是目前全球化面临挑战的缩影,也是"去全球化"与"再全球化"的主要交锋领域。美国退出《巴黎协定》是其主导的"去全球化"的一个标志性事件,但也为我国发挥更大的制度性话语权提供了契机。

我国应当引领全球气候治理,始终坚持公平公正原则,充分反映并维护我国及发展中国家的利益诉求。当前要进一步保持战略定力,巩固既得优势,深度参与并引领全球气候治理制度建设,扩大对各方及各利益集团的影响力和协调能力,寻求在全人类共同利益下各方利益的契合点。促进各国应对全球气候变化与自身可持续发展相协调统一,促进各国间互惠合作、共同发展。气候变化领域可成为我国深度参与全球治理,扩大国际影响力和话语权,提升国家形象和"软实力"的重要领域和成功范例。

应对气候变化"塔拉诺阿对话"中国方案的若干思考与建议

柴麒敏 祁 悦*

摘 要: 应对气候变化"塔拉诺阿对话"是联合国应对气候变化多边进程下在《巴黎协定》谈判之外举行的一系列旨在增进各缔约方及非国家主体间相互理解、共同行动的活动。对话活动贯穿了整个 2018 年,分为筹备进程和政治进程两个阶段,并以"我们在哪里""我们去哪里"和"我们如何去"三个问题作为主题。此次对话是美国退出《巴黎协定》后各方对谈判中出现的经验和教训进行反思,并讨论如何在《巴黎协定》实施过程中加强国际合作提高应对气候变化行动和支持力度的一次尝试,在形式和话题范围上不同于一般意义上的谈判磋商。当前中国"引导应对气候变化国际合作,已经成为全球生态文明建设的参与者、贡献者和引领者",正确研判"塔拉诺阿对话"的走势并贡献"中国方案"是需要中国代表团及地方、企业、非政府组织等各利益相关者共同努力的。

关键词: 巴黎协定 塔拉诺阿对话 国家自主贡献 全球盘点

---

* 柴麒敏,国家气候战略中心国际部副研究员;祁悦,国家气候战略中心国际部助理研究员。

2018 年是气候变化谈判多边进程中承前启后的重要一年，《巴黎协定》实施细则谈判进入收尾阶段，同时令人关注的是，以促进性方式开展的"塔拉诺阿对话"（Talanoa Dialogue）将焦点转向"提高力度"问题，力图寻求弥补全球长期目标和各方努力差距的解决方案。各方希望能在《巴黎协定》的框架下，用更为创新的方式和视角来审视现有的谈判进程、政策和行动进展、国家和非国家主体的作用、国际合作机制等，以启发式的三个提问——"我们在哪里""我们去哪里"和"我们如何去"——来思考人类如何共同面对全球气候变化这一长期性的挑战。这是在正式谈判进程之外一次多边的对话尝试，因为其话语体系可能更接近于大众传播而非谈判的技术术语，因此受到了舆论的广泛关注。中国当前在全球气候治理进程中被寄予"新领导者"的厚望，党的十九大也将中国在应对气候变化国际合作的作用定位为"全球生态文明建设的参与者、贡献者和引领者"，此次"塔拉诺阿对话"无疑是积极展示中国绿色低碳发展的成就、正确引导各方对中国自主贡献的期待、展现中国负责任大国形象的舞台。如何更好地运用对话机制呼应《巴黎协定》实施细则谈判、向各方传递坚定实施《巴黎协定》的积极信号、维护我们主张的多边体制权威性和有效性，无疑是需要我们思考的。

一 "塔拉诺阿对话"在全球气候治理中的作用

2015 年，巴黎气候大会第 1/CP. 21 号决定第 20 段中提到，各方"决定在 2018 年召开缔约方之间的促进性对话，以盘点缔约方在争取实现《巴黎协定》第四条第 1 款所述长期目标①方面的集体努力进展情况，并按照协定

---

① 《巴黎协定》第四条第 1 款："为了实现第二条规定的长期气温目标，缔约方旨在尽快达到温室气体排放的全球峰值，同时认识到达峰对发展中国家缔约方来说需要更长的时间；此后利用现有的最佳科学迅速减排，以联系可持续发展和消除贫困，在公平的基础上，在本世纪下半叶实现温室气体源的人为排放与汇的清除之间的平衡。"

第四条第 8 款①为拟定国家自主贡献提供信息"。经过近两年的磋商，2017 年联合国气候变化波恩会议（COP23）期间各方就 2018 年促进性对话的组织实施做出了进一步的安排。对话被重新命名为"塔拉诺阿对话"，以体现主席国斐济的特色，所谓"塔拉诺阿"是指太平洋岛国讨论和议事的传统形式，类似南非气候大会时的"Indaba"（部落会议），体现非对抗性、促进性和包容性，以理性对话方式共同增进对问题以及各方诉求的了解，并寻求妥善的解决方案。"塔拉诺阿对话"无疑是 2018 年全球气候治理进程的亮点，各方甚至将其称为《巴黎协定》下"全球盘点"机制的"演习"，其模式、参与范围以及政策结论都会对后续进程产生影响。

第一，"塔拉诺阿对话"是美国宣布退出《巴黎协定》后各方在联合国主渠道下宣示信心、凝聚共识和促进合作的平台。2017 年 6 月美国宣布退出《巴黎协定》打击了联合国气候变化谈判多边进程来之不易的合作势头，在这种情况下提振各方信心、维持合作热度至关重要，"塔拉诺阿对话"因此成为各方增进理解、加强互信的重要平台，通过政治共识向全球再次传递国际社会合作应对气候变化的积极信号。对话以讲故事的方式，尽量避免互相指责，也是希望传递正能量，培育好的合作氛围。

第二，"塔拉诺阿对话"是在《巴黎协定》框架下各缔约方就国家自主提高行动力度进行沟通并提供决策支撑信息的初次尝试。《巴黎协定》确立的"自下而上"的行动模式，其核心就是承认当前行动力度不足的政治现实，但要求不断提高力度，渐进式、周期性（每五年一次）地弥合实现长期目标的差距。此次对话是多边进程下第一次开展直接以提高各方力度为目标的活动，并适逢联合国政府间气候变化专门委员会（IPCC）的全球 1.5℃温升特别报告编撰出版，因而受到各缔约方和国际社会普遍关注，而紧接着是 2019 年联合国秘书长召集的气候峰会、2020 年各缔约方更新或通报国家自主贡献，逐年相衔接。对话作为"自下而上"提高力度的一次有益尝试，

① 《巴黎协定》第四条第 8 款："在通报国家自主贡献时，所有缔约方应根据第 1/CP. 21 号决定和作为本协定缔约方会议的《公约》缔约方会议的任何有关决定，为清晰、透明和了解而提供必要的信息。"

将有可能为 2023 年首次全球盘点积累经验、形成示范，并在一定程度上验证"国家自主贡献 + 全球盘点"机制的有效性。

第三，"塔拉诺阿对话"是非国家主体参与全球气候治理、实施全球应对气候变化行动、开展公私部门合作的开放性平台。《巴黎协定》"自下而上"的特性鼓励更多城市、企业、非政府组织、国际机构等通过各种灵活的形式参与到全球气候治理进程中。2016 年联合国气候变化马拉喀什会议（COP22）在"利马巴黎行动议程"（LPAA）等基础上启动了"全球气候行动马拉喀什合作伙伴关系"（MPGCA），更是进一步加速了社会各方共同参与气候行动。同时，在美国联邦政府缺位的情况下，其国内各州、城市、企业和非政府组织也成为国际社会寄托希望的群体，这为此次对话非国家主体的参与增加了特殊意义。多样化合作共推应对气候变化行动是此次对话的亮点，也是未来应对气候变化国际合作的重要组成部分。

二 "塔拉诺阿对话"的主要活动与最新进展

对话设计了三个核心主题"我们在哪里"（Where are we）、"我们去哪里"（Where do we want to go）、"我们如何去"（How do we get there），并分为筹备进程和政治进程两个阶段，贯穿 2018 年全年开展。COP23 主席国斐济和 COP24 主席国波兰将作为对话的联合主席。政治进程将由各国部长参加，通过主旨发言、圆桌会讨论等形式，围绕三个主题开展互动讨论。关于政治进程的具体设计，预计斐济和波兰两主席国仍将结合筹备进程的开展，予以进一步细化和完善。此外，对话也将特别关注 IPCC 将于 2018 年出台的关于温升 1.5℃的特别报告。

筹备进程已于 2018 年 1 月启动，缔约方、利益相关方和专家机构被邀请提交与对话主题相关的信息。《联合国气候变化框架公约》网站为此专门设立了一个网上平台（talanoadialogue. com），供各方上传信息。网上平台将由斐济和波兰负责监督，向缔约方和所有非缔约方开放，任何机构都有权提交信息，但是否公布取决于主席及秘书处。网上平台信息提交分为两个阶段。一是平台开放至 2018 年 4 月 2 日，该阶段提交的信息已被汇总供 4 月 30 日至 5 月 11 日举行的波恩工作组会议期间讨论。二是此后至 2018 年 10 月 29 日，有关信息将供 COP24 讨论。截至 2018 年 9 月，"塔拉诺阿对话"共收到超过 400 份提案，其中 2 份来自联合主席，24 份来自缔约方或缔约方集团，其余约 400 份提案来自研究机构、民间团体、行动倡议或联盟、私营部门、国际组织、联合国机构和地方政府等。各方提案中阐述了对"塔拉诺阿对话"的期待，并分享了各自应对气候变化的理念和实践，大部分机构都同时讨论了"我们在哪里""我们去哪里"以及"我们如何去"的话题，其中关于"我们去哪里"的提案数量最多，包括联合国环境规划署每年发布的《排放差距报告》。国家气候战略中心、国家气候中心、清华大学、中国社科院等智库机构也提交了相关提案，涉及发达国家 2020 年行动和支持力度评估、气候韧性、生态文明、全球能源互联网等倡议。

2018 年 5 月 6 日的波恩工作组会议期间，各方围绕"塔拉诺阿对话"的三个主题举行了讨论，讨论分为 7 个小组平行举行，每个小组最初设计时包括受邀的 30 名缔约方代表和 5 名非缔约方代表，由一名斐济人主持并向全会做汇报。最终，此次活动共计 190 多个缔约方代表和 100 多个非缔约方利益相关方代表参与"塔拉诺阿对话"活动，斐济和波兰两主席国代表主持对话活动，各方围绕三个核心问题谈看法、讲故事，分享经验实践，交流困难挑战。关于"我们在哪里"，各方在"故事"中描述了目前的气候变化影响、介绍了正在采取的气候行动、指出了当前存在的力度和行动差距，包括在履行 2020 年目标上的差距，并识别了全球面临的应对气候变化挑战；关于"我们去哪里"，各方讨论了 2030 年的力度需求以建立与国家自主贡献的直接联系，同时也有参会方强调气候目标需契合可持续发展议程，并且应尊重《联合国气候变化框架公约》和《巴黎协定》的原则；关于"我们如何去"，各方强调团结合作的重要性，也指出气候资金是各方加强行动和力度的基础，技术是应对气候变化的最终解决方案，世界各国，包括政府和其他利益相关方，需要一道努力加强行动。"全球能源互联网发展合作组

织"作为中方机构被邀请参加了此次对话活动。斐济表示将就波恩会议的对话讨论情况撰写总结报告，同时结合各方提案内容，在 COP 24 前发布筹备进程的综合报告（Synthesis Report）。

筹备进程还邀请缔约方和非缔约方合作，举办地方、国家、区域和全球性的活动来支持对话，为对话举行和筹备提供有用的信息，比如 2018 年 9 月在美国旧金山举行的由加州州长布朗、彭博社创始人布隆博格、《联合国气候变化框架公约》执行秘书埃斯皮诺萨等担任联合主席的全球气候行动峰会，中国气候变化事务特别代表解振华先生也受邀参加并担任峰会的联合主席。斐济和波兰两主席国还利用全年各类会议、论坛、网络会议等途径，就对话相关问题听取缔约方和非缔约方的意见。

尽管强调"促进性"，但各方对"塔拉诺阿对话"如何开展并未形成一个清晰的共识。首先，关于对话涵盖的内容要素。发达国家缔约方仅希望聚焦减缓的差距，而忽视减缓与适应行动力度的平衡，以及与资金、技术等支持力度之间的联系，而大部分发展中国家则要求平衡地探讨减缓、适应、资金、技术和能力建设支持等各议题，加强彼此间的联系，并且更希望提高力度来弥补发达国家业已提出但未兑现的资金、技术等支持的差距。其次，关于对话讨论的时间范围。发达国家缔约方特别是欧盟更多关注 2020 年后国家自主贡献力度的提高，而忽视 2020 年前的发达国家自身在承诺和行动上的差距；发展中国家缔约方则更多认为 2020 年前的行动与 2020 年后力度问题密不可分，发达国家不应该逃避近期的责任。第三，关于对话活动的组织方式。作为主席倡议的一项活动，此次对话并未建立透明的集体决策程序，斐济和波兰主席国在组织对话的过程中自由裁量权过大，其背后澳大利亚的咨询团队也施加了一定的影响，甚至以"建设性"为借口而不正视一些缔约方和非缔约方机构所指出的问题，为了避免所谓的"相互指责"甚至拒绝了中印等立场相近发展中国家集团的提案，对研究机构关于 2020 年前发达国家行动进展的评估也进行了屏蔽，这引起了不少的抗议，虽然最终提案得以上传，但各方对主席国背后的动机产生了一定程度的质疑，影响了对话本身的互信基础。

三　"塔拉诺阿对话"中国方案的建议

党的十九大报告开创性地提出了"引导应对气候变化国际合作,成为全球生态文明建设的重要参与者、贡献者、引领者"的论断,这是对中国参与全球气候治理作用的历史性认识。习近平总书记在全国生态环境保护大会上再次强调要"共谋全球生态文明建设,深度参与全球环境治理,形成世界环境保护和可持续发展的解决方案,引导应对气候变化国际合作……要实施积极应对气候变化国家战略,推动和引导建立公平合理、合作共赢的全球气候治理体系,彰显我国负责任大国形象,推动构建人类命运共同体。"不仅体现了党中央对气候变化国际合作工作的高度肯定,而且为在新时代开启中国引领全球气候治理新征程、树立为全球生态安全做贡献的新使命、推动构建人类命运共同体的新梦想指明了方向。

中国当前已经走到了世界舞台的中央,在气候变化议程美国"缺席"的情况下,中国更加受到国际社会的关注。但中国在舞台中央的聚光灯下,既要巧妙化解自身面临的排放大国压力,也要讲好"中国故事",宣传中国绿色低碳发展和建设生态文明的优良实践,为广大发展中国家提供转型借鉴,拓展发展中国家走向现代化的途径,启发各方对上述三个核心问题的看法,引导对话议程设置和成果产出,并适时提出新时代构建全球应对气候变化命运共同体的"中国倡议"。

(一)我们在哪里——我们已迈入全球气候治理新时代

《巴黎协定》的达成是全球气候治理史上的里程碑,也开创了全球治理和新型国际关系的新范式。当前随着国际局势的深刻演化和变革,我们已经迈入了全球气候治理的新时代,以中国为代表的发展中国家将日益走近世界舞台中央,不断为人类做出更大贡献。全球气候治理的主要矛盾正在从面向过去的历史责任的分配逐步转化为面向未来的自主贡献的承担,治理模式也从温室气体排放空间争夺的简单零和博弈逐步转化为以资金支持和技术创新

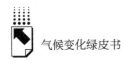
为主、多元参与、广泛共赢的国际合作机制。这样的变化是发展中国家通过艰苦奋斗、自主发展获得的,是通过团结一致、坚决维护自身利益获得的。必须认识到,这样的变化并没有改变"共同但有区别的责任原则",也没有改变发展中国家的国际地位和基本国情。发达国家和发展中国家的历史责任、发展阶段、应对能力都不同,共同但有区别的责任原则不仅没有过时,反而应该得到遵守。但这样的变化正在重塑各缔约方及非国家主体有关发展、合作的观念和行为模式,使之更加坚定走生产发展、生活富裕、生态良好的文明发展道路的信心,顺应绿色低碳发展的历史潮流,这不以一国一人的轻率意志为影响或转移。人类正处在大发展、大变革、大调整时期,新一轮科技革命和产业革命正在孕育成长,我们此刻的决策既要为当代人着想,也要为子孙后代负责。

(二)我们去哪里——我们要建设一个清洁美丽的世界

《巴黎协定》确立了人类社会温室气体低排放和气候韧性发展的路径,也提出了温升、减缓、适应、资金、技术等长期目标。其实,不管是把全球平均气温升幅控制在工业化前水平 2℃之内的政治共识,还是在 21 世纪下半叶实现温室气体人为排放源与汇之间平衡的长期目标,归根结底,并不是 2℃或 1.5℃、排放峰值哪一年的数字区别,而是要建设一个清洁美丽的世界,真正实现人与自然和谐共生。不仅仅是将排放控制在某一"冰冷"的数字,而是要真正建立健全绿色低碳循环发展的经济体系,推进能源生产和消费革命,构建清洁低碳、安全高效的能源体系,倡导简约适度、绿色低碳的生活方式,实现真正的经济、能源和消费的绿色转型,共同分享发展转型所带来的绿色效益。这是根本解决之道,是全球盘点总体进展的最重要的方法学,也是推动建立公平合理、合作共赢的全球气候治理体系的精髓。

(三)我们如何去——我们要构建气候变化命运共同体

面对当前全球气候变化层出不穷的挑战和日益增多的风险,我们给出的"中国方案"是推动构建全球应对气候变化人类命运共同体,创造一个各尽所能、合作共赢、奉行法治、公平正义、包容互鉴、共同发展的未来。对气候变化等全球性问题，如果抱着功利主义的思维，希望多占点便宜、少承担点责任，最终将是损人不利己，气候变化国际合作应该摈弃"零和博弈"的狭隘思维，推动各国尤其是发达国家多一点共享、多一点担当，实现互惠共赢。面对全球性气候变化挑战，各国应该加强对话，交流学习最佳实践，取长补短，在相互借鉴中实现共同发展，惠及全体人民。同时，要倡导和而不同，允许各国寻找最适合本国国情的应对之策。只要我们牢固树立人类命运共同体意识，坚持环境友好，合作应对气候变化，共同构筑尊崇自然、绿色发展的生态体系，保护好人类赖以生存的地球家园，携手努力、共同担当，同舟共济、共渡难关，就一定能够让世界更美好、让人民更幸福。

G.5
构建气候韧性社会：挑战与展望

孙劭 巢清尘 黄磊*

摘　要： 气候系统的多种指标和观测表明，全球变暖的趋势仍在持续，全球气候风险亦在日益加剧，其中发展中国家所面临的气候风险明显高于发达国家。实现《巴黎协定》目标和联合国可持续发展目标（SDGs）、建设清洁美丽世界是全人类努力的目标和方向，而应对气候变化则是迈向气候韧性社会的关键所在。对于广大发展中国家而言，考虑各国国情和实际需求，适应更具有现实性和紧迫性。国际社会应长期坚持适应与减缓并重的方针，帮助发展中国家解决适应领域存在的诸多障碍。近年来，中国加速推进生态文明建设，促进绿色低碳循环发展，积极应对气候变化，在生态减贫和防灾减灾等领域取得了一系列显著成效。在构建人类命运共同体的大前提下，世界各国应统筹协调国内发展目标与全球减排需求，为保护全球气候环境、构建气候韧性社会做出积极贡献。

关键词： 适应　减缓　气候韧性　可持续发展

一　引言

2018年10月，政府间气候变化专门委员会（IPCC）发布的特别报告

---

* 孙劭，博士，国家气候中心助理研究员，研究领域为气候变化与气象灾害风险评估；巢清尘，博士，国家气候中心副主任、研究员，研究领域为气候变化诊断分析及政策；黄磊，博士，国家气候中心气候变化室副主任、副研究员，研究领域为气候变化研究。

《全球升温 1.5℃》指出，全球气候变化给人类社会造成的影响正在日益加剧，若未来温升超过 1.5℃到达 2℃度，就会带来更具破坏性的后果，气候风险比原先估计的更加严峻。气候安全已经成为国家安全体系和经济社会可持续发展战略的重要组成部分，成为粮食安全、水资源安全、生态安全以及国家安全体系中其他安全的重要基础。2017 年，全球主要温室气体浓度进一步上升，全球地表平均气温相比工业化前水平高出 1.1℃左右，成为有完整气象观测记录以来最暖的非厄尔尼诺年份。[①] 2017 年，全球天气、气候和水文灾害导致经济损失高达 3300 亿美元，成为有记录以来气象相关灾害造成损失最大的年份，气象相关灾害损失占全年自然灾害总损失的 93%[②]。"全球气候服务框架"（GFCS）指出，当前国际社会面临的最主要挑战之一就是在可持续发展的基础上如何更加系统有效地开展全球气候风险防范与管理。

广大发展中国家所受到的天气气候影响程度明显高于发达国家。在1997～2017 年，全球范围内受气象灾害严重影响的国家多数位于亚洲，少数位于欧洲和中美洲，其中受灾最严重的 10 个国家全都是发展中国家，特别是一些国家由于遭受单次历史罕见的巨灾而遭受重大损失。通过耦合模式对未来气候情景的模拟结果表明，未来全球气候变化的不利影响呈现向经济社会系统深入的显著趋势，高温热浪、强降水、干旱等极端天气气候事件的重现期都将不同程度的缩短，在气候脆弱和敏感的地区可导致前所未有的巨灾，全球适应气候变化所需的资金投入将大大超过当前的预估。

自《巴黎协定》启动以来，国际社会合作共赢、公正合理的全球气候治理体系逐渐形成，但与 2℃和 1.5℃的温升目标仍存在相当差距，需要全球大幅减排和采取更加强有力的行动。但是，进一步加大减排力度需要充分考虑技术可行性和需要付出的额外社会经济成本，及其给就业、减贫、粮食

---

① World Meteorological Organization（WMO），"WMO Statement on the State of the Global Climate in 2017," https：//public. wmo. int.

② Munich RE， "Natural Catastrophe Review 2017," https：//www. munichre. com/en/media-relations/publications.

安全、环境安全等带来的影响和冲击。应对措施不能仅考虑理论和技术上的可能性，还需要综合考虑不同国家的现实国情、核心技术的可获得性、快速转型的社会经济成本和社会可承受性，尤其是它对实现可持续发展目标（SDGs）的影响等。对于广大发展中国家而言，适应相对于减缓而言更具有现实性和紧迫性。国际社会应长期坚持适应与减缓并重的方针，帮助发展中国家解决适应领域存在的诸多障碍，为保护全球气候环境、构建气候韧性社会做出积极贡献。

二 全球气候风险与应对形势

（一）气候系统的变化

气候系统的多种指标和观测表明，全球变暖的趋势仍在持续。2017年全球地表平均气温比工业化前水平高出1.1℃左右，位列2016年和2015年之后，为1850年有完整气象观测记录以来的第三暖年份，也是有完整气象观测记录以来最暖的非厄尔尼诺年份。2017年海洋热含量再创新高，达到有现代观测记录以来的最高值。2017年北极海冰年平均范围为1979年有观测记录以来的第二低值，南极海冰年平均范围创历史新低。2016年主要温室气体的全球大气年平均浓度均达到新高，其中二氧化碳年平均浓度达到403.3ppm，比工业化前（1750年之前）水平高出45%，为近300万年以来的最高值。1901～2017年，中国地表平均气温上升了1.21℃，2017年属异常偏暖年份，中国地表平均气温接近历史最高；1980～2017年中国沿海海平面呈波动上升趋势，平均上升速率为3.3毫米/年，2017年中国沿海海平面较1993～2011年平均值高58毫米。[1]

观测事实表明，在全球范围内由气候变化导致的高温热浪、暴雨洪涝、干旱等极端天气气候事件的强度、频率和持续时间正在增加。2000～2017

---

[1] 中国气象局：《中国气候变化蓝皮书（2018）》，气象出版社，2018。

年，全球地质灾害（地震、海啸和火山喷发等）发生次数较 1980～1999 年增加了 13.3%，天气灾害（台风、风暴、强对流和龙卷风等）、气候灾害（极端气温、干旱和野火等）和水文灾害（洪涝、泥石流和滑坡等）的发生次数则分别增加了 41.7%、32.3% 和 84.3%，这说明自然灾害的发生频率增加主要来源于天气、气候和水文灾害的发生频率增加。[①] 2017 年全球发生了多次严重的天气和气候事件，包括非常活跃的北大西洋飓风、印度次大陆出现的严重季风洪水、东非部分地区持续严重的干旱以及世界各地的高温热浪事件等。[②] 在 2017 年全球发生的各类自然灾害中，天气、气候和水文灾害导致经济损失高达 3300 亿美元，成为有记录以来气象相关灾害造成损失最大的年份，气象相关灾害损失占全年自然灾害总损失的 93%。2017 年中国也因各类气象灾害蒙受了严重损失，其中暴雨过程频繁、极端性强，年内暴雨洪涝和地质灾害累计导致约 7000 万人受灾，超过 700 人死亡或失踪，直接经济损失超过 300 亿美元。

（二）气候变化的影响

气候变化已经并将继续对自然生态系统和人类社会产生广泛而深刻的影响。观测表明，全球范围内几乎所有冰川和冻土都因气候变暖而持续退缩和融化，从而导致水资源量和水质的改变；许多陆地和海洋生物的地理分布、迁徙模式和丰度等特征都产生了显著变化；气候变化对全球主要粮食产量也产生了一定的不利影响，其中小麦和玉米平均每十年减产 1%～2%[③]；部分地区由于气候变化而导致一些水源性疾病和虫媒传染病影响范围进一步扩大，对人类健康产生严重威胁。此外，气候灾害还可能加剧一些地区原有的

---

① Munich R. E., "Natural Catastrophe Review 2017," https：//www. munichre. com/en/media-relations/publications.
② 孙劭、王东阡、尹宜舟等：《2017 年全球重大天气气候事件及其成因》，《气象》2018 年第 4 期，第 556～564 页。
③ Field, C. B., V. R. Barros, K. Mach, et al., "Climate Change 2014：Impacts, Adaptation, and Vulnerability," in *Contribution of Working Group II to the Third Assessment Report* (2014) (Cambridge University Press, 2014) .

冲突和压力，影响当地居民特别是贫困人群的生计，从而进一步降低当地对气候变化不利影响的适应能力。

在气候灾害对人类社会的影响方面，广大发展中国家所受到的影响程度明显高于发达国家。在1997～2016年，全球范围内发生了约11000次极端天气气候事件，由此引发的气象灾害共导致52.4万人丧生，经济损失高达3.16万亿美元（基于购买力评价）。[①] 分析表明，全球范围内受气象灾害严重影响的国家多数位于亚洲，少数位于欧洲和中美洲，其中受灾最严重的10个国家（洪都拉斯、海地、缅甸、尼加拉瓜、菲律宾、孟加拉国、巴基斯坦、越南、泰国和多米尼加共和国）全都是发展中国家，特别是一些国家由于遭受单次历史罕见的巨灾而遭受了重大损失，例如2008年热带风暴Nargis造成缅甸近20年来95%的灾害损失，1998年飓风Mitch造成洪都拉斯近20年来80%的灾害损失等。近年来中国天气气候灾害的影响范围也呈现不断扩大的趋势，因灾直接经济损失不断增加，但死亡人口呈下降趋势。2017年中国气象灾害共造成农作物受灾面积2010万公顷，死亡失踪913人，直接经济损失450亿美元，灾害整体损失低于近5年平均水平。

（三）未来的气候风险

通过耦合模式对未来气候情景的模拟结果表明，在不同碳排放路径下未来各类极端天气气候事件的重现期都将不同程度的缩短，在气候脆弱和敏感的地区可导致前所未有的巨灾。21世纪全球高温热浪事件的强度、频率和持续时间将大幅增加，未来20年一遇的日极端最高温度到21世纪中叶将上升1～3℃，到21世纪末上升约2～5℃。随着气候变暖，全球强降水事件的频率和占总雨量比例都将增加，尤其是在高纬度和热带地区，甚至部分降水量下降的地区强降水事件也将增加。此外，由于降水减少和蒸发加剧，地中海地区、中美洲、非洲南部等地的干旱程度将进一步加剧。海平面上升也将导致未来沿岸极端高水位事件呈增加趋势。中国遭受的气候变化风险等级处于全

---

① Germanwatch，"Global Climate Risk Index 2018，"http：//germanwatch. org.

球较高水平，气候变化不利影响呈现向经济社会系统深入的显著趋势。[①]

各类极端事件将对气候关系密切的行业（如水利、农业和粮食安全、林业、健康和旅游业）产生更大的影响。联合国环境规划署（UNEP）发布的《适应资金差距报告（2017）》（*The Adaptation Gap Report 2017*）显示，在气候变化影响不断增大的背景下，全球适应气候变化所需的资金将大大超过当前的预估，预计 2030 年的适应资金将达到当前预估的 2 ~ 3 倍，2050 年甚至可达 4 ~ 5 倍。

面对当前日益严峻的全球变暖和极端灾害形势，及其已经和未来将给人类经济社会可持续发展带来的威胁，需努力适应和减缓气候变化，降低极端天气气候灾害的风险，减轻全球变暖和极端灾害对粮食生产、水资源、生态、健康、能源、交通等重点领域的威胁。科学层面上，IPCC 在 2012 年发布了特别评估报告《管理极端事件和灾害风险、推进气候变化适应》，阐述了降低灾害风险和可持续发展的相互作用，提高了对灾害风险管理的认知。政策层面上，第三次世界气候大会（WCC - 3）把气候灾害风险管理作为适应气候变化的核心范畴并将其纳入"全球气候服务框架"（GFCS）；2015 年制定的联合国可持续发展目标（SDGs）明确提出应采取紧急行动应对气候变化及其影响，加强世界各国抵御和适应气候变化相关灾害的能力。

三 适应和减缓并重促进经济社会可持续发展

（一）《巴黎协定》目标的平衡考虑

气候韧性和可持续发展是人类追求的美好未来。联合国可持续发展目标（SDGs）中提出应采取紧急行动应对气候变化及其影响，世界各国应将应对气候变化的举措纳入国家政策、战略和规划，加强在气候变化减缓、适应，

---

① Qin, Dahe, Zhang Jianyun, Shan Chunchang, et al. , *China's Climate Extreme and Disaster Risk Management and Adapt to the National Assessment Report* (*2015*) (Science Press, Beijing, 2015).

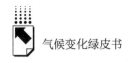
减少灾害损失和灾害早期预警等方面的教育和宣传，加强人员和机构在履约方面的能力。发达国家应履行在《联合国气候变化框架公约》下的承诺，即到2020年每年从各种渠道共同筹资1000亿美元，帮助广大发展中国家切实开展气候变化减缓行动，提高履约的透明度，并尽快向绿色气候基金注资，使其全面投入运行。同时特别注重在最不发达国家和小岛屿发展中国家建立增强能力的机制，帮助它们进行与气候变化有关的有效规划和管理。

《巴黎协定》进一步构建了旨在提高适应能力、加强恢复力和减少脆弱性的全球适应目标，要求缔约方开展适应计划进程并采取适应行动，定期提交和更新适应信息通报；并通过定期盘点全球适应行动的总体进展，评估支持力度的充分性和有效性。[①]《巴黎协定》明确指出，缔约方应增强在适应行动、体制安排、科学认识等方面的合作，帮助发展中国家识别适应需求和优先支持领域，发达国家应向特别脆弱国家提供适应行动所需的资金支持。

自《巴黎协定》启动以来，国际社会合作共赢、公正合理的全球气候治理理系逐渐形成，《巴黎协定》提出的1.5℃温升目标是全球需要努力达到的。UNFCCC发布的IDNC综合评估报告显示，《巴黎协定》缔约方提交的国家自主贡献已涵盖了全部缔约方99%的温室气体排放量，预计2025年国家自主贡献将减排27亿吨二氧化碳当量，2030年将达到46亿吨。从近年来全球技术发展看，可再生能源技术的快速发展使可再生能源的使用成本大幅下降，为全球提供了一半以上的新增发电能源。[②] 自2010年以来，新建太阳能光伏发电的成本已经降低了70%，风电成本降低了25%，电池成本降低了40%。与此同时，全球煤炭消费于2013年达到顶峰，之后进入持续下降阶段。由此表明，人类可以在不损害经济增长的前提下，达到遏制碳排放的目的，同时也让我们看到了世界各国为实现气候韧性和可持续发展所

---

① Chen, M., Zhang Y., Li B., et al., "Interpretation of Adaptation and Loss and Damage Elements in Paris Agreement and Possible Solution for China," *Climate Change Research*, 2016, 12 (3): 251–257.

② International Energy Agency (IEA), "World Energy Outlook 2017," http://www.iea.org/weo2017/.

做出的努力。

尽管如此，从现阶段减排努力和技术发展的趋势看，实现 1.5℃ 和 2℃ 温升目标仍存在一定难度，尚需要全球大幅减排和采取强有力的行动。但是，进一步加大减排力度需要充分考虑技术可行性和需要付出的额外社会经济成本，及其给就业、减贫、粮食安全、环境安全等带来的影响和冲击。应对措施不能仅考虑理论和技术上的可能性，还需要综合考虑不同国家的现实国情、核心技术的可获得性、快速转型的社会经济成本和社会可承受性，尤其是它对实现可持续发展目标（SDGs）的影响。

在实现气候韧性和可持续发展的过程中，我们必须充分考虑社会经济转型的现实能力。适应和减缓是人类应对气候变化的两大对策，两者相辅相成，缺一不可。对于已经和即将发生的气候变化风险，适应更具有现实性和紧迫性。尤其是对于广大发展中国家而言，它们正处于工业化和城市化的历史发展阶段，对能源的需求迅速增长，节能减排是长期而艰巨的任务。国际社会应加强对适应气候变化的重视程度，长期坚持适应与减缓并重的方针，不断深化对适应气候变化的科学认识，通过持续开展适应行动，积累成功的适应气候变化经验。

（二）适应所面临的挑战

要想更好地向气候韧性社会迈进、实现可持续发展目标，除需要坚持适应与减缓并重的方针、积极积累与推广成功的适应气候变化经验外，在适应气候变化领域还存在着如下挑战。

（1）适应气候变化观念和共识的不足。表现为过于关注减缓气候变化的行动，对适应气候变化、降低气候变化影响和灾害风险的重要性认识不够，特别是对于气候变化对高脆弱性国家以及贫穷人口的严峻影响认识不足，对采取适应气候变化行动的紧迫性共识不足。

（2）适应气候变化知识和技术的不足。在一些受气候变化影响的关键行业或领域，开展跨学科集成研究的资金和力量不足，在气候变化影响的归因方面还存在很多的不确定性，适应气候变化技术开发和推广方面的力度

不够。

（3）适应气候变化行动的不足。许多发展中国家政府在识别和应对气候变化影响方面行动迟缓，开展适应行动的能力严重不足。

因此，需要有效地发挥适应气候变化机制的作用，有效实施适应气候变化的行动。发展中国家在向气候韧性社会迈进的过程中除面临上述三方面的挑战外，在推动适应气候变化行动的过程中也遇到了一定的阻碍①，主要表现在以下三个方面。

（1）适应技术研发、应用与转移难以实施。当前《联合国气候变化框架公约》体系下尚未建立起联系援助国与受援国的技术转移方案，许多发达国家以各种理由反对技术转移，使得气候谈判建立的适应技术转移机制没有真正得到落实。

（2）资金严重不足。现行机制下适应气候变化的出资义务均为发达国家自愿捐助，用于支持发展中国家适应气候变化的资金难以落实。

（3）适应能力严重不足。发展中国家的适应能力低下，而且技术研发、推广和使用方面还存在知识产权、经济社会、政策法规、公众意识、信息不对称等限制因素。为了切实推动气候变化适应行动，发展中国家应进一步细化具体实施方案和规则，在受气候变化影响的重点行业和领域（如农业、林业、水资源、生态系统、海岸带、卫生健康等）有序开展适应技术清查和示范区技术应用推广，逐步构建领域协同及区域联动的协调机制，加速推进适应行动落实。

（三）中国的努力

为了更好地适应气候变化，中国加速推进生态文明建设，促进绿色、低碳、气候适应型和可持续发展。在水安全领域，考虑到气候变化对水资源系统承载力的影响，中国实施了南水北调工程，分东、中、西三条线路从长江

---

① 周广胜、何奇瑾、汲玉河：《适应气候变化的国际行动和农业措施研究进展》，《应用气象学报》2016年第5期，第527～533页。

调水北送，同时开展多流域水污染防治，确保水源水质安全。在粮食安全领域，考虑到水热条件的变化，将小麦、玉米、水稻三大粮食作物种植界线北移，在西北干旱区扩大节水耐旱型作物生产，实现结构抗旱减灾，同时大力发展节水农业和建设灌溉工程。在生态安全领域，中国加大植树造林和退耕还林的力度，森林覆盖率从 2004 年的 18.2% 提升到 2017 年的 21.7%；保护和恢复湿地，建设自然保护区，现自然保护区已覆盖陆地国土面积的 15%，超过了世界 12% 的平均水平。在健康安全领域，中国建立了国家饮用水卫生监测网络，目前已覆盖 85.2% 的地级市，全力保障城乡饮用水安全；通过应对气候变化和环境改善的协同行动综合治理空气污染，重点城市群地区空气质量明显好转，2017 年中国主要城市 PM2.5 浓度同比下降 11.7%，重污染天数减少 28.8%。在能源安全领域，努力提高能源利用效率，同时把调整能源结构作为改善生态环境、提高适应能力的重要措施。近年来单位 GDP 碳排放持续下降，清洁能源消费占能源消费的比重逐年上升，清洁能源政策落实良好，能源消费结构不断优化，降低了能源供应端的安全风险，同时强化了风险评估工作，提升了能源供应设施的防灾能力。

同时，中国也在努力将生态治理与生态减贫有机地结合起来。在中国，贫困地区与生态环境脆弱地带具有高度的相关性，绝大多数贫困人口生活在生态系统最脆弱的干旱和半干旱地区，生态系统的稳定性差，水资源短缺，植被覆盖稀疏，抗灾能力薄弱，人们不合理开发利用更容易造成生态与环境的恶化，放大灾害的影响。近年来，中国政府加强生态脆弱区的治理行动，保护原有的生态系统和修复已经退化的生态系统，建设了三北防护林等一系列生态工程，培育发展有区域优势的特色产业，例如近年来宁夏着重发展枸杞和葡萄产业，产值达到 200 亿元。[①]

中国政府高度重视适应气候变化工作，把应对极端天气气候事件和减轻灾害风险作为适应气候变化的重要行动，坚持工程措施与非工程措施并举，

---

① NDRC, "China's Policies and Actions for Addressing Climate Change 2017," National Development and Reform Commission of China.

提高了极端天气气候条件下防范灾害风险的水平，初步形成了中国特色的灾害风险管理体系，形成了“政府主导、部门联动、社会参与”的防灾减灾机制，建立健全了社会多元参与机制，提高了应对极端天气气候事件与灾害的能力。中国的应对气候变化政策和灾害风险管理政策在部门之间、国家和地方之间形成了良好的协同效应，公众的风险意识明显提高，初步形成了全社会减轻灾害风险的氛围。与2006~2010年相比，2011~2015年中国因灾死亡失踪人口下降了93%、紧急转移安置人口下降了45%，倒塌房屋数量下降了81%，防灾减灾成效显著。

尽管如此，中国作为最大的发展中国家仍然面临很多适应方面的不足。基础设施建设、运行、调度、养护和维修的能力不能满足适应需求，农业、水资源、生态系统以及城市、人类健康、重大工程等敏感脆弱领域和行业的适应能力仍旧不足，各类灾害综合监测系统与预警预报服务还有待优化，在适应资金、技术、评估方法等方面都需要提高。[①]

（四）国际社会的展望

在构建人类命运共同体的大前提下，世界各国应统筹协调国内发展目标与全球减排需求，寻求自身发展利益与应对气候变化威胁的价值平衡，将适应政策与经济社会发展各项政策紧密结合起来。《巴黎协定》强调了应对气候变化的长期目标与实现可持续发展和消除贫困之间的内在联系，推动世界各国走上气候适应型的低碳经济发展路径，以实现经济发展与降低排放的双赢。因此，应对气候变化长期减排目标下的低碳经济转型，不应成为对经济社会发展的制约，而应作为各国实现自身可持续发展的根本路径，作为一个难得的发展机遇。对于广大发展中国家而言，在工业化和现代化进程中实现经济发展和绿色低碳的双重目标，既需要自身发展方式的低碳转型，也需要发达国家资金、技术和能力建设上的支持，为其创造一个公平实现可持续发

---

① NDRC, "National Strategy of Climate Change Adaptation 2013," National Development and Reform Commission of China (in Chinese).

展的机遇。中国愿与世界各国携手努力，进一步推动落实《巴黎协定》，本着对中华民族福祉和人类长远发展高度负责的态度，积极应对气候变化和极端天气气候事件，加强适应措施，通过交流最佳实践、合作技术研发等方式，为保护全球气候环境、推动全球可持续发展目标的实现做出积极贡献。

四 结语

气候韧性和可持续发展是人类追求的美好未来。自《巴黎协定》启动以来，国际社会合作共赢、公正合理的全球气候治理体系逐渐形成，目前各缔约方提交的国家自主贡献已涵盖全部缔约方99%的温室气体排放量。从近年来全球技术发展看，可再生能源技术的快速发展使可再生能源的使用成本大幅下降，这说明人类可以在不损害经济增长的前提下，达到遏制碳排放的目的，同时也让我们看到了世界各国为实现气候韧性和可持续发展所做出的努力。

在实现气候韧性和可持续发展的过程中，我们必须充分考虑社会经济转型的现实能力。应对措施不能仅考虑理论和技术上的可能性，还需要综合考虑不同国家的现实国情、核心技术的可获得性、快速转型的社会经济成本和社会可承受性。适应和减缓是人类应对气候变化的两大对策，两者相辅相成，缺一不可。对于已经和即将发生的气候变化风险，适应更具有现实性和紧迫性。现阶段，在适应气候变化领域还存在一系列挑战，例如观念和认识上的不足、知识和技术的匮乏、行动能力欠缺等。尤其是对于广大发展中国家而言，它们正处于工业化和城市化的历史发展阶段，对能源的需求迅速增长，节能减排是长期而艰巨的任务；同时在推动适应气候变化行动的过程中也遇到了诸如技术转移难以实施、资金和能力不足等问题，急需国际社会特别是发达国家在资金、技术和能力建设等方面的支持。

近年来，中国在适应和减缓气候变化领域做出了不懈的努力。通过推进生态文明建设，不断促进绿色、低碳、气候适应型和可持续发展，例如实施南水北调工程、推广节水耐旱型作物、建设自然保护区、治理空气污染、提

高能源效率等。同时持续加强生态脆弱区的治理行动，建设了三北防护林等一系列生态工程，培育发展有区域优势的特色产业，将生态治理与生态减贫有机地结合起来。在应对极端天气气候事件和减轻灾害风险方面，中国政府坚持工程措施与非工程措施并举，提高对天气气候灾害的设防水平，形成了"政府主导、部门联动、社会参与"的防灾减灾机制，建立健全了社会多元参与机制，防灾减灾成效显著。

在构建人类命运共同体的大前提下，世界各国应长期坚持适应与减缓并重的方针，不断深化对适应气候变化的科学认识，统筹协调国内发展目标与全球减排需求，将应对气候变化的长期目标与保障粮食安全、消除贫困与可持续发展密切结合起来，实现多方共赢的目标。中国愿与世界各国携手努力，进一步推动落实《巴黎协定》，积极应对气候变化和极端天气气候事件，加强适应措施，为保护全球气候环境、推动全球可持续发展目标的实现做出积极贡献。

G.6
IPCC《全球1.5℃增暖》
特别评估报告*

黄 磊 巢清尘 张永香**

摘 要： 2018年10月，政府间气候变化专门委员会（IPCC）在韩国仁川发布了第48次全会审议通过的《全球1.5℃增暖》特别评估报告。报告的决策者摘要分为引言和"了解全球升温1.5℃""预估的气候变化、潜在影响及相关风险""符合全球升温1.5℃的排放路径和系统转型""在可持续发展和努力消除贫困背景下加强全球响应"四部分，就全球升温1.5℃的影响和排放路径给出了相应的评估结论。《全球1.5℃增暖》特别评估报告与全球气候治理进程密切相关，受到了国际社会的广泛关注。本文详细介绍IPCC《全球1.5℃增暖》特别评估报告的编写背景、主要结论，并对报告涉及的相关问题进行分析与评价。

关键词： IPCC 全球1.5℃增暖 气候变化评估 巴黎协定

政府间气候变化专门委员会（IPCC）第六次评估周期于2015年正式启

---

* 本文受中国清洁发展机制基金项目"关于IPCC及其未来的研究"（项目编号2014097）、气象软科学项目"气象相关多边国际治理与制度建设中的中国贡献研究"的资助。

** 黄磊，博士，国家气候中心气候变化室副主任、副研究员，研究领域为气候变化研究；巢清尘，博士，国家气候中心副主任、研究员，研究领域为气候变化诊断分析及政策；张永香，博士，国家气候中心副研究员，研究领域为历史气候、气候变化影响和政策。

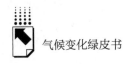

动，计划于 2022 年全部完成，周期内将编写三个工作组报告、综合报告和《全球 1.5℃增暖》《气候变化中的海洋和冰冻圈》《气候变化与陆地》三份特别报告及《2019 年修订温室气体清单方法学报告》。2018 年 10 月 8 日，IPCC 在韩国仁川发布了第 48 次全会审议通过的《全球 1.5℃增暖》特别评估报告，这也是 IPCC 在第六次评估周期内发布的第一份评估产品。《全球 1.5℃增暖》特别评估报告由于与《联合国气候变化框架公约》下 "2018 年促进性对话" 和《巴黎协定》下 "全球盘点" 等议题的谈判进程密切相关，因此受到了国际社会的广泛关注。

一　报告的编写背景

IPCC 是由世界气象组织和联合国环境规划署于 1988 年 11 月联合建立的政府间组织，下设自然科学基础、影响适应和减缓气候变化三个工作组。近 30 年来，IPCC 组织各国政府和相关国际组织推荐的数千名专家，完成了五次气候变化科学评估报告的编写；这些评估报告已成为国际社会认识气候变化问题、推进气候变化治理制度建设的科学基础。2013～2014 年 IPCC 先后发布的第五次评估报告（AR5），系统地给出了与国际应对气候变化进程密切相关的科学结论，对全球气候治理进程产生了重要影响。

2015 年 12 月在巴黎召开的《联合国气候变化框架公约》（以下简称《公约》）第 21 次缔约方大会通过的《巴黎协定》，对 2020 年后全球气候变化治理做出了新的制度安排，是具有里程碑意义的气候谈判成果，对全球气候治理模式的发展起到了关键性的引导作用。《巴黎协定》规定了将全球平均温升幅度控制在不超过工业化前水平 2℃之内，且力争不超过工业化前水平 1.5℃的长期目标，并邀请 IPCC 在 2018 年就与工业化前水平相比全球升温 1.5℃的影响和相关全球温室气体排放路径完成一份特别评估报告，以支持下一步《巴黎协定》的落实。

2016 年 4 月，在肯尼亚内罗毕召开的 IPCC 第 43 次全会围绕 AR6 周期特别报告的数量及主题进行了讨论，IPCC 决定接受《公约》的邀请，于

2018年完成《全球1.5℃增暖》特别评估报告的编写。2016年10月，在泰国曼谷召开的IPCC第44次全会通过了《全球1.5℃增暖》特别评估报告的标题和大纲。① 《全球1.5℃增暖》特别评估报告的标题由主标题和副标题组成，其中主标题为"全球1.5℃增暖"，副标题为"在加强应对气候变化威胁、可持续发展和努力消除贫困的全球响应背景下，IPCC关于与工业化前水平相比全球变暖1.5℃的影响及全球温室气体排放路径的特别报告"。《全球1.5℃增暖》特别评估报告由五章组成，包括：框架与背景，可持续发展下实现1.5℃目标的减缓路径，全球变暖1.5℃对自然和人类系统的影响，加强应对气候变化威胁的全球响应措施，可持续发展、消除贫困和减少不公平。根据IPCC确定的编写时间表，特别评估报告将在2018年10月召开的IPCC第48次全会上通过审议并正式发布，为2018年底召开的《公约》第24次缔约方大会（COP24）提供科学参考。

2016年11月，IPCC启动了《全球1.5℃增暖》特别评估报告的作者遴选程序，全球共有近600名专家报名参加了遴选，最终来自40个国家的91位作者和编审参加了特别评估报告的编写，中国共有4位专家入选作者团队。IPCC于2017年上半年召开了两次作者会并完成了特别评估报告第一稿（FOD）的编写，于2017年7月31日~9月24日开展了第一稿（FOD）的专家评审。在FOD专家评审环节IPCC共收到来自60多个国家500多名专家的12895条评审意见，在根据收到的专家评审意见对第一稿进行修改后，IPCC于2018年初开展了报告第二稿（SOD）和决策者摘要（SPM）第一稿的政府/专家评审。这次政府/专家评审过程中IPCC共收到25000多条政府/专家评审意见，在根据评审意见对正文和决策者摘要进行修改后，IPCC于2018年6月4日~7月29日对决策者摘要（SPM）修改稿开展了最后一轮政府评审，评审过程中共收到近4000条评审意见。

2018年10月1~6日，IPCC在韩国仁川召开第48次全会，经过各国政

---

① "Sixth Assessment Report（AR6）Products, Outline of the Special Report on 1.5℃," IPCC, http://www.ipcc.ch/meetings/session44/l2_adopted_outline_sr15.pdf.

府代表六天三夜的艰苦辩论，全会在延时 22 个小时后最终审议通过了《全球 1.5℃增暖》特别评估报告。① 报告就全球 1.5℃增暖的事实、影响和风险、减排路径和转型、可持续发展下的应对等内容进行了科学评估，具有很强的政策导向性，一经发布就引起了国际社会的极大关注。

二　报告的主要结论

《全球 1.5℃增暖》特别评估报告决策者摘要（SPM）分为引言和四部分正文，分别为"了解全球升温 1.5℃""预估的气候变化、潜在影响及相关风险""符合全球升温 1.5℃的排放路径和系统转型""在可持续发展和努力消除贫困背景下加强全球响应"。

（1）了解全球升温 1.5℃。

2017 年全球气温已比工业化前水平大约高出 1℃，如果以当前的速率继续升温，全球气温将在 2030～2052 年比工业化前水平高出 1.5℃。

工业化以来的人为排放所造成的升温将持续数百年至数千年，并将继续引起气候系统进一步的长期变化（例如海平面上升），并带来相关影响。仅过去的排放不可能造成全球温升 1.5℃。

自然和人类系统在全球升温 1.5℃时面临的相关气候风险要高于现在，但低于升温 2℃时的风险。这些风险既取决于升温的幅度和速度、地理位置、发展水平以及脆弱性，也取决于适应和减缓方案的选择和实施情况。

（2）预估的气候变化、潜在影响及相关风险。

气候模式预估结果显示，当前与全球升温 1.5℃之间以及升温 1.5℃与升温 2℃之间在区域气候特征上存在确凿的差异，这些差异包括：大多数陆地和海洋地区的平均温度上升、大多数居住地区的热极端事件增加、有些地

---

① "Global Warming of 1.5℃: An IPCC Special Report on the Impacts of Global Warming of 1.5℃ above Pre-industrial Levels and Related Global Greenhouse Gas Emission Pathways, in the Context of Strengthening the Global Response to the Threat of Climate Change, Sustainable Development, and Efforts to Eradicate Poverty," IPCC, http://www.ipcc.ch/report/sr15/

区的强降水增加以及有些地区的干旱和降水不足的概率上升。

全球升温 1.5℃时到 2100 年全球海平面上升的幅度要比升温 2℃时低 0.1 米。2100 年之后海平面将继续上升，上升幅度和速度取决于未来的排放路径。较慢的海平面上升速度能够为小岛屿、低洼沿海地区和三角洲地区的人类和生态系统提供更大的适应机会。

与升温 2℃相比，全球升温 1.5℃对陆地生物多样性和生态系统的影响更低。与升温 2℃相比，全球升温 1.5℃对陆地、淡水及沿海生态系统的影响更低，并可保留住更多它们向人类提供的服务。

与升温 2℃相比，全球升温 1.5℃可减小海洋温度的升幅，并减少相伴随的海洋酸度上升和海洋含氧量下降。全球升温 1.5℃可降低对海洋生物多样性、渔业、生态系统及其功能以及它们服务人类等方面的风险，如北极海冰及暖水珊瑚礁生态系统的近期变化。

与健康、生计、粮食安全、水供应、人类安全和经济增长相关的气候风险将在全球升温 1.5℃时增加，在升温 2℃时此类风险会进一步加大。

与升温 2℃相比，全球升温 1.5℃的大部分适应需求更低，减少气候变化风险的适应方案多种多样。全球升温 1.5℃时一些人类和自然系统的适应和适应能力存在局限，并伴随着相关损失。适应方案的数量和可用性因行业而异。

（3）符合全球升温 1.5℃的排放路径和系统转型。

实现全球 1.5℃温升需要在 2030 年将全球人为二氧化碳排放量在 2010 年的基础上降低 45%，并在 2050 年左右达到净零排放。实现 2℃温升要求在 2030 年将人为二氧化碳排放量在 2010 年的基础上降低 20%，并在 2075 年左右达到净零排放。无论是 1.5℃还是 2℃温升路径都要求大幅减少非二氧化碳排放。

实现全球 1.5℃温升需要在能源、土地、城市和基础设施（包括交通和建筑）、工业系统等领域进行快速而深远的转型；这些系统转型在规模方面是前所未有的，但在速度方面存在差异，意味着所有部门的深度减排、广泛的减缓措施组合以及投资的显著升级。

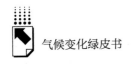

实现全球1.5℃温升需要在整个21世纪使用碳清除（CDR）技术实现1000亿~10000亿吨二氧化碳减排以用于补偿剩余的排放。部署数千亿吨二氧化碳CDR技术受到多种可行性和可持续性限制，如果近期实现显著减排并降低能源和土地需求，则可以不依赖BECCS（生物质能源与碳捕获和封存）而将CDR限制在几千亿吨二氧化碳的规模。

（4）在可持续发展和努力消除贫困背景下加强全球响应。

根据《巴黎协定》提交的当前国家自主贡献减缓目标估算，2030年全球温室气体排放量为每年520亿~580亿吨二氧化碳当量。即便2030年后减排的规模和目标大幅增加，这也不足以实现将全球升温限制在1.5℃。只有全球二氧化碳排放量在2030年之前就开始下降，才能避免过冲（Overshoot）和未来依赖大规模的碳清除（CDR）技术。

如果将减缓和适应的协同效应最大化并同时将权衡最小化，与升温2℃相比，全球升温1.5℃时可避免的气候变化对可持续发展、消除贫困和减少不平等的影响会更大。

尽管存在权衡，如果精心挑选适用于国家背景的适应方案，将有利于在全球升温1.5℃时实现可持续发展和减贫。

符合升温1.5℃路径的减缓方案与可持续发展目标（SDG）中的多种协同和权衡作用相关联。虽然可能的协同作用在数量上超过了权衡作用，但其净效应将取决于变化的速度和幅度、减缓组合的构成以及对转型的管理。

通过增加适应和减缓投资、政策工具及加速技术创新和行为改变可以在可持续发展和减贫背景下实现系统转型，减少全球升温1.5℃的风险。

可持续发展可支持并经常可促进基本的社会和系统转型，这有助于将全球升温限制在1.5℃。此类变化有助于实现气候韧性发展路径，实现有雄心的减缓和适应，同时实现减排和减少不平等。

加强国家和地方当局、民间社会、私营部门、土著人民和当地社区的气候行动能力，可以支持实现全球1.5℃温升所要求的有力度的行动。在可持续发展的背景下，国际合作可以为所有国家和所有人实现这一目标提供有利环境。国际合作是发展中国家和脆弱地区的关键推动因素。

三　分析与评价

首先，需正确认识《全球1.5℃增暖》特别评估报告的结论。2015年底达成的《巴黎协定》是全球气候治理进程中的里程碑，它将"为将温升控制在不超过工业化前水平1.5℃而努力"写入长期目标，体现出国际社会共同应对气候变化的强烈意愿。根据《巴黎协定》的要求，各方主要以"国家自主贡献"的方式共同应对气候变化，从2020年开始各国需每五年提交一次"国家自主贡献"，从2023年开始《公约》也将每五年一次对应对气候变化行动的总体进展进行"全球盘点"，以帮助各国加大执行力度并进一步加强国际合作。2018年在《公约》框架下召开的"促进性对话"，即"塔拉诺阿对话"被国际社会普遍视为"全球盘点"的预演，引起国际社会的密切关注。在此背景下，《公约》邀请IPCC在2018年就与工业化前水平相比全球升温1.5℃的影响和相关全球温室气体排放路径完成特别评估报告，以支持下一步《巴黎协定》的落实。因此，与IPCC其他评估产品相比，《全球1.5℃增暖》特别评估报告更具有政策相关性，报告关于"国家自主贡献"等问题的评估结论将直接影响2018年"促进性对话"和《巴黎协定》下相关议题的谈判。从参加特别评估报告评审的各国政府代表团组成来看，其中有很多来自《公约》谈判团队的专家；在评审过程中，报告所评估的1.5℃温升路径、国家自主贡献等相关内容也成为争议最大、耗时最长、被修改最多的部分，在一定程度上已成为"决策者写的摘要"而不是"写给决策者的摘要"。在报告评审的最后阶段，沙特、埃及等个别国家发表声明，指出由于IPCC评估涉及国家自主贡献，违背了政策中立的原则，就决策者摘要和报告正文列出了不认同清单；美国也发表声明指出，由于美国已经宣布退出《巴黎协定》，虽然全会审议通过了特别评估报告，但这并不意味着美国接受报告的所有评估结论。因此，需正确认识《全球1.5℃增暖》特别评估报告的结论，关注相关结论的关键不确定性和政策相关性，避免政策预判。总体上来看，特别评估报告基本体现了目前科学界对

1.5℃温升相关问题的认识水平，但由于国际科学界是在2015年《巴黎协定》提出"努力实现1.5℃温升"之后才开始集中开展关于1.5℃温升的研究，因此，与IPCC的其他报告相比，该特别评估报告的文献基础较弱，且很大程度上反映的是发达国家的研究成果；报告中一些关于气候变化影响的结论也存在评估不充分、文献支持不足的问题；对未来减排路径和技术选择的描述更多地基于模式假设，存在较大不确定性；对控制温升1.5℃所面临的成本代价、困难挑战评估不足，难以形成高信度的结论。

其次，虽然报告关于1.5℃温升路径的相关结论是在一系列假设条件的基础上推算得出的，而且其实现程度还取决于经济社会发展水平以及资金、技术的可获得性，但该报告提供的信息已十分明确，即必须尽早达到全球温室气体排放峰值并实现深度减排，这将成为全球气候治理进程的重要推动力。报告指出，即使各国顺利实现现有国家自主贡献目标，到2030年全球温室气体排放也将达到520亿~580亿吨二氧化碳当量；而半数左右的1.5℃温升路径均要求2030年全球温室气体排放控制在250亿~300亿吨二氧化碳当量范围内，这意味着需在2010年排放水平上减少40%~50%。报告明确提出，实现1.5℃温升需在2030年将二氧化碳排放量在2010年基础上降低45%，并在2050年左右达到净零排放。报告认为，相比实现2℃温升"到2030年二氧化碳排放量降低20%、2075年左右达到净零排放"的要求，实现1.5℃温升需要大幅减少二氧化碳以及甲烷、黑碳等非二氧化碳排放，并需借助碳清除（CDR）等减排技术。当前人类活动排放的二氧化碳为每年420亿吨，在66%的概率水平下实现1.5℃温升要求剩余的二氧化碳排放空间不超过4200亿吨，这意味着如果维持当前排放速率不变，10年之内将用尽1.5℃温升的碳排放空间。报告的上述相关结论将成为全球气候治理进程的重要推动力，对温室气体排放大国带来一定程度的减排压力。

再次，需要关注报告所评估的重大转型的现实可行性问题。虽然从历史上来看，应对气候变化的一些特定技术或特定领域曾出现迅速变革，但实现全球1.5℃温升所需的技术变革在规模和程度上都是史无前例的，要求人类社会进行广泛和迅速的系统转型，且这一转型涉及能源、土地、工业、城市及其他各种系统，并跨域各类技术和地理区域。报告指出，全球 1.5℃温升路径下 2050 年低碳技术和能效领域的投资需比 2015 年增加五倍左右；能源领域所需的年均投资量约为 9000 亿美元，要求将数百至上千万平方公里的农业用地、森林转换为生物能源用地，这将与人居、粮食、纤维、生物多样性的土地需求形成冲突；一些减排路径需要大规模部署碳清除（CDR）技术，而 CDR 技术部署的速度、规模和社会可接受性方面都会受到一定限制，存在现实可行性问题。此外，实现 1.5℃温升路径所要求的减排进程过于紧迫，将对发展中国家经济发展和减贫形成严重制约，在经济可行性、技术可获得性以及社会经济可承受性方面存在巨大的障碍和挑战。

最后，值得指出的是，从《全球 1.5℃增暖》特别评估报告的编写参与情况来看，我国共有 4 位科学家成为报告作者，不到总作者人数的 5%；在报告 6000 多篇被引用的文献中，来自中国科学家的研究成果比例也不高。这说明我国在应对气候变化关键科学技术领域的总体科学研究水平与发达国家相比还存在一定的差距，在排放路径等关键科学问题上话语权不足。未来需加强国内应对气候变化工作部署，在气候变化关键科学问题上集中力量开展攻关研究，提升我国在国际气候变化科学领域的话语权和影响力，为参与全球气候治理提供强有力的科技和人才支撑。

G.7
全球气候治理新变化和非政府
组织地位的上升[*]

于宏源[**]

摘　要： 作为全球治理领域的一个重要组成部分，全球气候治理的最大特点是解决全球变暖问题主体和手段的多样化。目前非政府组织力量在全球气候治理领域迅猛发展，非政府组织在联合国气候变化谈判中的地位不断上升，非政府组织关注的议题更加引起国际社会的重视，其活动方式也更加自由。非政府组织主要服务全球气候治理的三个方面：非政府组织参与全球气候治理的多样软权力、非政府组织参与全球气候治理的多种模式以及非政府组织参与全球气候治理的多元角色。全球气候治理体系的变革正处在历史转折点上，中国需要不断深化发展引领全球气候治理的能力和方略，加强和引领非政府组织的建设。

关键词： 全球气候治理　非政府组织　巴黎协定

应对气候变化需要有效的全球治理和集体行动，然而根据 2018 年 10

　＊　本文系中国清洁发展机制基金赠款项目"气候变化谈判领域内的非政府组织问题研究"（2014093）、国家社科基金重点项目"能源－粮食－水的三位一体安全机制研究"（16AGJ006）的阶段性成果。

＊＊　于宏源，上海国际问题研究院比较政治和公共政策所所长，研究员，研究领域为气候变化、能源安全、粮食安全、水资源及环境。

月 IPCC 审议通过的《全球 1.5℃增暖》特别评估报告，目前全球行动不足以支撑《巴黎协定》2℃温升目标的实现，更无法在未来时间的窗口期内有效控制温升在 1.5℃以内。作为全球治理的重要组成部分，全球气候治理的最大特点是解决全球变暖问题的主体与手段具有多元化、多层次化特征。传统的气候治理方法很大程度上忽略了这种日益增长的结构多样性，主要侧重于将民族国家作为治理设计的唯一相关参与者，然而 2015 年之后在后巴黎时代的国际气候谈判中，多利益攸关方参与的治理模式成为一种重要的发展趋势。国际非政府组织已经成为全球应对气候变暖国际行动的重要行为体。每年数十万非政府组织参与气候治理或者联合国气候谈判，它们具有不同的诉求、价值、工具和目标，并希望能够对国内外政策产生影响。非政府组织凭借它们所特有的民间性、志愿性、非政治性和非营利性等特质和优势，较主权国家和国家间组织而言，能够在国际气候谈判与合作的国际平台上更为灵活地发挥作用，这决定了在全球气候治理中，非政府组织所必须担任的独特角色。目前，非政府组织力量在全球气候治理领域迅猛发展，非政府组织在联合国气候变化谈判中的地位不断上升，非政府组织关注的议题更加重要并且其活动方式也更加自由。气候变化谈判是一个多种国际行为体持续互动的复杂过程，自 1990 年联合国正式启动国际气候谈判进程以来的 20 多年间，减缓气候变化的国际合作已形成以联合国为平台、以主权国家为中心的模式，当前企业、地方政府和非政府组织也不断参与国际气候谈判。

一　全球气候治理中的非政府组织

全球气候治理是指通过一系列具有约束力的"软法"和"硬法"，使主权国家和非国家行为体围绕应对全球气候变化共同目标，实现多元多层次的集体行动，多元行为体之间不同和相互冲突的利益得到调和，并得以创造一些治理机制，以帮助抑制气候变暖，实现全球可持续发展。应对全球气候变化治理进程的关键在于在多中心、多层次的前提下建立共识。

2017 年，波恩气候变化会议通过了"斐济实施动力"的成果，形成了《巴黎协定》实施的各个方面的平衡谈判案例，并进一步明确了 2018 年组织开展性对话的方式，提升了非国家行为体在《巴黎协定》履行中的作用。

从历史上看，自斯德哥尔摩会议开始，非政府组织在有关环境和可持续发展领域的国际决策进程中的参与就在不断增加：1992 年，有 1400 多个非政府组织参加里约热内卢联合国环境与发展会议。与此同时，非政府组织在全球平行论坛中就替代性条约进行协商，进行大量社交活动以建立工作联系，这一论坛吸引到了来自 167 个国家的超过 1400 位个人代表参与其中。气候变化谈判的国际法是以"公约＋议定书＋附件"的法律规范为框架，经过连续不断的国际合作多边谈判，从而逐步完善。这一进程大多呈现软法治理的特性，即气候变化治理具备向全球不同层次行为体扩张的趋势，通过"更广泛地接触决策论坛"以及利用伙伴关系，将非国家行为体纳入。在许多国家包括发达国家，相关非国家行为体与政府合作，在政府的主导下为国家政策制定和国际协商或谈判提供科学依据，从而参与国家政策规章的起草，作为技术顾问参与政府谈判。在许多发展中国家，非政府组织还是环境发展项目的关键实现者。如图 1 所示，自《联合国气候变化框架公约》第 1 次缔约方大会以来，气候环境领域非政府组织的数量不断增长。

在《联合国气候变化框架公约》的参与者中，获准入的非政府组织组成了主题多样、主体广泛的松散组群，这些组群被称为附属组别，九大组别为：工商类非政府组织、环境类非政府组织、农业类非政府组织、原住民组织、地方政府和自治政府、研究性独立非政府组织、贸易联盟非政府组织、女权与性别组织、青年非政府组织（见图 2）。非政府组织在联合国气候谈判问题、更广泛的国际气候政治、主要国家气候政策议题上都颇有影响。在气候谈判的国际会议上，非政府组织是宣传者、游说者、咨询者，并参与编写相关协议草案，这都在不同程度上影响着主权国家参与全球气候谈判和行动。

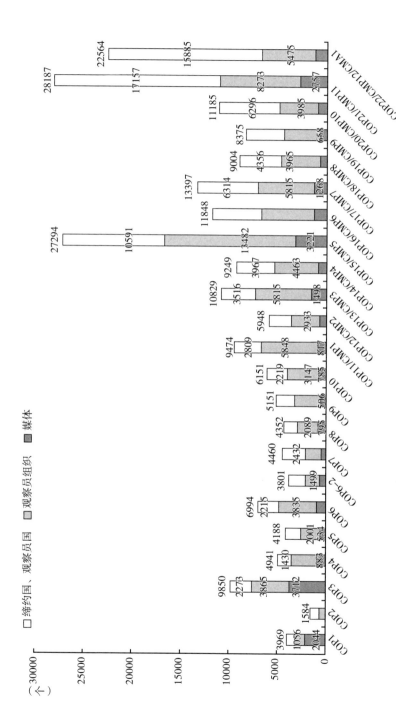

图1 从第一次《联合国气候变化框架公约》谈判会议（COP）以来非政府组织数量增长

资料来源：UNFCCC 官网中"参与方于非参与方的利益攸关方"部分的材料，见 https://unfccc. int/ process#: d7068dc－000a－463f－a74f－18af14cf2ad5:2f77efdc－e7b5－4219－b190－184db93c04d。

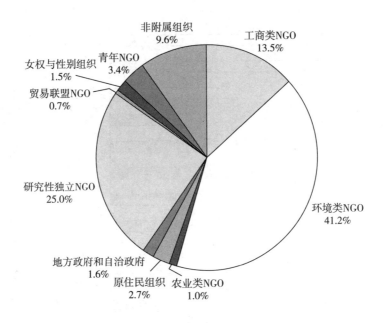

图 2　获准入的非政府组织比例

二　非政府组织的地位和《巴黎协定》后的谈判

非政府组织在联合国气候变化谈判中的地位上升表现在《巴黎协定》、马拉喀什全球气候行动伙伴关系和之后的一系列文件中。《巴黎协定》的议事规则中提出，任何具备资格的团体或机构，若无出席的 1/3 以上缔约方反对，皆有资格作为观察员出席会议。联合国气候变化马拉喀什大会旨在实现《巴黎协定》的落实方面的共识，国际社会在此次会议上基于对气候变化的科学研究达成了诸多共识。此次会议中，绿色经济、气候韧性提升以及能源安全以及能源结构的转型等议题被提升为 21 世纪实现可持续发展目标中迫切和优先的任务。这成为低碳发展的重要机遇。同时，会议提出了"马拉喀什全球气候行动伙伴关系"，马拉喀什全球气候行动伙伴关系强调《巴黎协定》的目标和联合国可持续发展目标（SDGs）相结合，为各国制订国家计划指明了方向，并将指导各个经济部门和社会各方的决策。最后，我们在推动气候行动方面（可持续发展目标实现）的成败将决定是否可以实现其他可持续发展目标①。

在落实《巴黎协定》时，充分融合各方利益，协调国际非政府组织与政府之间的立场显得十分重要。以前在气候治理领域提到非政府组织或者公民社会时，用"国际非政府组织"这个词比较多；现在比较流行的词叫"Non-State Party"，即非国家参与方。在目前的情况下，这是一个需要研究的问题。目前气候会议公报的主流提法是"Non Party Stakeholder"（甚至已经开始将其简称为 NPS）。"Non-State Party"这个称法是值得商榷的，因为《巴黎协定》里面"Party"指的就是缔约方，不宜在前面再加定语。但是我们也需要警惕概念背后的政治含义。比如，欧盟在与中国合作的项目中，强调非国家行为体，而不强调地方政府。这反映出欧盟对民间独立性的重视。非国家主体的作用之所以近来被着重强调，可能主要还是针对美国。在特朗普决定不作为的情况下，美国的州、城市、公司、社会组织等被寄予厚望，这是新概念提出的大背景。

马拉喀什全球气候行动伙伴关系强调加速气候行动。马拉喀什全球气候行动伙伴关系通过提供一个结构化的一致的框架，在世界各地的缔约方和非缔约利益攸关方之间促成气候行动的规模和速度，从而落实《巴黎协定》的成果。马拉喀什全球气候行动伙伴关系将促成：持续召集缔约方和非缔约利益相关者加强合作，推动共同确认并解决加强执行方面的障碍，包括通过 2020 年前气候行动和多利益攸关方高层对话的技术审查进程；通过各种活动，包括与 UNFCCC 机构的会议以及与其他相关论坛一起举办的活动，展示新的举措和更大的目标，并举办年度气候行动高级别缔约方活动。通过 NDC 追踪进展情况，通过这些行为者和倡议实现《巴黎协定》宗旨和目标，并支持国家数据中心的建设和可持续发展目标的传达。马拉

---

① "About the Sustainable Development Goals," http：//www. un. org/sustainabledevelopment/sustainable-development-goals/.

喀什全球气候行动伙伴关系的主体包括社区、公民和消费者、非政府组织、工会和劳工组织、以信仰为基础的组织、本土居民等。马拉喀什全球气候行动伙伴关系支持缔约方与包括民间社会、私营部门、金融机构、城市和其他国家下属政权、当地社区和土著人民在内的非党派利益攸关方，以及《巴黎协定》上所罗列的联盟之间的自愿协作。高层领导人将与感兴趣的缔约方合作，积极促进非缔约利益相关者（包括自愿倡议）更多地参与发展中国家的工作。为了参与，非缔约利益相关者同意对 NDC 记录的马拉喀什全球气候行动伙伴关系做出承诺，并定期提供有关这些行动的实施情况和实现目标的进展情况。联合国也将支持马拉喀什全球气候行动伙伴关系，确保各缔约方、联合国系统、UNFCCC 机构和所有非缔约方利益攸关方之间的协作，将通过 UNFCCC 执行秘书进行。执行秘书在动员各方支持"马拉喀什全球气候行动伙伴关系"的建立方面拥有权威并对其负责，它可利用的手段包括支持高层领导人。

2017 年波恩气候大会由斐济担任轮值主席国，将"促进性对话机制"（Talanoa）引入气候谈判中来，为全球气候谈判做出了一种新的政治协商机制安排。国家自主贡献伙伴关系（NDC Partnership）将建立一个新的全球区域合作平台和中心，支持国家自主贡献在太平洋地区的落实；"助力弃用煤炭联盟"（Powering Past Coal Alliance）汇聚了 25 个国家和地区，旨在加速发展清洁能源，减少传统煤炭的使用；在"C40 城市气候领导联盟"的支持下，全球 25 个城市市长，代表 1.5 亿名市民承诺到 2020 年前实行更有效气候行动计划，到 2050 年实现净零碳排放和气候复原力城市的目标；世界商业可持续发展委员会发起的"全球低碳企业联盟"（below50）将扩大可持续发展的全球市场；"生态出行联盟"（EcoMobility Alliance）支持可持续交通；"改变城市出行倡议"（Transforming Urban Mobility Initiative）倡导加快实施可持续城市交通；到 2020 年，"海洋路径伙伴关系"（Ocean Pathway Partnership）将加强与气候变化行动有关的行动和资金支持。联合国开发计划署发起"纽约森林宣言全球平台"（NYDF Platform），旨在促进森林保护和修复。

三 非政府组织为全球气候治理服务

非政府组织拥有主权国家政府缺乏的"软权力",从而逐步成为影响全球气候治理的行为体之一。这种权力来源于三个基本的方面。第一,当代国际体系中的复杂社会网络。如在20世纪90年代初,由主要环保机构联合发起成立的"气候行动网络"(CAN),意在通过合力发声,提高全球尤其是各国政府对气候变化的重视。CAN如今发展到拥有来自120个国家的超过1100家会员机构,其中包括许多智库、研究机构,早已成为全球各国环保组织跟进与影响国际气候政策的核心协调网络。第二,它们所掌握的科学知识和专业知识。环境非政府组织的"软权力"尤其强调此种权力来源。如国际环保组织"绿色和平"在技术议题上,对与具体项目相关性最强的减缓、森林与土地利用、技术转让与资金等领域以及谈判日程设置、国际法等过程性议题,都有着深厚的积累,部分程度上可以起到政府代表团的外脑作用。对于《巴黎协定》中的2018年促进性评审、巴黎谈判前的承诺期长度和长期行动目标等问题,绿色和平都提出了自己的具体看法与提案。第三,它们与大众媒体之间的紧密关系。如世界自然基金会、乐施会、绿色和平三家国际非政府组织均有全程跟踪气候谈判超过20年的专家,这些专家能够有效地为非政府组织提供对诸多国际气候谈判中所散发出来的信息的准确分析。运用这些善于媒体解读的信息源,非政府组织能够有效地对舆论进行引导,支持发展中国家在谈判中的地位和影响,有效地对冲发达国家自身的巨大谈判优势。通过连接谈判方、舆论传媒和公众,非政府组织有效地保证了信息在不同主体中的流通,为不同的行为体做出局势判断提供有力支持,同时也帮助在公众中传播对议题的了解。

全球气候治理需要非政府组织参与气候行动,而非政府组织的积极活动也帮助建构和完善全球气候治理机制,两者之间形成良性循环。对于非政府组织而言,与主权国家的合作是参与气候治理的重要模式,这主要体现在帮助主权国家做出决定,或者理解和解读许多议题中高度复杂、极具技术性的问题。这种合作模式主要有四种。第一，非政府组织参与政府议程的设置和政府部门特设工作组形式政策的制定。这不仅要求非政府组织本身具有巨大的影响力，而且需要政府高度的信任。第二，政府部门委任非政府组织开展气候治理行动。这属于政府职能转变，即政府服务外包，近年来它在新公共管理词库中出现频率非常高。第三，非政府组织相当于政府的信息提供者和政策咨询师，协助政府进行气候治理。第四，监督全球范围内开展的气候行动同样是非政府组织所要担任的重要责任之一。将观念付诸行动是全球气候治理的根本，但面对全球气候变化，政府无法有效实施其监管强制力。当政府间对国家利益的界定有所偏差时，其行动便具有很大弹性，国家间签署的依靠自主约束和监督的国际气候条约的脆弱性始终无法降低。

因此，气候领域的非政府组织具有公益性、专业性、非营利性和群众性的特点，可以补充政府在监督、揭露、批评和谴责等领域的权力空白。

同时，环境非政府组织也是弱势群体的有力代言人。对于像孟加拉国、莱索托等在受到气候变化影响较大的国家来说，寻找 NGOs 的支持并借助其平台为本国发声成为获取国际关注的有力途径。以莱索托为例，它位于非洲东南部，国土完全被南非环绕，自然资源匮乏，是联合国公布的最不发达国家之一。面对气候变化的威胁，莱索托的脆弱性差，是气候变化的最直接受害者，而且基本没有恢复力。在国际棋局中，莱索托这类国家是最弱势的，其声音最容易被忽视。为了帮助莱索托代表团发声，乐施会曾在哥本哈根谈判期间出面邀请包括 CNN、BBC 在内的国际媒体对莱索托的国家总理进行专访。通过对莱索托受到气候变化威胁的采访和报道，一方面国际媒体对国际棋局中的脆弱力量有了新的认知，另一方面莱索托争取到话语权，通过发声推动发达国家兑现承诺，保证了谈判的公正性。

非政府组织还通过积极服务于公民社会来发挥自身的作用。非政府组织诞生于公民社会的土壤，它从未脱离过并与其保持着良好的联系。气候治理不仅仅需要国家政府通过工业上的宏观调控进行强制性减排，更重要的是与公民社会日常消费模式密切相关。一方面，非政府组织引导公民形成低碳消费习惯和生活方式。另一方面，非政府组织可以促进全球知识和信息整合，推进应对气候变化的知识传播。全球变暖虽然已为公众所认知，但是要促使公民在生活中付诸点滴行动，还需做漫长的工作。民众对全球变暖所应采取的行动意识需要第三种力量逐步通过自由结社等方式培养。绿色和平是中国国内非政府组织中，最早开展气候变化科学宣传教育工作的机构之一。早在2005～2007年，绿色和平就组织了黄河源、珠峰等高寒、冰川地区受气候变化影响的考察拍摄工作，并向公众普及应对宣传气候变化对中国的重要意义。2010年之后，绿色和平在中国的团队在气候方面的工作重点转移到推动能源革命上，目前以加强煤炭消费的环境与生态约束，如治理雾霾，加强水资源保护、推动可再生能源发展为主要抓手。绿色和平在下一步工作中除了继续寻找加速能源革命的建设性切入点外，还计划进一步加强公众低碳消费、绿色生活方式方面的工作。气候类非政府组织与公民社会的亲密关系决定了它们在气候治理中扮演的宣传者角色的重要性。

对气候变化的认识以及气候治理的知识是复杂的、跨学科的和高度专业性的，气候领域内的非政府组织不仅需要气象学、地理学和生物化学领域的专家交际互动，而且需要国际关系、外交学领域的学者领衔。气候环境领域内的非政府组织可以凭借自身的专业性展开气候研究，同时它们的中立地位又能使其最终在结果上不偏袒任何国家政府，做到公平公正地为各个决策者提供专业信息与咨询建议。国际研究型非政府组织的成员长期从事气候环境研究，是气候变化领域的权威型专家，他们提供的决策建议非常有说服力。由于这些非政府组织对该领域议题长期关注，比其他机构更为敏感，可以在第一时间捕捉到气候信息并提供专业性分析报告。国际非政府组织往往也是帮助主权国家判断国际形势的第一把手。在哥本哈根首脑会议上，非政府组织在国内的参与较弱，主要是通过周边活动宣传它们自己或政府的观点，但国际影响力有限。相对而言，国际非政府组织从人员构成到工作技术、专业专家队伍和获取信息都有较高的专业化程度。它能准确地理解谈判过程，把握谈判的方向。国际环境非政府组织，绿色和平就帮助中国加深对国情的了解和对国际关注热点的把握，在影响世界对中国气候行动及能源革命趋势的理解与预期上发挥了不可替代的作用。绿色和平在过去数十年间就不断与国内、国际受众沟通，帮助他们了解中国政府在治理空气污染方面取得的瞩目成就、在可再生能源发展方面的先锋作用以及在国际舞台上的气候领导力等，绿色和平未来也计划进一步拓展到中国帮助其他发展中国家实现绿色转型、"一带一路"的清洁能源机遇等方面担任活跃的第三方角色。除了向政府和公众提供专业的气候信息外，非政府组织还提供有关气候污染的信息，警告气候变化的不可逆性和解决气候变化的紧迫性。气候保护联盟通过自媒体技术展示了 2005 年美国年排放到地球大气层的 6100 万吨二氧化碳等温室气体所带来的潜在危害，并用相当于 12 头大象的比喻，帮助市民社会认知。

四 中国民间气候变化行动网络与全球气候治理①

中国相关社会组织也在积极参与全球气候治理，以中国民间气候变化行动网络（CCAN）为例，该网络成立于 2007 年，是一个由中国民间组织组成的网络。CCAN 旨在促进和推动不同层次水平上的信息共享和联合行动，形成应对气候变化的基础联合力量，还将作为独立的中国网络与气候行动网络（CAN）开展交流与合作。该网络 10 年来共派出 20 家社会组织的 86 名代表参加联合国气候变化大会，通过举办"中国角"非政府组织专场边会，组织中欧、中非等双边交流以及向《联合国气候变化框架公约》秘书处递交 CCAN 致联合国气候变化大会立场书等形式，将中国环保社会组织应对气候变化的实践经验传播到国际社会。此外，CCAN 成员自 2011 年开始参与东亚气候论坛，中日韩三方的民间组织代表从相互认识、学习交流到政策倡导，彼此了解不断深入。在 2016 年第五届东亚气候论坛上，中日韩三方代表共同提出了气候变化教育和跨越煤炭两个联合行动。中欧民间组织互换项目通过人员互换推动中国和欧洲民间组织建立合作伙伴关系。CCAN 在国内通过组建研究小组，开展气候立法地区调研，提交气候立法建议并与国家发改委气候司相关负责人就立法建议进行交流，得到国家发改委气候司的积极

---

① 资料来源于于宏源2018年5月对中国国际民间组织合作促进会进行的访谈。

反馈。此外，CCAN 自 2014 年开始支持网络成员开展低碳日活动，活动主题涉及垃圾分类、废物回收、高校节能、低碳乡村等。在 2016 年的低碳日开展活动"蓝天下"主题绘画竞赛，由获奖作品制成的明信片在联合国马拉喀什气候变化大会期间于中国角进行了展示，受到世界各国参会代表的关注。目前，我国一些本土社会组织开展应对气候变化的相关工作，目的在于与政府一起推进生态文明建设，提高全民的气候变化认识水平和行动能力，支撑和监督企业的低碳和绿色行动。不过，与国际 NGOs 在气候变化领域发挥的重要作用相比，国内社会组织的全球治理影响力和建章立制能力不足，国内关于社会组织和全球气候治理的学术研究也有待进一步加强。

综上所述，在全球气候变化背景下，气候政策已融入各国经济、政治、安全和国际战略之中。非政府组织成为大国在气候变化领域争取获得话语权、规则制定权和国际影响力的有力工具。如何在非政府组织地位上升的大背景下，积极运用非政府组织来制定有利于本国发展的政策，为国家发展创造更多有利条件考验新形势下的外交能力。全球气候治理体系的变革正处在历史转折点上，中国需要不断深化发展引领全球气候治理的能力和方略，推动全球气候治理不断展现新气象、新作为，加强和引领非政府组织建设，通过国内的社会组织来助力建设低碳社会；推动公众参与和行动；加强与国际民间组织的合作，推动贫困地区的适应工作；推动国内环保民间组织走出去，开展气候治理的国际合作；鼓励青年参与应对气候行动，推动发展中国家民间组织的能力建设；并建立具有自身元素的国际民间组织，积极参与联合国的各项活动，最终为推动全球气候治理事业做出新的更大贡献。

G.8
"弃煤联盟"的发展动向、
可能影响及应对

陈 迎[*]

摘 要: 在全球绿色低碳发展和能源转型的大背景下,2017年11月英国和加拿大等共同发起成立"助力弃用煤炭联盟"(Powering Past Coal Alliance, PPCA),呼吁各国快速淘汰传统燃煤发电,积极推动清洁的经济发展并保护气候。尽管该联盟目前影响力有限,但长远来看,减少煤炭使用、促进全球绿色低碳转型是应对气候变化的必然要求。中国作为煤炭大国,尽管短期内还不具备全面"弃煤"的条件,但通过深化供给侧结构改革,淘汰落后过剩产能,在煤炭总量控制方面付出了巨大努力。

关键词: "弃煤联盟" 能源转型 绿色低碳发展

为了应对气候变化的严峻挑战,2017年11月16日,在波恩气候大会期间,英国、加拿大等国共同发起成立"助力弃用煤炭联盟"(Powering Past Coal Alliance, PPCA,以下简称"弃煤联盟"),大力倡导通过采取联合行动,快速淘汰传统燃煤发电,积极推动清洁的经济发展并保护气候。在全球绿色低碳转型的大背景下,未来"弃煤联盟"的国际影响力将不断扩大,

---

* 陈迎,中国社会科学院城市发展与环境研究所研究员,研究领域为国际气候治理、低碳发展政策。

可能对国际能源发展和气候进程产生深远影响。我国是世界最大的煤炭生产国和消费国，地位举足轻重，机遇与挑战并存。

一 "弃煤联盟"的成立背景和目标

2017 年 11 月，《联合国气候变化框架公约》第 23 次缔约方会议在波恩召开。一个新成立的国际组织"弃煤联盟"宣布成立，引起国际社会的关注。"弃煤联盟"在成立声明[①]中强调，目前燃煤发电在全球电力生产中占比约为 40%，煤炭消费排放的二氧化碳是全球气候变化的一大元凶。燃煤造成的空气污染严重危害人体健康，带来巨大的经济和健康损失。应对气候变化，实现《巴黎协定》控制全球升温不超过 2℃ 并努力实现 1.5℃ 的目标，各国政府当务之急是努力淘汰传统的燃煤发电。有研究指出，要实现《巴黎协定》目标，OECD 和欧盟国家应在 2030 年前完成淘汰煤电的任务，其他主要国家也不能晚于 2050 年。随着风能、太阳能等可再生能源发电成本大幅度降低，全球能源投资明显转向清洁发电。一些国家绿色低碳转型的实践已经证明了清洁发展蕴含巨大的商机。全球绿色低碳转型大势所趋，"去煤""弃煤"是必然选择。

在上述国际背景下，"弃煤联盟"的宗旨和目标是广泛联合政府、企业和非政府组织等各类合作伙伴，加速淘汰传统煤电，促进全球清洁增长和低碳转型。具体而言，政府应承诺在所辖区域内淘汰现有煤电并暂停新建所有不带碳捕获与封存（CCS）的煤电厂。商业机构和非政府组织应根据能源生产者、消费者或投资者等不同角色，做出相应的"弃煤"承诺。所有合作伙伴都应通过政策和投资积极推动清洁发电发展，限制新建不带 CCS 的煤电厂的融资。该联盟鼓励合作伙伴积极行动，履行承诺，并分享经验和好的做法，共同努力开创更美好的未来。同时，该联盟也强调要以可持续和经济

---

① "Powering Past Coal Alliance: Declaration," https://assets.publishing.service.gov.uk/government/uploads/system/uploads/attachment_data/file/660041/powering-past-coal-alliance.pdf.

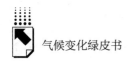

包容的方式淘汰煤电，给受不利影响的工人和团体适当的支持。

据联盟成立当天的媒体报道，签署加入"弃煤联盟"的成员至少有 20 个国家和 5 个地区，并计划到 2018 年底在波兰《联合国气候变化框架公约》第 24 次缔约方大会时将合作伙伴数量增加到 50 个以上。[①] 但根据"弃煤联盟"成立声明公布的名单，截至 2017 年 12 月 12 日确认加入的合作伙伴有 58 个[②]，可分为三类：第一类是 26 个国家，包括英国、法国、意大利等 14 个欧洲国家，加拿大、墨西哥、哥斯达黎加等 4 个美洲国家，埃塞俄比亚等 2 个非洲国家，以及新西兰、斐济、马绍尔群岛等 6 个大洋洲和太平洋岛国；第二类是一些国家的州和城市，如美国的华盛顿、加利福尼亚、俄勒冈 3 个州，加拿大的艾尔伯特、魁北克等 4 省和温哥华市；第三类是 24 个商业机构和非政府组织，如英国的维珍集团（Virgin Group）、法国电力集团（EDF）、大型跨国公司联合利华（Unilever）、非政府组织"太平洋岛屿发展论坛"等。

二 "弃煤联盟"主要成员的相关政策分析

尽管"弃煤联盟"是自愿性质国际组织，没有法律约束力，但联盟的成立引起了国际社会对煤炭行业发展前景的关注和讨论。不同国家具体国情不同，对弃煤问题的政策和立场观点也不尽相同，甚至存在一定的争议。

（一）英国

英国曾是世界上第一个使用煤电的国家，1882 年 1 月 12 日英国爱迪生电灯公司 Holborn Viaduct 煤电厂发电，而 130 多年后英国成为全球"弃煤"

[①] "Powering Past Coal Alliance：20 Countries Sign up to Phase out Coal Power by 2030," www. abc. net. au/news/2017 – 11 – 17/20-countries-have-signed-up-to-phase-out-coal-power-by-2030/9161056.

[②] "Powering Past Coal Alliance：Declaration," https：//assets. publishing. service. gov. uk/government/uploads/system/uploads/attachment_ data/file/660041/powering-past-coal-alliance. pdf.

先锋，作为"弃煤联盟"的发起者和推动者，英国发挥着重要的领导作用。

如图1所示，根据美国能源信息署（EIA）的统计数据，英国煤炭消费在1956年达峰（2.44亿吨），此后英国开始了以"减煤"为主的能源转型进程，以石油、天然气、核电等替代煤炭，使煤炭消费逐渐下降。在煤炭消费总量达峰后，英国发电煤耗仍然逐渐上升，直到1980年发电煤耗达到峰值（9900万吨），此后发电煤耗也逐渐下降。

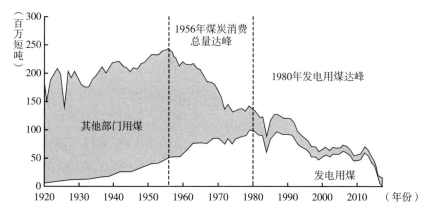

图1　英国煤炭消费（1920～2017年）

英国"减煤""弃煤"进程长达60多年，成效显著。20世纪80年代中期，英国煤电大约占电力需求总量的75%，2012年英国煤电仍占其发电总量的42%。到2017年英国煤电比例仅为7%，创历史新低（如图2所示），煤炭消费已经"近零"。[①] 2017年4月21日，英国还创造了自1882年以来首次全天不使用煤炭发电的新纪录。[②] 英国快速降低煤电占比背后是英国大力促进低碳发展的政策措施，其中最重要的是2013年启动的碳税，发电企业每吨碳排放需缴纳18英镑，煤电厂在英国失去了市场竞争力。

---

① "Coal Power Generation Declines in United Kingdom as Natural Gas, Renewables Grow," https://www.eia.gov/todayinenergy/detail.php? id=35912, April 24, 2018.

② 《停止燃煤24小时! 英国或将成为第一个告别煤炭的国家》，新浪财经，http://finance.sina.com.cn/money/future/indu/2017-04-24/doc-ifyepsra5346505.shtml，2017年4月24日。

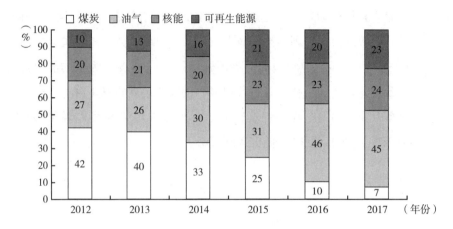

图2　英国发电的燃料结构（2012～2017年）

注：由于数据误差，几个年份的数据之和不足100%，原文如此。

截至2017年底，英国仅剩9座煤电厂，总装机容量14.765GW，平均运行时间已达47年。计划2018年将有2座煤电厂退役，剩下7座煤电厂总装机9.764GW。2017年9月，英国首相特蕾莎·梅在加拿大访问期间宣布将在2025年前彻底淘汰现有煤电，要求2025年10月1日起任何电厂的瞬时碳排放强度都不得超过450g/kWh。[①] 第一个使用煤电的工业大国，经过60多年的努力，将告别依赖煤电的经济发展模式，在全球具有重要的标志性意义。不仅如此，英国"弃煤"政策还扩展到海外，早在2014年，英国政府就宣布不再为海外新建煤电厂提供资金支持，除非是极个别情况。

（二）欧盟

与英国立场相近，欧盟整体支持"弃煤"，努力在2030年前逐步淘汰煤电。根据英国Sandbag和德国Agora Energiewende两家机构联合发布的数

---

① "PM Press conference with Canadian Prime Minister Justin Trudeau：18 September 2017，" https：//www.gov.uk/government/speeches/pm-press-conference-with-canadian-prime-minister-justin-trudeau-18-september.

据①，2017 年欧盟国家发电总量为 32440 亿千瓦时，其中核电比例达到 25.6%，是欧盟第一大电源；其他电源依次是：天然气（19.7%）、风电（11.2%）、硬煤（11.0%）、褐煤（9.6%）、水力（9.1%）、生物质（6.0%）、太阳能（3.7%），以及其他化石能源（4.1%），可再生能源发电合计比例达到 30.0%。欧盟未来"弃煤"已成必然，气候分析组织（Climate Analytics）2017 年 2 月发布报告《〈巴黎协定〉下的欧洲煤炭压力测试》，详细分析了欧盟需要逐步淘汰 300 多个煤炭发电厂（共计 738 个发电机组）的时间和地点。②

目前已有十几个基本实现"弃煤"的欧洲国家积极参与了"弃煤联盟"，并制定了彻底"弃煤"的时间表（如表 1 所示）。如法国，截至 2017 年 7 月，煤电装机容量仅占总装机容量的约 3%，而核电占比约为 48%。2018 年 1 月，法国总统马克龙在达沃斯论坛发表演讲时宣布，法国将在 2021 年关停所有煤电厂，比上届政府的目标提前了两年。③

表 1 部分欧洲国家煤电装机容量占比（截至 2017 年 7 月）及"弃煤"时间

国家	总发电装机容量（MW）	煤电装机容量（MW）	煤电占比（%）	"弃煤"时间（年）
比利时	18835	0	0	2016
法 国	126229	3286	3	2023
奥地利	22150	635	3	2025
英 国	89402	13100	15	2025
丹 麦	10662	2837	27	2030
芬 兰	18441	2119	11	2030
荷 兰	25660	5860	23	2030
葡萄牙	19113	1878	10	2030
瑞 典	38598	231	1	2030

---

① 《2017 年欧盟电力结构：核电依然称王，但风、光、生物质首超煤电!》，搜狐网，http://www.sohu.com/a/223669349_778776，2018 年 2 月 13 日。

② "Climate Analytics：A Stress Test for Coal in Europe under the Paris Agreement," https://climateanalytics.org/media/eu coal stress test report 2017.pdf, Feb. 2017.

③ "France to Shut All Coal-fired Power Stations by 2021, Macron Declares," https://www.independent.co.uk/news/world/europe/france-coal-power-station-emmanuel-macron-davos-shut-2021-a8176796.html.

相比而言，德国和波兰煤炭消费约占欧盟煤炭消费总量的一半，能源转型经历阵痛，"弃煤"存在一定的难度。2015年波兰硬煤和褐煤仍占据电力系统的绝对主导地位，燃煤发电量占总发电量的比重高达83.7%。波兰计划在2020~2035年淘汰占目前总装机容量的一半左右的老旧发电厂，大大提高发电效率。[①] 德国同样是一个富煤国家，尤其是传统的产煤区至今仍然在产出煤炭。煤炭在德国电力系统中占据重要地位。2016年德国燃煤发电量约占总发电量的40%，一度在"弃煤"问题上态度谨慎。2018年2月，默克尔总理领导的联盟党与第二大党社会民主党经过4个月的僵持就组建新的联合政府达成协议[②]，决定成立一个由煤电业界、工会、州以及地方政府、环境组织的代表组成的特别委员会，研究德国最迟在2019年初决定放弃煤电的时间表，以保障实现2020年相比1990年减排40%的目标。根据德国能源与水工业协会等机构汇总发布的最新数据，2018年1~6月，德国的发电总量为3246亿千瓦时，其中煤电35.1%，风电17.6%，燃气发电12.3%、核电11.3%、太阳能发电7.3%、生物质（含垃圾）发电8.0%、水电3.3%、其他（燃油等）发电5.0%。[③] 未来德国"弃煤"的道路仍充满坎坷。

（三）加拿大

加拿大支持"弃煤"，得益于其丰富的水力和可再生能源资源。2016年，加拿大煤炭消费仅占一次能源消费的5.7%，而水电消费量约占26.6%，煤炭生产已滑落到30年来的最低水平，且一半供出口，放弃燃煤发电对其能源系统影响较小。加拿大已经宣布2030年淘汰煤炭的目标，而一些地方如安大略湖已经率先实现"弃煤"，传统煤炭基地阿尔伯塔省的一

[①] GSI, "The Transformation of the Polish Coal Sector," https://www.iisd.org/sites/default/files/publications/transformation-polish-coal-sector.pdf, Jan. 2018.

[②] 《德国联合政府将成立特别委员会研究"去煤"时间表》，搜狐网，http://www.sohu.com/a/221902504_778776，2018年2月9日。

[③] "Renewables Overtake Coal as Germany's Most Important Power Source," https://www.cleanenergywire.org/news/renewables-overtake-coal-germanys-most-important-power-source.

些能源企业正积极在 2020 年左右淘汰现有燃煤电站，转为燃气发电。①

不过，加拿大国内也有不同声音。如加拿大煤炭协会（CAC）主席坎贝尔发表声明称②，未来几十年煤炭仍将是重要的发电来源。煤炭不是问题，排放才是问题。"弃煤联盟"的工作重点不在自身弃煤，而应加大投资，在全球范围推广 CCS 技术和提高能效的减排技术。

（四）美国

特朗普总统上台后力推"让煤炭再次伟大"的政策③，可能延缓一些地方的"弃煤"进程，但煤电相对燃气发电和风电的竞争力减弱，美国煤炭工业的衰落难以避免。根据美国能源信息署（EIA）的统计和预测④，预计 2018 年美国煤炭产量为 7.59 亿短吨，比 2017 年下降 2%；预计 2019 年煤炭产量继续下降 2%，为 7.41 亿短吨。在 2017～2020 年，美国将有 69 台煤电机组退役，仅有 2 台新建煤电机组并网，煤电装机将净减 1726 万千瓦。同期，燃气发电机组、风电机组分别净增 5136 万千瓦和 2503 万千瓦。

美国联邦政府和一些地方政府在"弃煤"问题上的政策不一致，与特朗普政府宣布退出《巴黎协定》的立场针锋相对，以加州为代表的部分州已经加入"弃煤联盟"，制定了"弃煤"的时间表（如表 2 所示）。

---

① https：//www. bloomberg. com/news/articles/2016 - 11 - 21/trudeau-fast-tracks-canada-s-coal-phase-out-in-break-from-trump， http：//transalta. com/newsroom/news-releases/transalta-board-approves-plan-for-accelerating-transition-to-clean-power-in-alberta/.

② "CAC Statement in Response to Powering Past Coal Alliance Announcement," https：//www. coal. ca/news/cac-statement-in-response-to-powering-past-coal-alliance-announcement/， Nov 17，2017.

③ "President Trump Statement whilst Signing His Executive Order Rolling Back Coal Mining Regulation," http：//www. huffingtonpost. com/entry/trump-clean-coal-us-58dad105e4b054637062e61d.

④ "EIA Expects Total U. S. Fossil Fuel Production to Reach Record Levels in 2018 and 2019," https：//www. energycentral. com/c/ec/eia-expects-total-us-fossil-fuel-production-reach-record-levels - 2018 - and - 2019.

表2　美国部分州煤电占比（截至2017年7月）及"弃煤"时间

州	总发电装机容量（MW）	煤电装机容量（MW）	煤电占比(%)	"弃煤"时间(年)
加　　州	78781	0	0	2014
马萨诸塞州	16109	1124	7	2017
纽　约　州	40838	1608	4	2020
俄勒冈州	17590	642	4	2020
康涅狄格州	9687	400	4	2021
夏威夷州	2866	202	7	2022
华盛顿州	42385	1404	3	2025

（五）最不发达国家和小岛国

一些最不发达国家和小岛国也加入"弃煤联盟"，意在引起国际社会的关注。斐济、马绍尔群岛、图瓦卢、瓦努阿图、纽埃等太平洋岛国，人口数量、经济总量、能源消费和碳排放量在全球占比都很小。但小岛国对气候变化影响的特殊脆弱性，在国际气候进程中有较大的政治影响力。加入"弃煤联盟"，更多是表达对气候变化风险的担忧，争取国际社会的关注，同时也给煤炭消费大国施加减排压力。

三　"弃煤联盟"对全球能源转型的可能影响

"弃煤联盟"对全球能源转型和应对气候变化进程的可能影响是多方面的。

（一）"弃煤联盟"目前影响力有限

"弃煤联盟"的成立，国际媒体普遍表示欢迎，但担心它国际影响力不足。① 一些评论指出，"弃煤联盟"貌似声势浩大，雄心勃勃，但有做秀的

---

① "Not Powering Past Coal：20 Countries that Didn't Use Much Coal，Agree to not Use Much Coal，" http：//joannenova.com.au/2017/11/not-powering-past-coal-20-countries-that-didnt-use-much-coal-agree-to-not-use-much-coal/.

成分。一来参加"弃煤联盟"的国家，煤炭在能源结构中的占比都不高，"弃煤"难度不大，起不到引领示范作用。如卢森堡几乎不发电，98%的电力依靠进口，马绍尔群岛100%用柴油发电，"弃煤"根本就不是问题。二来加入联盟的20多个国家，煤炭消费量加起来只占全球总量的3%，"弃煤"的实际效果也非常有限。

（二）开启全球"弃煤"进程，符合绿色低碳转型的大趋势

应该看到，"弃煤"是一个进程。"弃煤联盟"尽管目前影响力有限，但开启了全球性"弃煤"进程，促进全球绿色低碳转型，是一个不可阻挡的大趋势。"弃煤联盟"倡导的应对气候变化、改善人体健康，促进清洁能源发展等理念，已经是国际社会的共识，占据了道义制高点，有利于争取更多国际支持，其未来影响力不容小觑。国际环境组织世界自然基金会（WWF）认为，从温室气体排放的角度看，不存在"清洁煤"技术，巴黎会议之后煤炭已没有未来。[1]

（三）未来"弃煤"进程可能加速推进

欧美国家的历史经验表明，"弃煤"是一个漫长的进程。欧洲煤电比例从1990年的40%跌至2016年的21%，低于可再生能源发电和核电在发电结构中列第三位，花费了20多年时间。而同期，美国煤电占比从1990年的超过50%降至2016年的30%，略低于天然气发电在发电结构中列第二位。

近年来，也出现了快速转型的成功案例。如加拿大的安大略湖地区，从2003年到2014年的10年间就彻底摆脱了煤炭；法国的核电计划发展迅速，1970年核电仅占电力供给的4%，1982年就提高到40%。随着可再生能源成本大幅下降，较快降低煤电占比已经具备条件。

---

[1] "Coal is a Climate Killer, Whatever Its Efficiency," http：//climate-energy. blogs. panda. org/2016/04/14/coal-climate/.

（四）"弃煤联盟"的努力方向

"弃煤联盟"借 2017 年 12 月法国主办的"一个星球峰会"以及 2018 年 4 月的布隆伯格未来能源峰会的机会，积极发展新成员，提升其国际影响力。"弃煤联盟"能否与主要的煤炭生产国和消费国开展合作是其提升国际影响力的关键。

根据全球煤炭研究网络、塞拉俱乐部、绿色和平三家国际机构发布的报告，全球有 60 个国家有燃煤电厂建设，其中燃煤电厂项目新增装机容量的90% 集中在十几个国家，中国高居首位，其次是印度、越南、土耳其、印度尼西亚、孟加拉国、日本、埃及等（见表 3）。

表 3　部分国家燃煤电厂建设情况（装机容量，大于 30MW 机组）

单位：MV

国家	前期	在建	合计	搁置	投产
中　　国	116175	94828	211003	435162	936057
印　　度	87731	43628	131359	82355	214910
越　　南	35890	10635	46525	2800	14971
土　耳　其	41760	1130	42890	29589	18469
印度尼西亚	25890	12015	37905	14600	28584
孟加拉国	17883	4115	21998	4085	250
日　　本	13596	4979	18575	1300	44578
埃　　及	14640	0	14640	0	0

资料来源：《繁荣与衰落 2018：追踪全球燃煤发电厂》，https：//endcoal. org/wp-content/uploads/2018/03/BoomAndBust_ 2018_ r4_ Chinese_ Final. pdf。

四　"弃煤联盟"对我国的可能影响和应对策略建议

我国是世界上最大的煤炭生产国和消费国，是世界上少数几个以煤炭为主要能源的国家。以习近平生态文明思想为指导，积极推动绿色低碳发展，我国煤控政策实施取得了一定成效。未来全球"弃煤"的大趋势可能对我国能源发展战略和国际产能合作产生直接或潜在影响，煤炭在我国能源战略中的地位存在不少争议，"弃煤"进程必然漫长而艰辛。

（一）我国煤电超级大国的地位凸显

2016 年我国煤炭消费约占全球消费总量的 50%，煤电装机容量占 47%，煤炭在我国一次能源消费结构中的比重为 62%；电力行业，火电占比超过 60%，发电量占比超过 70%。根据 Carbon Brief 的统计①，截至 2018 年 7 月 1 日，全球煤电装机容量达到 2002.620 GW，其中中国是煤电装机容量最大的国家，为 957.280 GW，占全球 47.8%。在全球"弃煤"的大趋势下，中国煤电的超级大国的地位更加凸显，受到国际社会的高度关注。

另外，中国也是全球清洁煤电（特别是高效低排放的超超临界煤电机组）的领跑者。根据"终止煤炭"组织（ENDCOAL.ORG）的"全球煤电追踪系统"的数据②，截至 2018 年 1 月份，全球在运的煤电厂（包括可分别统计的亚临界、超临界、超超临界）煤电装机容量为 1926.0 GW，其中中国为 888.1 GW，占 46.1%。而全球在运的超超临界机组装机容量为 236.7 GW，其中中国为 185.6 GW，高达 78.4%。

（二）煤炭总量控制政策初见成效，未来工作力度将不断加大

近年来，我国努力控制煤炭消费总量，积极发展可再生能源，付出了巨大努力，取得了明显成效。2017 年相比 2012 年煤炭消费比重下降 8.1 个百分点，清洁能源消费比重提高 6.3 个百分点。③ 2016 年 11 月国家能源委审

---

① "'Peak Coal' is Getting Closer, Latest Figures Show," https：//www.carbonbrief.org/guest-post-peak-coal-is-getting-closer-latest-figures-show.
② "Plant Combustion Technology," https：//endcoal.org/wp-content/uploads/2017/07/PDFs-for-GCPT-July－2017－Combustion.pdf，July 2017.
③ 《李克强：煤炭消费比重下降 8.1%　清洁能源比重提高 6.3%》，新浪网，http：//finance.sina.com.cn/china/gncj/2018－03－05/doc-ifxipenm9574848.shtml，2018 年 3 月 5 日。

议通过了《能源发展"十三五"规划》[①]，设立五项能源约束性指标，即煤炭消费比重58%、非化石能源消费比重15%、单位GDP能耗降低15%、煤电机组供电煤耗310 g/kWh、单位GDP二氧化碳排放降低18%，这是首次设定煤炭消费控制目标。计划从2016年开始，用3~5年的时间，再退出煤炭产能5亿吨左右、减量重组5亿吨左右。同时完成煤电机组超低排放改造4.2亿千瓦，节能改造3.4亿千瓦，控制新建煤电站规模，到2020年，全国煤电装机规模控制在11亿千瓦以内。根据2018年4月国家发改委等6部委印发的《关于做好2018年重点领域化解过剩产能工作的通知》[②]，2016年以来，随着供给侧结构性改革的不断深化，已累计退出煤炭产能超过5亿吨，2017年淘汰停建缓建煤电产能6500万千瓦。通知明确要求2018年再退出煤炭产能1.5亿吨左右，淘汰关停不达标的30万千瓦以下煤电机组。未来中国"去煤"力度还将进一步加强，既顺应全球低碳发展的大趋势，又是我国生态文明建设和可持续发展的内在需求。

（三）我国海外煤电建设和投资风险加剧

"一带一路"煤电建设和投资受到质疑，面临的风险加剧。"弃煤联盟"在敦促合作伙伴加速淘汰本地煤电的同时，特别强调不得投资或为海外煤电项目融资。根据全球环境研究所（GEI）的统计和研究[③]，截至2016年底，中国在65个"一带一路"沿线国家参与了240个煤电项目，总装机量为251亿千瓦。虽然这些项目满足当地环境标准，符合当地社会经济发展需求，但在全球"弃煤"的大趋势下，对中国在海外的煤电投资的质疑声也不绝于耳，外界认为中国海外煤电投资与国内积极进行的绿色转型背道而

---

① 《能源发展"十三五"规划》，国家发改委网站，http://www.ndrc.gov.cn/zcfb/zcfbtz/201701/t20170117_ 835278. html，2016年12月26日。

② 《六部门联合印发通知：做好2018年重点领域化解过剩产能工作》，搜狐网，https://www.sohu.com/a/228946829_ 118392，2018年4月20日。

③ "How will China's Ambitious New Silk Road Impact Climate Change?" http://www.irinnews.org/analysis/2017/10/31/how-will-china-s-ambitious-new-silk-road-impact-climate-change.

驰，有可能削弱中国和全球的减排行动，企业海外煤电投资面临的风险加剧。

（四）我国的应对策略

综合上述分析，我国应从以下几个方面积极应对。

第一，高度重视以"弃煤联盟"成立为标志的全球"弃煤"进程，深刻认识我国经济和能源体系绿色低碳转型的紧迫性和艰巨性。以英国为代表的部分国家"弃煤"进程很早就开始了，"弃煤联盟"的成立标志着这些分散的行动日益汇聚成世界范围的集体行动，客观上开启了一个全球性"弃煤"进程。中国虽然没有加入，但中国的努力也是这一进程的一部分，而且由于体量巨大，地位举足轻重，绿色低碳转型依然任重而道远。

第二，把握好经济新常态下能源转型的路径和节奏，积极"去煤"，但短期内全面"弃煤"还不具备条件。随着我国经济发展进入新常态，电力需求放缓，煤电产能过剩形势十分严峻。根据国家能源局会同有关单位研究制定的煤电规划建设风险预警机制，2019 年除安徽、江西、海南、湖北外（西藏未评级），其他 28 个省份均为红色，必须缓建停建，努力化解过剩煤电产能。在中国，"弃煤"意味着尽量减少散煤直接燃烧，淘汰低能效高污染的落后煤电产能，停建缓建新煤电厂，但现有清洁、高效的现代化煤电机组，还远没有结束其生命周期。应在能源转型升级中找准定位，发挥优势，弥补不足，实现能源领域的多元互补，推进传统能源、新能源和谐发展，以互利共赢。

第三，在"去煤"政策执行过程中要特别注意公正转型问题，关心和帮助失业工人和受影响的群体。"弃煤联盟"强调应以可持续和包容的方式淘汰煤电，但没有给出具体的举措。有研究表明，"去煤"虽然会造成一些失业问题，但发展新能源、修复绿色生态等所创造的绿色就业机会更多。通过技能培训和技术转岗可以相应地消化吸纳相当一部分受影响的工人。"去煤"政策还可能影响到用煤的低收入群体，要得到群众的理解和支持，须特别注意保障民生。例如 2017 冬至 2018 年春的供暖季，为治理雾霾京津冀

及周边地区大力推行"煤改电""煤改气"政策，部分地区因急于求成或落实不到位，引发群众受冻和"气荒"，欲速而不达。

第四，强化绿色"一带一路"建设，积极推动绿色金融发展，注意规避环境风险。我国提出的"一带一路"倡议已经越来越多地得到国际社会的支持和响应，但也有一些质疑的声音，特别是对海外煤电项目。"一带一路"沿线国家资源条件和社会经济发展水平差异较大，煤电项目是否合理不能一概而论，需要根据当地具体情况全面评估。企业在"走出去"开展涉煤能源投资合作中，要以当地可持续发展为出发点进行充分研究分析，做好沟通宣传，回应国际社会的质疑，也积极争取当地人民的支持，减少和化解潜在风险。

第五，加强国际合作交流，携手应对全球挑战。为了应对气候变化和实现可持续发展，各国都在积极探索适合本国国情的能源转型之路，中国需要吸取其他国家成功转型的经验。与此同时，从2011年起，中国积极"控煤""去煤"的政策力度不断加大，经历了总量控制试点、煤炭等量替代、煤炭减量替代三个阶段。2016～2017年两年退出煤炭产能超过5亿吨，全球燃煤电厂正在经历史无前例"急刹车"，中国"去煤"政策力度空前。中国也应该积极总结我国"去煤"的努力和成效，通过国际合作交流分享中国故事，回应国际社会关注的热点问题。

总之，"弃煤"是绿色低碳转型的大趋势，"去煤"既是一项艰巨的长期工作，又是不能等也等不起的紧迫任务。

G.9
气候变化南南合作的现状、
问题和战略对策

摘　要： 气候变化南南合作是当前落实《巴黎协定》、推进全球应对
　　　　　气候变化合作进程的一个重要领域，是我国维护发展中国家
　　　　　团结、支撑自身参与气候变化谈判、促进绿色低碳发展，以
　　　　　及为国内经济社会发展创造有利外部条件的必要途径。本文
　　　　　通过对我国气候变化南南合作历史进程的回顾，分析我国在
　　　　　气候变化南南合作中的比较优势，提出存在的问题和障碍。
　　　　　基于大范围多样本问卷和专家调研，评估南南合作框架下相
　　　　　关国家在应对气候变化技术、资金、能力建设、政策等方面
　　　　　的潜在需求。在全球气候治理转型背景以及我国新的外交战
　　　　　略框架下，预判气候变化南南合作的发展趋势，研究未来开
　　　　　展气候变化南南合作的模式，设计中长期不同阶段逐步推进
　　　　　的战略发展路线图，为寻求全球应对气候变化的新动力、建
　　　　　立新的绿色低碳转型合作伙伴关系、推进气候变化多双边对
　　　　　话交流与务实合作提供对策支撑。

关键词： 南南合作　气候变化　气候治理

---

* 谭显春，中国科学院科技战略咨询研究院可持续发展所副所长、研究员、博士研究生导师，
研究领域为气候变化、低碳经济学、区域低碳发展战略与规划；顾佰和，中国科学院科技战
略咨询研究院助理研究员，研究领域为绿色低碳政策评估与气候治理；朱开伟，中国科学院
科技战略咨询研究院博士研究生，研究领域为气候变化和低碳经济学。

一　气候变化南南合作的现状及存在的问题

（一）气候变化南南合作的现状

近年来，全球气候变化问题日益严峻，而广大发展中国家是气候变化的主要受害者。气候变化造成的海平面上升、洪水干旱等极端气候事件等，已经成为小岛国和最不发达国家人民生存和发展的最主要威胁。① 这些发展中国家迫切需要资金和技术支持以提高适应气候变化的能力，将气候变化造成的生命财产损失降到最低。同时，许多发展中国家刚进入或正处于城市化和工业化进程中，如果能及时获得适用的低碳技术并将之进行大规模的快速推广，有助于避免高碳的锁定效应，走出一条清洁低碳的发展道路，为全球的温室气体减排做出更大的贡献。此外，发展中国家的机构能力、人力资源等普遍较为薄弱和欠缺，在应对气候变化领域，政府的管理能力、市场的完善程度和私人部门的参与深度都不足，迫切需要其他国家的先进经验和优良做法，以提高应对气候变化、推进低碳发展的能力。因此，广大发展中国家迫切需要获得外部的资金、技术转让和能力建设支持。在发达国家政治意愿薄弱、百般推卸其历史责任的背景下，南北合作无论是在深度还是在广度上，都无法满足发展中国家的需求，南南合作成为发展中国家获得资金支持、技术转让和能力建设援助的另一个重要来源。为了契合其他发展中国家日益紧迫的需求，近年来应对气候变化也成为中国南南合作的一个快速发展的新领域。

同时，在中国应对气候变化工作中，南南合作的重要性也越来越凸显。目前在国际气候谈判中，发达国家一方面弱化历史责任，突出当前排放和国别总量，将气候变化的责任焦点转向中国；另一方面又开空头支票，口头承

---

① 张庆阳、沈海滨：《小岛国灭顶之灾及其对策研究》，《世界环境》2014 年第 5 期，第 54~57 页。

诺提供快速启动资金，建立长期资金机制，企图拉拢分化发展中国家。① 加强应对气候变化领域南南合作，是中国团结广大发展中国家、增信释疑、深化联系、获得其他广大发展中国家支持的有效手段，有助于中国在谈判中统一立场、巩固发展中国家阵营战略依托，缓解谈判压力，抵御发达国家的拉拢分化图谋，避免发达国家推卸或减轻其对发展中国家提供资金、转让技术、开展能力建设援助等应尽的义务。

（二）我国气候变化南南合作取得的成效

自20世纪50年代起，中国一直致力于同包括亚洲、非洲和加勒比等地区在内的其他发展中国家开展南南合作，并收到了良好效果。60多年来，中国共向166个国家和国际组织提供了近4000亿元的援助。② 近年来，重点加大了对应对气候变化领域开展南南合作的支持力度，致力于分享新近的、具备相关性和可复制性的问题解决方案，帮助其他发展中国家应对发展挑战，实现减贫和应对气候变化的目标。

在资金共济方面，自2011年来，国家发改委累计安排2.7亿余元③，用于开展气候变化南南合作，并重点为小岛国、最不发达国家、非洲国家等发展中国家提供实物及设备援助。此外，2015年中国宣布将设立"南南合作援助基金"，首期提供20亿美元，支持发展中国家落实2015年后发展议程，并开展"十百千"项目。中国还向联合国捐赠600万美元资金，用于支持联合国秘书长推动气候变化南南合作。④

在技术支持方面，在南南合作框架下，几十年来中国通过分享发展经

---

① 薄燕、高翔：《原则与规则：全球气候变化治理机制的变迁》，《世界经济与政治》2014年第2期，第48~65页。
② 《习近平：中国60多年向166个国家和国际组织提供近4000亿元援助》，人民网，http://politics.people.com.cn/n/2015/1016/c1001-27706166.html，2015年10月16日。
③ 《解振华：气候变化南南合作基金欢迎有意愿国家参与》，人民网，http://politics.people.com.cn/n/2014/1209/c70731-26172013.html，2014年12月09日。
④ 《中国建气候变化南南合作基金》，中华人民共和国商务部官网，http://www.mofcom.gov.cn/article/i/jyjl/k/201409/20140900745385.shtml，2014年9月26日。

验、传授专业技术知识等途径，向 120 多个其他发展中国家提供技术支持，覆盖农业、林业、水利等多个领域。在农业技术、林业技术、可再生能源技术、气象预报等多方面开展了卓有成效的联合研发、技术推广、技术培训、联合考察合作。① 同时，通过国际科技合作专项，帮助其他发展中国家建设国家实验室、完善科研体系，也通过举办援外培训班、开展联合研发项目、设立合作示范区等多种形式，满足其他发展中国家提高科技应对气候变化能力的迫切需求。

在基础设施建设方面，对外基础设施援建工作是中国开展气候变化南南合作的重要组成部分。近五年来，中国向其他发展中国家援建了光伏/光热发电、风力发电等清洁能源基础设施项目；还向科摩罗等 7 个非洲国家援建气象设施。水利基础设施援外项目大多位于东南亚、非洲、拉丁美洲等经济基础薄弱、能源短缺的发展中国家，近年完成的援建项目包括巴基斯坦卡洛特水电站等。此外，中国在突尼斯、索马里等非洲国家援建了大批农田水利工程项目，有效改善了当地的农业生态环境，为受援国更好地适应气候变化对农业生产的影响奠定了基础。②

在能力建设与人才培养方面，中国政府特别重视对外的援助培训，以帮助受援国提高自主发展能力。近年来在应对气候变化领域加大了工作力度，通过人力资源开发合作、派遣技术专家人员、志愿者服务、气候灾害救助等方式，帮助其他发展中国家培养相关领域人才。③ "十二五"期间在气候变化领域累计举办了 40 余期的合作培训班，培训了 2000 余名气候变化领域的官员和专家。自 2015 年起中国进一步加大南南合作力度，承诺未来将向其他发展中国家提供 1000 个应对气候变化培训名额。在专业领域方面，近 5 年来中国气象部门共派出约 70 名气象专家赴非洲进行项目实施和人员技术培训。

---

① 《2015 年后发展议程中方立场文件》，中华人民共和国驻拉各斯总领事馆官网，http://www.fmprc.gov.cn/ce/cglagos/chn/zgyw/t1263453.htm，2015 年 5 月 13 日

② 《中国的对外援助（2014）白皮书》，中华人民共和国国务院新闻办公室关，http://www.scio.gov.cn/zfbps/ndhf/2014/Document/1375013/1375013_1.htm，2014 年 7 月 10 日。

③ 国家发展和改革委员会：《中国应对气候变化的政策与行动 2017 年度报告》，2017，第 48 页。

（三）我国在气候变化南南合作中存在的主要问题和障碍

在过去的几年当中，不管是资金规模，还是覆盖国家和地区，中国气候变化南南合作都取得了积极的进展，且已开展的合作项目也得到广泛认可。虽然中国在气候变化南南合作方面取得了不错的进展，但还是存在一些明显的问题，特别是在气候变化南南合作的战略设计和具体操作方面。这些问题既有国际气候援助的共性问题，也有中国应对气候变化南南合作面临的特殊挑战。

在国际组织层面，中国与国际组织机构和其他发展中国家缺乏针对细节问题的信息衔接，信息的双向流动不畅。虽然当前我国在应对气候变化领域与国际组织建立了一定联系与合作关系，积极参与现有国际事务的探讨与履行，但在具体情况中仍存在不足和问题，例如与国际机构和 NGOs 没有进行链接，信息不能实现双向流动；中国与其他发展中国家缺乏沟通的渠道，其他发展中国家普遍缺乏获取信息和适用技术的渠道；双边对接管理体制机制存在问题。

在国内部门层面也存在一定问题，首先，目标不明确，缺乏顶层设计。国家发改委应对气候变化司成立以后，中国气候变化南南合作才得到了相应的重视。但迄今为止中国气候变化南南合作还未形成专门的规章制度，也未提出开展气候变化南南合作的具体目的和目标，缺乏战略性和长期性的顶层设计，已有项目比较分散，与国内经济结构转型升级、中小企业"走出去"等国家战略的配合不足。其次，管理分散，缺乏统筹协调。已有气候变化南南合作，不仅涉及国家发改委应对气候变化司，还涉及商务部、中国进出口银行、中国驻外使（领）馆等单位。但各单位部门间缺少整体完备的统计体系和协调机制，使得应对气候变化主管部门无法从全局的角度进行协调联动，获悉合作进展，也无法在对外交流宣传中充分反映中国所做出的贡献。最后，缺乏系统的项目论证、项目监测和项目评价体系，且合作项目的透明度不佳。目前国际发展合作都具备完善的项目论证、项目监测和项目评价体系，且努力提高对外气候合作透明度。而目前绝大多数中国气候变化南南合

作均未按照这一模式开展工作，也无法有效评估各项目实施的最终实际成效，特别是在定量方面。这主要归因于中国尚未建立健全气候变化南南合作的评估管理制度以及应对气候变化国际援助的统计、报告与核实方法学的缺失。

企业层面，在我国开展的气候变化南南合作中，参与主体大多为政府层面，企业、科研机构等民间机构参与较少，潜在市场没有得到充分利用，市场开拓意识较弱，合作缺乏活力，资源利用率低，缺乏足够有实力的企业参与。同时，政府部门与民间企业、研究机构之间也缺乏领域合作、不共享信息，导致一些思维意识的落后。未来需要重点加强私营部门参与南南合作机制。

二 南南合作框架下的气候变化需求分析

（一）需求国别分析

通过文献调研、实地调研、问卷调研以及深入访谈等形式，调研了非洲、亚洲、美洲、欧洲、小岛屿国家等50多个发展中国家和地区在农业、林业、海洋、气候、能力建设等各领域的应对气候变化减排及适应能力建设需求，以及各缔约国应对气候变化的优先需求。

在减排需求方面，非洲与亚洲和太平洋地区各缔约方的需求较相似，主要集中在能源、农业和林业、工业、交通运输和废物管理领域；其中，电车、节能电器、农作物管理、公共交通和废物管理位于各缔约方需求的前列。欧洲和独联体与拉丁美洲和加勒比地区的缔约国的需求较相似，主要集中在能源、交通运输、废物管理、农业和林业及工业领域；其中，电车、化石能源供应、节能电器、集中供热、设备和废物管理位于欧洲和独联体各缔约方需求的前列，而拉丁美洲和加勒比地区各缔约方迫切需求电车、节能电器、车辆、化石燃料供应和废物管理。最不发达国家各缔约方对减排方面的需求，主要集中在农业和林业、能源、废物管理、交通运输和工业领域；其中，林业、农作物管理、水和土地资源管理、节能电器和废物管理位于最不发达国家各缔约方需求的前列。小岛屿发展中国家各缔约方对减排方面的需求，主要集中在能源、废物管理、交通运输、农业和林业及工业领域；其中，电车、废弃物管理、节能电器、林业和农作物管理位于小岛屿发展中国家各缔约方需求的前列。

在适应能力建设方面，非洲与亚洲和太平洋地区各缔约方的需求相同，主要集中在农业和林业、水、监督、沿海地区、健康、自然灾害和旅游；欧洲和独联体与拉丁美洲和加勒比地区缔约国的需求较相似，主要集中在农业和林业、水、监督、健康、沿海地区、自然灾害和旅游；最不发达国家各缔约方的需求主要集中在农业和林业、水、监督、沿海地区、健康、自然灾害和旅游；小岛屿发展中国家各缔约方的需求主要集中在农业和林业、沿海地区、水、监督、自然灾害、健康和旅游。

在气候变化南南合作框架下，不同地区或国家在减排方面和适应能力建设方面的需求及需求的优先次序如图1所示。

（二）需求领域分析

通过对来自45个国家的116名气候变化相关领域的专家、学者、官员以及非政府组织成员进行面对面问卷调查，总体来看，在应对气候变化的各个领域中，发展中国家在技术、资金、基础建设和能力建设这四个方面都需要一定的援助，其中技术援助的需求最为突出。在减缓气候变化领域，发展中国家最需要能源和电力及废物管理方面的技术援助，同时非洲地区需要更多的资金援助。在适应气候变化领域，气候监测、农林渔牧业以及水资源方面的技术援助最为需要，水资源、灾害防治方面的基础建设援助，以及人类健康方面的资金援助也颇为重要。

在技术需求方面，发展中国应对气候变化的技术需求集中体现在农业、节能减排、清洁能源、水资源、废物利用等方面。分类地看，在适应气候变化方面最需要水资源技术与废物利用技术的援助，具体体现在雨水洪水的再利用、污水处理与再利用以及农业废物的利用方面。而在减缓气候变化方

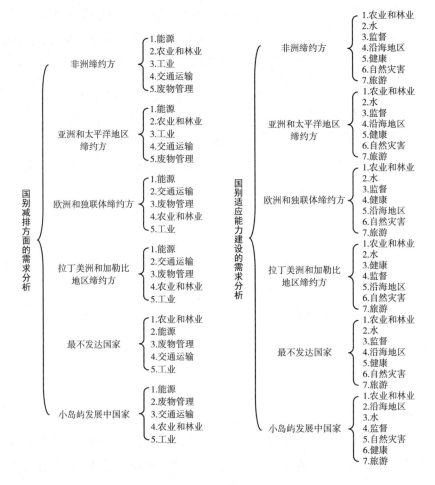

图1 南南合作框架下气候变化需求的国别分析

注：已对各需求的先后顺序进行了排序。

面，清洁能源技术与节能减排技术最为需要，尤其是针对太阳能技术、交通减排技术以及工业节能技术等方面。

在资金需求方面，发展中国家应对气候变化的主要资金来源为多边合作、本国财政基金以及与发达国家的双边合作。而这些资金主要用在了农业与林业、可再生能源、水资源管理、节能与能效等方面。发展中国家希望南南合作资金援助的形式为直接赠款。

在能力建设需求方面，在应对气候变化能力建设方面，发展中国家主要开展了提高公众意识、机构能力建设、信息的获取与传播等方面的工作，而在未来，发展中国家在能力建设方面的工作将优先集中在完善技术研发网络机构、机构能力建设和规划方案的制定与实施等方面。

三 气候变化南南合作的未来发展趋势

（一）国际形势

近年来，国际格局延续"东升西降"的变动趋势，新兴经济体增长迅速，大国竞争更为激烈，发展中国家国际地位和话语权不断提高。竞争手段更为多元化，应对气候变化将成为未来国家合作和竞争的重要领域。气候变化国际谈判形势日益复杂，发达国家和发展中国家两大阵营矛盾日益激化。

对于发达国家而言，面对气候变化对全球产生的影响，应弱化自身历史责任，并对发展中国家施加压力。各发达国家抓紧推进碳排放分配、碳市场、碳贸易、碳金融等方面国际规则，形成主导权、固化贫富差距。发达国家从自身利益出发，越来越重视与发展中国家在应对气候变化方面开展合作或进行援助，以期拉拢分化发展中国家，达到加快全球战略布点、气候技术市场开发的目的。

对于发展中国家而言，由于在经济、政治、文化等方面的差异，各国的利益诉求存在较大差异，造成内部团结有所松动。当前，气候变化问题影响着世界各国的政治、经济、社会等领域，受到国际社会广泛关注。但由于不同利益集团间根本利益存在巨大差异，在哥本哈根与坎昆的气候变化谈判中，许多重大问题难以达成一致，使得气候变化国际谈判异常艰巨。部分发展中国家也向包括中国在内的发展中大国施加压力，希望它们向其他发展中国家提供务实的支持。

（二）国内形势

（1）内在需求——走出去。现阶段，我国传统产业产能过剩，面临着产业转型和对外贸易转型升级的压力。其他发展中国家对节能减排和适应气候变化的产品、技术具有广泛的市场需求，有望成为我国对外贸易新的增长点。同时，当前发展中国家相互合作更为密切，南南合作取得了新的成绩。因此，我国需抓住机遇，进一步鼓励具有技术优势或资金优势的国企、民企和非政府组织积极参与气候变化南南合作，实现我国低碳技术、低碳产品的"走出去"。

（2）"一带一路"倡议的需求。气候合作是"一带一路"倡议实施不可或缺的重要组成部分。"一带一路"沿线地区是气候变化异常敏感区，也是全球各类自然灾害频发地区，气候变化和生态环境的恶化长期制约着"一带一路"沿线国家的社会经济发展。"一带一路"沿线国家对应对气候变化的方法、途径有着迫切的需求。因此，"一带一路"建设能为中国气候变化领域的国际合作带来新机遇：应对日趋复杂的应对气候变化全球治理格局，丰富气候合作的领域和方式。

（3）在国际舞台上发出中国声音的内在需求。在联合国气候峰会上，中国政府表示将主动承担与自身国情和能力相符的国际义务，尽最大努力应对气候变化。中国将提供600万美元资金，支持气候变化南南合作的推动。这将促进气候变化南南合作相关机制、合作模式的创新，同时为国内节能低碳产品走向世界提供平台。此外，在利马会议上，国家发改委副主任解振华指出中国愿意与其他发展中国家在南南合作框架下共同提高应对气候变化能力，并大力推进气候变化南南合作。

（三）气候变化南南合作未来发展趋势判断

近年来，国际低碳发展的格局发生了深刻变化。中国积极应对气候变化、真抓实干，与美国等主要发达国家在应对气候变化战略与政策方面进展缓慢、掣肘交错、态度消极形成了鲜明的对比。未来中国很有可能成为国际应对气候变化和低碳发展的领导力量。南南合作有助于我国提升在气候谈判中的话语权，加强我国在国际气候进程中的地位，树立"负责任大国"的形象，提高中国的全球治理能力，最终参与国际政治经济新秩序的构建，实现中国与其他发展中国家在应对气候变化进程中的互利共赢。加强气候变化领域南南合作，有助于实施"走出去"战略，推动国内科技界和企业界开拓并占领其他发展中国家潜在的气候技术市场，有利于巩固我国与其他发展中国家间的经济技术合作关系与政治同盟，满足和推进中国日益增长的海外投资需求，拓展我国的国际政治经济利益。

四 我国开展气候变化南南合作的战略定位与部署

（一）战略定位

（1）气候变化南南合作是构建人类命运共同体的战略切入点。近年来，全球气候变化问题日益严峻，而广大发展中国家是气候变化的主要受害者。开展气候变化南南合作，有助于促进、帮助发展中国家提高应对气候变化的能力。运用中国应对气候变化的经验为其他发展中国家提供力所能及的支持，不仅可以帮助受援国治理环境污染、实现经济绿色变革，而且是我国应承担的国际责任的重要组成部分。

（2）南南气候合作是我国经济发展的内在需求，是我国进一步落实"走出去"战略的新取向。我国已成功研发并推广应用了一批成熟适用的应对气候变化技术，并在水资源、农业、节能与可再生能源等重点领域，形成了较为完善的技术体系。开展气候变化南南合作，有助于促进我国气候友好型适用技术、产品和商业模式的转移与推广，推动国内科技和企业界走向世界，满足日益增长的海外投资需求。

（3）应对气候变化的南南合作有助于提升中国国际政治影响力，为我国在全球化进程中争取更多的发展权益。中国对外政策中越来越注重南南合作以及利益共享，这成为推动中国与南南合作稳定前行的重要因素。同时，

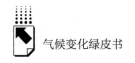
开展气候变化南南合作，也有助于提高我国的国际影响力和参与全球治理的能力，增强我国在国际事务中的代表性和话语权，以及塑造良好的国际形象。

（二）战略部署

（1）依托国家国际发展合作署，设立专门的对外援助管理机构，完善管理制度，加强气候变化南南合作的统筹协调。十三届全国人大审议通过国务院机构改革方案，将商务部和外交部对外援助工作的有关职责进行整合，组建国家国际发展合作署。此举将有助于我国对外援助战略方针的统一性和规范性，气候变化南南合作应将作为对外援助总体战略的重要组成部分，更好地服务于我国的经济转型目标和国际化战略。

（2）深化南南合作，根据供需优化部署合作重点。由于不同发展阶段、受气候变化影响差异等造成的利益诉求差别和气候谈判立场差异，目前国际气候进程中存在各种不同的发展中国家利益集团，因此南南合作重点对象要覆盖国际气候进程中不同的利益集团。在此基础上，根据南南合作重点对象的合作需求，进一步识别重点合作领域，实施有针对性的合作。合作时要注重突出重点，兼顾一般，围绕应对气候变化重点领域实现率先突破，立足我国的经验和优势，参考有关发达国家的经验和做法，注重合作内容和合作方式多样化。

（3）推动与发达国家的合作，建立多领域、多层面的国际合作网络。首先，以不断优化我国生态环境为目标，加强引进和培养人才，努力提升环境科技水平，并有序开展多层次的国际科技合作；其次，积极引进先进气候友好型技术，学习国际成功经验，加强在重点领域和行业的对外合作。在落实双边、多边合作协议的基础上，推进与科技发达国家建立创新战略伙伴关系，与周边国家打造互利合作的创新共同体，加强气候变化战略政策对话和交流，开展务实合作，提升与重点国家和地区的合作水平。

（4）积极推动与国际组织的交流合作，提高中国的全球性作用。不仅要广泛开展与国际组织的务实合作，积极参与相关国际会议与行动倡议，发挥负责任大国作用，推动建立公平合理的国际气候制度，而且要继续积极开展与世界银行、亚洲开发银行、全球环境基金会等多边机构的合作，提高中国的全球性作用。此外，也要充分发挥我国已有国际职能，结合我国优势专业领域，将中国标准推向国际。

（5）为其他发展中国家培养相关专业人才，联合研发项目库，帮助其他发展中国家制定应对气候变化的战略和规划。开展气候变南南合作培训班，为其他发展中国家培训相关专业人才。培训班旨在帮助其他发展中国家从事应对气候变化等领域的官员、技术人员和有关科研机构研究人员了解气候变化的科学事实，提高它们制定应对气候变化政策措施、开展和参与适应气候变化行动的能力，增强与它们在气候变化专业领域的交流与合作。同时，根据受援国需求、合作意愿等建立应对气候变化合作项目库。基于受援国应对气候变化技术、能力、资金等需求分析，在受援国内开展应对气候变化项目的调研工作，并根据需求的针对性强弱进行项目的分类、筛选和排序，开发合作项目库。在此基础上，分析发展中国家温室气体长期目标、减排路径、减缓和适应成本及应对气候变化的制度设计，提出发展中国家的低碳发展路线图。

G.10
全球气候治理规则体系基于科学和实践的演进[*]

高翔　高云[**]

摘　要：　全球气候治理是基于科学认知形成的全球政治共识及其实践。自20世纪70年代以来，气候变化问题逐渐引起全球关注，相关的自然科学、工程技术、社会科学得到不断发展，为全球各国制定合作应对气候变化的治理体系奠定了基础。由于全球气候治理的科学基础不断深入演进，各国应对气候变化的政策措施和全球合作行动也在实践中得到不断发展，因此全球气候治理的规则体系也在不断更新完善，以期符合科学提出的要求和实践得出的经验。随着全球气候变化的发展和政治经济格局的演变，这一治理规则体系在《巴黎协定》达成后，还将继续发生变化，尤其是需要解决发展中国家如何在加快社会经济发展的同时，获得充足的资金、技术和能力，以适应气候变化并减缓温室气体排放。

关键词：　气候变化　全球气候治理　IPCC　联合国气候变化框架公约

　　自20世纪70年代开始，国际社会开始了一系列从科学研究到气候变化

　＊　本文受科技部改革发展专项课题"中国深度参与全球气候治理制度建设的战略研究"的资助。

＊＊　高翔，博士，国家发展和改革委员会能源研究所副研究员，研究领域为气候变化政策与全球气候治理；高云，博士，中国气象局科技与气候变化司，研究领域为气候变化科学与政策。

科学评估和制定相关国际条约的行动。1979 年，第一次世界气候大会制定了世界气候计划及其四个子计划，即世界气候研究计划、世界气候影响计划、世界气候应用计划及世界气候资料计划，揭开了系统地对全球气候变化进行研究的序幕。从《联合国气候变化框架公约》（以下简称《公约》）的诞生，直至最新的全球气候治理规则谈判，国际社会建立和实施政策规则体系的实践一直在与学术界的科学探索紧密互动。

一　全球气候治理规则体系在科学研究和评估的基础上建立和更新

为探寻全球气候变暖的原因及其影响，1988 年时任世界气象组织主席的中国气象局原局长邹竞蒙，推动世界气象组织和联合国环境规划署共同成立了政府间气候变化专门委员会（IPCC），就气候变化相关的自然科学、影响和风险、适应和减缓的机遇等问题进行定期评估，向各国决策者提供决策的科学依据。迄今为止，IPCC 组织数千名科学家，基于全世界公开发布的研究成果，发布了五次评估报告。这些报告经过了严格的专家和政府评审流程，汇集了全球最新研究成果，是气候变化科学认识方面权威和主流的共识性文件，不但推动了《公约》《京都议定书》和《巴黎协定》的诞生，而且成为各国制定应对气候变化战略的重要科学依据。

IPCC 于 1990 年发布了第一次综合评估报告。在第三卷中，学界回应了第 44 届联大的相关决议[1]，一致认为应当达成一个气候变化框架公约，并且这一公约应当参照《保护臭氧层的维也纳公约》模式，包括原则、义务等内容，同时为激励尽可能多的国家参与，这一公约应当允许各国在不同的时间框架内采取行动，而解决对发展中国家的资金支持和技术转移问题也是必要内容。IPCC 基于学界的研究，为各国决策者们提出了一份"气候变化

---

[1]　主要包括第 44/207 号决议"Protection of Global Climate for Present and Future Generations of Mankind"和第 44/228 号决议"United Nations Conference on Environment and Development"。

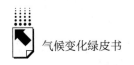

框架公约可能包括的要素"文件，包括10个部分：前言、定义、义务、机构、研究与系统观测、信息交流与报告、技术研发与转移、争端的解决、法律程序、附件和议定书等。在每个部分中，IPCC识别出了本部分可能的要点和需要谈判解决的问题。

基于IPCC的这些建议，1990年12月联合国大会决定组建政府间谈判委员会（Intergovernmental Negotiating Committee，INC），开启了关于全球气候变化国际条约的谈判。① 到1992年，各国通过谈判达成了《联合国气候变化框架公约》，形成了国际社会共同应对气候变化的第一次政治共识。

《公约》作为在科学指导下形成的全球应对气候变化政治共识具有举足轻重的意义，然而限于科学认知和国际政治博弈，《公约》并没有给出明确的应对气候变化量化目标和实现路径。这也使得IPCC有了持续工作的基础：为国际社会设定合作应对气候变化路径提供科学支撑，而全球气候治理的规则体系也在科学发展的不断进步中得以不断调整演进（如图1所示）。

IPCC于1995年完成了第二次评估报告，该报告的核心是阐释《公约》第二条的有关科学技术信息，以及关于平等和确保经济持续发展的问题。报告还肯定了《公约》附件一缔约方率先承担应对气候变化责任的意愿，以及应加强全球合作尤其是支持发展中国家。报告还进一步肯定了在国际层面依靠市场手段进行减排的必要性。尽管这些研究还十分初步，但它们推动了发达国家率先采取阶段性量化减排指标，进行全经济范围量化减排，同时推进向发展中国家提供资金与技术支持，建立基于市场手段的灵活减排合作机制。这些都成为1997年国际社会谈判达成的《京都议定书》的核心内容。

《京都议定书》建立了发达国家率先分阶段量化减排的模式，并建立了基于碳排放权交易市场的灵活机制帮助发达国家实现量化减排目标。然而仅仅是发达国家的量化减排，无法实现《公约》第二条的目标，因此IPCC第三次和第四次评估报告除了进一步深化对气候变化科学、影响和适应的研究

---

① "Protection of Global Climate for Present and Future Generations of Mankind," 1990, Resolution 45/212, United Nations General Assembly.

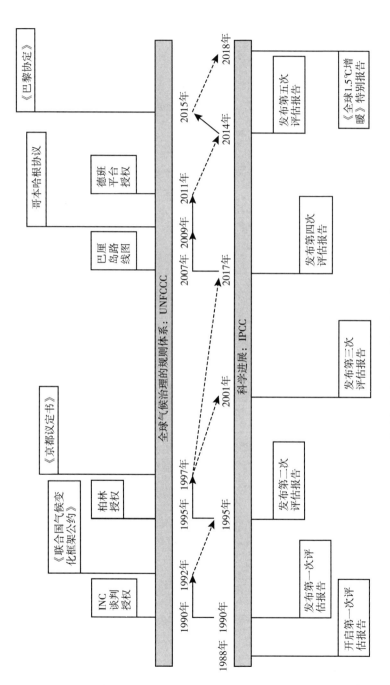

图1　全球气候治理规则体系与科学进展的互动

评估外，还侧重于完善全球量化减排评估模型与情景，其中一个被广泛引用的情景就是发达国家2050年排放量比1990年降低80%～95%，同时发展中国家的排放量显著偏离基准情景（如表1所示）。

表1　《公约》附件一和非附件一缔约方2020/2050年相对1990年的减排需求

情景	集团	2020年	2050年
450×10^{-6} $CO_2 - eq$	附件一	减排25%～40%	减排80%～95%
	非附件一	拉美、中东、东亚、中亚显著偏离基准情景	所有发展中国家显著偏离基准情景
550×10^{-6} $CO_2 - eq$	附件一	减排10%～30%	减排40%～90%
	非附件一	拉美、中东、东亚偏离基准情景	多数地区偏离基准情景，尤其是拉美、中东
650×10^{-6} $CO_2 - eq$	附件一	减排0～25%	减排30%～80%
	非附件一	维持基准情景	拉美、中东、东亚偏离于基准情景

数据来源：IPCC，*Climate Change* 2007—*Mitigation of Climate Change*，*Contribution of Working Group III to the Fourth Assessment Report of the IPCC*（Cambridge，New York，Melbourne，Madrid，Cape Town，Singapore，São Paolo，Delhi：Cambridge University Press，2007），p. 776。

IPCC的科学评估最终推动在2007年《公约》缔约方大会达成的"巴厘岛路线图"中，形成了所有国家都应当制定低碳发展战略和制定适当减缓目标的政治共识，并开启了发达国家和发展中国家如何制定并实施减排和其他应对气候变化措施的谈判。这一谈判最终形成了2009年的"哥本哈根协议"，并在2010年的"坎昆协议"中得到缔约方大会认可。

由于"坎昆协议"只确定了2020年前全球应对气候变化合作的模式，于是国际学界和IPCC又开始对既有实践进行总结、评估，并着眼2020年后的全球气候治理。2013～2014年，IPCC陆续发布了第五次评估报告。第一工作组得出了两个极具政策含义的结论：一是认为极有可能的是，观测到的1951～2010年全球平均地表温度升高的一半以上是由温室气体浓度的人为增加和其他人为强迫共同导致的，这确定了人类社会通过合作减排温室气体实现减缓气候变化的科学逻辑性；二是定量给出了将温升控制在不超过工业化前水平2℃所剩余的全球碳排放空间，这为全球合作减排给出了明确的量化要求。同时,第三工作组指出各国在"坎昆协议"下承诺的 2020 年减排目标,难以满足低成本、高成效的长期减缓轨迹要求;如果要实现将温升控制在 2℃ 以内的目标,需要各国在 2020 年以后进一步大幅减排。

在 IPCC 第五次评估报告的推动下,国际社会在 2015 年底达成了《巴黎协定》,协定的核心是广泛参与和提高行动力度。在机制上,《巴黎协定》建立了全球所有国家参与、自主提出减排目标、公开透明交流行动进展、通过全球盘点识别整体力度差距的全球减缓合作新模式;在理念上,《巴黎协定》确认了温室气体低排放发展战略的必要性,并要求所有国家都制定、提交并实施。

二 应对气候变化长期目标基于气候变化
科学评估与政治博弈设定

"将大气中温室气体的浓度稳定在防止气候系统受到危险的人为干扰的水平上。这一水平应当在足以使生态系统能够自然地适应气候变化、确保粮食生产免受威胁并使经济发展能够可持续地进行的时间范围内实现"是《公约》确立的最终目标。作为一个框架性公约,《公约》的这一表述仅仅描述了稳定大气中温室气体浓度的总体要求,没有明确为避免"气候系统受到危险的人为干扰"到底应该把浓度控制在何种定量化的水平上。

由于应对气候变化措施不可避免地会产生巨大的经济和社会成本,对于处于不同发展阶段、具有不同历史和文化背景的各国而言,什么样的温升和影响可以被称为"危险的人为干扰"很大程度上是一个价值判断。因此,确定量化的应对气候变化长期目标,是一个需要各国基于足够的科学信息、在权衡利弊的基础上谈判解决的问题。从 IPCC 第二次评估报告开始,在气候变化的观测事实、影响、风险趋势、应对措施等方面,为谈判确定定量化的全球应对气候变化长期目标,成为后续气候变化科学研究、评估关注的核心问题。

IPCC 在第二次评估中,专门形成了解释《公约》第二条有关科学技

信息的综合报告，指出实现最终目标有明确的前进方向，但究竟哪些因素可以用来判定"危险的人为干扰"，多大力度的应对措施可以避免干扰还存在极大不确定性。1996年欧盟理事会开始基于IPCC第二次评估报告的结果，推动将"温升控制在与工业化前相比不超过2℃以内"作为全球目标，并要求全球温室气体排放在1990年基础上减半，并将大气中二氧化碳浓度控制在工业化前浓度的两倍，即约550 ppm①。

虽然"温升控制在与工业化前相比不超过2℃以内"在此时还没有得到广泛国际认可，但与此相关的理念和量化研究结果成为欧盟推动"自上而下"减排体系的重要科学依据，在一定程度上推动了《京都议定书》和"京都三机制"的诞生。《京都议定书》为发达国家确定了量化的减排目标，但全球长期目标，尤其是减排目标一直是气候变化谈判的焦点问题之一。

2001年和2007年IPCC发布第三、四次评估报告，进一步指出科学研究结果可以对确定哪些要素构成"危险的人为干扰"提供所需的信息和证据，但这种决策仍是一种价值判断，需要通过一个社会政治进程来决定。两次评估报告都对不同温升情景下的风险进行了评估，一些风险被确定为具有更高的可信度。作为联合国框架下的政府间科学评估专门机构，IPCC并不直接就应该设立怎样的量化目标做出结论，但从第一到第四次评估，关于气候变化的科学事实、趋势、风险的评估日益清晰直观，这也推动了政治进程上关于量化目标的讨论。

2007~2009年气候变化连续三次成为"八国集团"峰会核心议题。尤其是2009年拉奎拉峰会声明提出：将全球温度升幅控制在相比工业革命前2℃内，2050年前全球温室气体排放量减少50%。经过2009年的哥本哈根气候变化大会和2010年的坎昆气候变化大会，"通过减少全球温室气体排放量，使与工业化前水平相比的全球平均气温上升幅度维持在2℃以下"被写

① Gao, Yun, Xiang Gao, Xiaohua Zhang, "The 2℃ Global Temperature Target and the Evolution of the Long-Term Goal of Addressing Climate Change—From the United Nations Framework Convention on Climate Change to the Paris Agreement", *Engineering*, 2017, (3): 272 –278.

入了"坎昆协议"。① 即便缺少足够的科学支撑，在政治层面的强力推动下"2℃温升目标"也自此成为一个全球性的政治共识。

这一政治共识极大地推动了科学界关于"2℃温升目标"的研究，2014年完成发布的 IPCC 第五次评估报告实际成为以"2℃温升目标"为核心的评估报告。该报告明确指出 21 世纪末及其后的全球平均地表变暖主要取决于二氧化碳的累积排放量，并评估认为：如果把升温幅度控制在相比工业革命前 2℃以下，在 66%、50% 和 33% 的概率下，全球对应的排放空间分别为 10000 亿、12100 亿和 15600 亿吨碳，全球所遭受的风险将处于中等至高风险水平，而最有可能在 21 世纪末实现 2℃温升目标的情景是将温室气体浓度控制在 450 ppm 二氧化碳当量以下。这意味着 2030 年全球温室气体排放量要回到 2010 年的排放水平，即 500 亿吨二氧化碳当量；2050 年全球排放量要在 2010 年基础上减少 40% ~70%；2100 年实现零排放。在科学评估和一系列政治推动的基础上，"把全球平均温度上升幅度控制在不超过工业化前水平 2℃之内，并力争不超过 1.5℃之内"被纳入 2015 年的《巴黎协定》。

从《公约》到《巴黎协定》，全球关于应对气候变化长期目标的确定过程，彰显了全球气候治理政治决策以科学研究为依据的特征，其核心是 IPCC 以评估的方式，将国际科学界关于气候变化的研究成果和共识加以集成，为国际社会提供决策参考。《巴黎协定》中的温升目标既有科学基础，也凝聚了政治需要，在应对气候变化方面比《公约》第二条更为明确具体。

三　全球气候治理规则体系基于实践经验的演进

科学认知表明，人为影响，尤其是人为活动排放的温室气体，极可能是造成 20 世纪中叶以来观测到的变暖情况的首要原因。温室气体排放的影响

---

① "The Cancun Agreements: Outcome of the Work of the Ad Hoc Working Group on Long-term Cooperative Action under the Convention," 2010, Decision 1/CP. 16, UNFCCC.

与一般环境问题有四个基本方面的不同——它的外部性是长期的，它是全球性的，它包含着重大的不确定性，它具有潜在的巨大规模——因此温室气体排放是人类有史以来最大的市场失灵。① 在这种情况下，成功的气候治理必须在全球层面，通过世界各国和全人类的积极努力才有可能实现。减缓、适应与国际合作，尤其是发达国家向发展中国家提供支持，是全球气候治理的主要内容，各国在这些方面都开展了行动实践，并且通过国际统一建立的规则体系报告、分享和交流这些实践经验，同时促进各国履行其在气候变化国际法下的承诺和义务。全球气候治理的规则体系的演进，就是通过全球谈判形成减缓、适应、国际合作和履约程序的体系来指导全球应对气候变化的实践，再吸取实践经验来更新完善规则体系的过程，本文以减缓和履约程序为例试加分析。

（一）减缓气候变化的国际规则、实践与演进

早在《公约》谈判之初，各方就提出了各国如何承担温室气体减排义务的问题，包括是否应当依据"共同但有区别的责任""污染者付费"等原则，是否应当依据人均排放量或者排放总量设定减排义务，是否应当由发达国家率先设定减排义务等。最终，《公约》依据"共同但有区别的责任"原则，为发达国家和发展中国家设定了不同的减缓义务，在要求所有缔约方都应制定和实施减缓政策行动的基础上，特别要求发达国家率先减排并且将其20世纪末的温室气体排放回复到较早水平。

为更好地实施《公约》，各方通过谈判达成了《京都议定书》，落实了发达国家率先减排的具体安排。这一安排主要是为发达国家"自上而下"设定了量化减排目标。这些量化减排目标在减排8%和增排10%之间不等。欧盟作为整体承担减排8%的义务，并将这一目标在成员国之间进行了分解，其中卢森堡需减排28%，为最多，其次是德国，需减排21%，而葡萄牙可增排27%，为增幅最多。《京都议定书》第一承诺期已于2012年结束，

① Stern, Nicholas, *The Economics of Climate Change*: *The Stern Review* (Cambridge University Press, 2006), p. 25.

并于 2017 年完成了所有缔约方的履约核算。结果表明，所有承担量化减排目标的缔约方都完成了履约（如图 2 所示）。其中，奥地利、丹麦、冰岛、意大利、日本、列支敦士登、卢森堡、新西兰、挪威、斯洛文尼亚、西班牙、瑞士等 12 个缔约方依靠灵活履约机制实现履约，其余缔约方都将自身排放量控制在了排放配额允许的范围内。

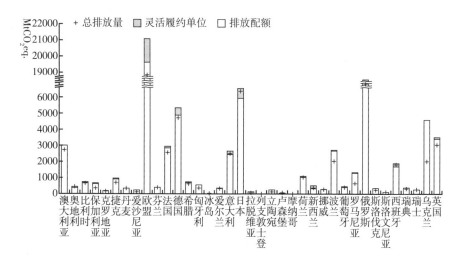

图 2 《京都议定书》第一承诺期量化减排目标履约情况

数据来源：《京都议定书》遵约委员会网站各缔约方履约核算报告。

在于《京都议定书》第一承诺期实施减排措施的同时，发达国家也逐渐开始要求发展中国家承担更多的减排义务，其标志是自 2007 年开始谈判，并于 2010 年达成的"坎昆协议"，要求那些没有在《京都议定书》下承担量化减排义务的发达国家在《公约》下承担可比的减排义务，同时要求发展中国家在《公约》下提出并实施 2020 年前的"国家适当减缓行动"。在这一要求下，中国、印度、巴西、南非、马尔代夫、不丹等 48 个发展中国家先后向联合国通报了将实施的"国家适当减缓行动"[①]。

---

① "Compilation of Information on Nationally Appropriate Mitigation Actions to Be Implemented by Parties not Included in Annex I to the Convention," 2011, FCCC/AWGLCA/2011/INF.1, UNFCCC.

在各国启动面向 2020 年后的全球气候治理机制谈判后，2013 年谈判提出了"国家自主贡献"的概念，随后成为 2015 年底达成的《巴黎协定》"自下而上"减排模式的核心。各国为推动《巴黎协定》的达成，陆续在 2015 年提出了"国家自主贡献意向"，并由《公约》秘书处做了登记。迄今为止，包括中国、美国、欧盟等在内，共有 172 个缔约方提交了"国家自主贡献"信息①，这些信息不完全是减缓目标和行动，有的也包括适应、所需要的支持等信息，但毫无疑问，减缓目标是其中的重要内容。

（二）促进履约的国际规则与实践

在以《公约》《京都议定书》和《巴黎协定》这三个国际条约为基础的全球气候治理体系下，促进各国履约的国际规则主要是与测量、报告、核实相关的透明度规则，《京都议定书》下设立的遵约机制和《巴黎协定》促进遵约机制。

透明度规则是国际条约普遍实施的一种机制，通过按照一定的程序和规则进行信息报告的方式，敦促各国履行其在条约下的义务。有的国际条约在信息报告之后，还设立了国际审评的机制。这些国际审评有的是国际专家组审评，有的是国家间的同行评议，有的是多边场合的讨论。

《公约》从一开始就要求缔约方提供有关履约的信息。《公约》要求发达国家定期提供有关其气候政策与措施的报告。它们也必须提交温室气体排放的年度清单，包括自 1990 年以来历年的数据。发展中国家提交的关于其应对气候变化行动及气候变化影响的报告可以相对笼统，提交时间依其获得准备这些报告的资金情况而定。在《公约》下，所有缔约方报告的信息包括两个方面：一是缔约方履行《公约》的行动，二是它们的国家温室气体排放清单。依据"共同但有区别的责任和各自能力"原则，发达国家和发展中国家提交的国家信息报告的内容和时间表是不同的。在《京都议定书》

---

① NDC Registry （Interim），http：//www4. unfccc. int/ndcregistry/Pages/All. aspx，2018，UNFCCC.

下，发达国家提交的报告还包括与其履行《京都议定书》相关的补充信息，包括与它们履行温室气体量化减排或限排目标相关的数据信息，以此表明它们遵守了在《京都议定书》下的承诺。《巴黎协定》要求各国定期通报国家自主贡献。国家自主贡献的实施进展将按照《巴黎协定》所建立的透明度规则进行报告、审评和多边审议，其具体规则还在谈判中。国际社会还将从2023 年开始，通过每五年一度的全球盘点对《巴黎协定》目标的实现情况进行评估，以期解决各国自主贡献力度不足的问题，从而实现全球温升控制目标。

《公约》下的透明度规则体系是通过不断发展演变的过程逐步建立的，总的趋势是透明度规则不断得到强化，并且随着发展中国家在《公约》下承担义务的增加和其能力的不断提高，它们在透明度的义务方面逐渐向发达国家靠拢。

在透明度规则之外，《京都议定书》还建立了严格的遵约机制，用以敦促发达国家履行其在《京都议定书》下的义务，尤其是量化减排义务。遵约机制框架下的遵约委员会由各缔约方经区域集团推选产生的委员组成，其机构设置包括全会、促进实施事务组和强制执行事务组。强制执行事务组主要负责与量化减排目标相关的事务，包括事中监督、事后核算和执行惩罚性措施；促进实施事务组主要负责与履约相关的其他事务，包括预警和提供履约协助。自《京都议定书》设立遵约机制以来，在整个第一承诺期，遵约委员会共受理与遵约相关的履行问题16 起，涉及21 个发达国家缔约方。

由于《京都议定书》模式的遵约机制带有一定的惩罚性，为提高各国参与全球气候变化条约的积极性，《巴黎协定》采用了"自下而上"自主承诺的模式，相应地，由于在这种模式下不存在强制性减排目标，也没有统一核算规则，因此《京都议定书》建立的遵约机制在很大程度上没有实施的基础，尤其是强制执行的功能。《巴黎协定》建立了透明、非对抗性、非惩罚性的促进履行和遵约机制。尽管其具体功能、实施规则还在谈判中，但可以预见它将借鉴《京都议定书》遵约机制中促进实施的相关规定与实践经验。

四　全球气候治理规则体系演进展望

全球气候治理是基于科学认知形成的全球政治共识及其实践。全球气候治理从最初认识到气候变化是一个需要全球合作才能应对的人类挑战，发展到形成了以国际条约为基础的全球气候治理体系，进一步提出并实施了不同国家共同但有区别的应对气候变化政策措施和国际合作模式，又在不断的实践、科学评估、谈判、再实践中推动人类应对气候变化科学、政治、行动的持续前进。

确定将温升控制在2℃或者1.5℃是一个重要的政治决策选择，确定将"自上而下"量化减排模式转变为"自下而上"国家自主贡献模式，是世界各国在权衡如何尽可能减少人为因素对全球气候系统的干扰后的理性选择。各国在应对气候变化，尤其是减缓温室气体排放和提供实施手段方面的责任承诺，反映了全球在气候变化问题上的政治经济博弈结果。无论是目标设定，还是责任承担，核心目的都是加快控制温室气体排放，相互鼓励与促进实施减缓政策与技术革新，通过真实的减排成效，使全球建立起合作应对气候变化、实现低碳发展的决心和信心。

气候变化自然科学的发展，为全球气候治理提供了越来越充分的决策依据，也越来越清楚地揭示出全球合作积极应对气候变化的紧迫性和规避风险的重大价值。应对气候变化工程技术的发展，则为世界各国制定减缓和适应气候变化的政策措施提供了技术思路和落实途径。应对气候变化政策研究的发展，又为世界各国结合本国国情制定科学合理、符合可持续发展要求的政策提供了战略思路和政策工具，同时为加强全球合作提供了科学指导。

全球气候治理的方向和目标已经明确，工程技术手段也在不断为气候治理创造条件，未来全球气候治理的关注重点将是如何平衡全球应对气候变化的需求和各国，尤其是发展中国家，提高经济社会发展水平的需求。气候变化经济学揭示了尽早减排可以避免未来重大损失的原理，但是如何公平、合理地推动全球加大、加快减排；发展中国家如何在快速改善经济社会发展状况的同时尽量避免和减少温室气体排放；发达国家如何进一步促进能源转型和社会消费模式转型来减少排放，而不是依靠购买在别国实现的减排量来实现自身减排目标；发展中国家如何在缺乏资金投入和技术、资源的情况下加强适应行动；如何构建新的全球气候治理合作模式使得发达国家愿意主动提供资金、技术、能力建设支持并扩大规模；如何帮助发展中国家将应对气候变化的需求纳入其自身国家发展战略，而不是"等靠要"外部资源才采取应对气候变化的行动。这些都是气候变化科学需要进一步研究的问题。

G.11

协同推进气候行动
与可持续发展的国际进展

张晓华　邓梁春*

摘　要：　2015年，国际社会通过了气候变化《巴黎协定》，并且达成
了联合国《2030年可持续发展议程》及关于发展筹资的《亚
的斯亚贝巴行动议程》，为全球共同迈向可持续发展的未来勾
画了宏伟蓝图。在可持续发展框架下应对气候变化，是全球
众多国家尤其是发展中国家一直以来的重要关切。《2030年
可持续发展议程》与《巴黎协定》存在紧密的联系，如何在
不同的领域内以相辅相成、相互促进的方式促进实现彼此的
目标，对于目标的实现至关重要。因此，自协议达成以来，
强化协同推进气候行动与可持续发展，成为国际社会关注的
重点内容之一，在实施层面也有了众多进展。本文通过分析
上述两大不同政治进程的进展以及发展中国家落实《巴黎协
定》与《2030年可持续发展议程》各个可持续发展目标领域
间的关联，研判全球促进可持续发展和应对气候变化国际治
理发展的新趋势，以期为中国更好地协同推进气候行动与可
持续发展建言献策。

关键词：　2030年可持续发展议程　可持续发展目标　国家自主决定贡
献（NDCs）　巴黎协定　气候变化

---

* 张晓华，联合国南南合作办公室气候与可持续发展部主任；邓梁春，联合国南南合作办公室
气候与可持续发展部专员。

2015 年是全球环境与发展进程中的关键的一年。当年，关于发展筹资的《亚的斯亚贝巴行动议程》《2030 年可持续发展议程》以及气候变化《巴黎协定》相继达成，成为勾勒全球未来发展蓝图的框架性国际共识，为全球可持续发展和应对气候变化奠定了坚实的基础。无论是促进可持续发展还是应对气候变化，发展中国家目前都面临着较大的挑战。为了促进减少全球排放，打造气候韧性，并助力发展中国家也能普遍迈向繁荣、永续发展且人人享有尊严的道路，本文对两大国际进程的有关进展进行了梳理，对可持续发展措施与气候行动之间的关联和协同进行了分析，并且对中国协同推进气候行动与可持续发展提出了战略和政策建议。

一　可持续发展与气候变化国际进程的联系

（一）《2030年可持续发展议程》推动各国开展气候行动

自 1992 年联合国环境与发展大会以来，推动全球可持续发展就成为联合国多边机制下一个重要的国际进程。2015 年 9 月召开的联合国可持续发展峰会，达成了《2030 年可持续发展议程》这一重要成果。《2030 年可持续发展议程》作为可持续发展领域的统领性文件，确定了 17 项可持续发展目标（SDGs）、169 个定量化的指标。其中将气候变化作为人类可持续发展面临的最严峻挑战之一，并将气候行动作为可持续发展目标 13 单独列出。联合国可持续发展峰会以及《2030 年可持续发展议程》文件，为 2015 年 12 月达成《巴黎协定》巩固了积极势头并做了重要铺垫。

作为后续实施和落实《2030 年可持续发展议程》以及可持续发展目标的重要机制，全球政府间的可持续发展高级别政治论坛（HLPF）提供了强有力的政治指导和实施动力。论坛在每四年的一个周期内，会对实施进展情况进行专题评估，并决议制定了 2016 ~ 2019 年周期内每一年论坛的专题，同时还自 2017 年起分组评估各项可持续发展目标，并每年评估目标 17（促进目标实现的伙伴关系）的进展状况。第一个评估周期的具体安排如表 1

所示。其中，将在 2019 年对关于气候行动的目标 13 进行评估。作为四年周期的最后一年，2019 年 HLPF 将以峰会的形式组织，并与发展筹资高级别对话前后衔接。另外，2019 年联合国秘书长还特别计划组织召开关于气候变化的峰会。可以预期，多国国家元首和政府首脑将云集峰会，为进一步推动全球应对气候变化进程、实现可持续发展提供巨大的政治动力。

表 1　可持续发展高级别政治论坛的年度专题和年度分组目标评估安排

年份	高级别政治论坛的年度专题	重点评估的可持续发展目标
2016 年	不让任何一个人掉队	
2017 年	在不断变化的世界中消除贫穷,促进繁荣	目标 1、2、3、5、9 和 14
2018 年	变革迈向可持续和有韧性的社会	目标 6、7、11、12 和 15
2019 年	增强人民权能,确保包容性和平等	目标 4、8、10、13 和 16

　　作为进展跟踪和评估的重要材料，可持续发展目标年度进展报告、《全球可持续发展报告》以及其他相关文件资料等，将为 HLPF 提供信息。其中，年度进展报告由联合国秘书长编写，并由联合国经济和社会事务部提供支持，对 17 项可持续目标的年度进展进行综合性、概要性的定性和定量描述；同时，联合国经济和社会事务部还出版可持续发展目标年度报告，通过搜集数据并建立指标体系，每年定量追踪可持续发展目标的实施进展。在2018 年出版的《全球可持续发展目标报告》中，其中一项重要结论就是冲突和气候变化是导致饥荒、流离失所人数增加并影响改善获取清洁水和基本卫生条件的主要因素。[①]

　　此外，《全球可持续发展报告》根据最新授权已经改为每四年出版一期，由联合国组织各领域专家并采取"文献评估"的模式进行编写。该报告围绕具有政策相关性的可持续发展议题进行汇总评估，从而强调科学与政策的衔接，是一项帮助各国决策者促进消除贫困和可持续发展的强有力的、以实证为基础的工具。经过 2016 年各成员国提名，联合国秘书长任命 15 位来自发达

---

　　① 联合国：《2018 年全球可持续发展目标报告》，https：//www.un.org/development/desa/ publications/the-sustainable-development-goals-report – 2018.html，2018 年 6 月。

国家和发展中国家的著名科学家和专家担当报告的独立起草人，这获得由联合国六大机构组成的工作组的支持；另外，联合国计划于 2019 年发布新的《全球可持续发展报告》。值得注意的是，《全球可持续发展报告》通过多领域跨学科的专家进行识别，已经将应对气候变化有关的多项议题①确立为新兴的优先问题，即最值得加以评估并为各国决策者重视的重要议题。

与此同时，包括发达和发展中国家在内的各成员国均可通过自愿和自主的方式，定期对国家整体和国内地方层面的可持续发展进程进行具有包容性的评估，并向 HLPF 提交。2016 年以来，已有包括中国在内的 65 个国家提交了国别进展评估报告；同时，2018 年还将有 47 个国家提交报告，有部分国家已是第二次提交国别进展评估报告。自愿性国家评估以国家驱动的方式，展现了各国落实《2030 年可持续发展议程》及推进实现可持续发展目标所取得的进展，其中也包括大量气候行动方面的进展和信息。此外，自愿性国家评估还为各个国家、各国家集团以及更广泛的利益相关方群体开展国际合作提供了信息基础与合作平台。

（二）《联合国气候变化框架公约》促进各国可持续发展

《联合国气候变化框架公约》（以下简称《公约》）是 1992 年里约峰会达成的三个姊妹公约之一，随着气候变化问题的越发严峻，《公约》成为国际社会应对气候变化合作的主要政治进程。《公约》明确考虑到发展中国家关于经济社会发展及消除贫困的首要和压倒一切的优先事项，正式将可持续发展确立为《公约》的一大指导原则。《公约》还申明应以统筹兼顾的方式把气候行动与社会经济发展协调起来，提出应制定适合各国具体情况的气候政策和措施，并将其结合到国家的发展计划之中。《京都议定书》为发达国

---

① 在 2016 年版《全球可持续发展报告》所识别的 20 项新兴优先议题中，与气候变化直接相关的包括：应对递增的气候变化影响；确保普惠供应可持续、可靠且负担得起的现代能源服务；加快推广应用环境友好的可再生能源；发展替代经济模式从而使得经济增长与资源消耗和环境退化脱钩；加强促进可持续发展的实施手段和全球伙伴关系；加强发展中国家的社会保障和环境保护，从而减少不公平状况并抗击环境退化和气候变化；促进可持续的工业化进程；解决全球尤其是非洲面临的气候变化导致农业减产的问题；等等。

家进一步明确了减缓义务，也提出它们应实现量化的限排减排承诺，旨在促进可持续发展；此外，在不为发展中国家引进任何新承诺的同时，《京都议定书》也继续推进它们在《公约》下已有承诺的履行以求实现可持续发展。

2002 年，缔约方大会通过了《关于气候变化与可持续发展的德里部长宣言》，正式提出在满足可持续发展要求的同时应对气候变化及其不利影响，并提出国家可持续发展战略应在水、能源、健康、农业和生物多样性等关键领域更充分地结合气候变化方面的目标。2007 年通过的《巴厘岛行动计划》在启动关于长期合作行动的进程时，提出发展中国家通过在可持续发展背景下的适当国家减缓行动来加强气候行动，并为 2009 年《哥本哈根协定》、2010 年《坎昆协议》及后续历次缔约方大会的成果文件所继承。

另外，《公约》也认识到气候行动具有经济合理性且有助于解决其他环境问题；《马拉喀什部长宣言》则提出，解决气候变化的多项挑战将对实现可持续发展做出贡献。自哥本哈根会议开始，有关会议成果文件中开始提出，低排放和低碳发展战略是可持续发展所不可或缺的，甚至是可持续发展的核心。

2015 年《巴黎协定》在强调气候变化行动、应对和影响与可持续发展有着内在关系的同时，明确提出要在努力实现可持续发展和消除贫困的背景下，加强对气候变化威胁的全球应对，加强对《公约》及其目标的履行。2016 年通过的《马拉喀什行动宣言》，则在全球气候进程的微妙时刻坚定了促进低排放发展、增强气候适应和打造气候韧性的积极势头，同时也明确气候行动将支持《2030 年可持续发展议程》并助力达成可持续发展目标。同时，《巴黎协定》所确立起来的以国家自主决定贡献（NDCs）为核心的全球气候制度实施框架，也将在各个领域促进可持续发展，本文将在第二节对此做重点介绍和分析。

由此可见，一方面，可持续发展问题和气候变化问题在国际层面上是由不同的进程在推进，另一方面，这两个进程之间有着内在的联系，在各个阶段一直保持不同程度的协同互动。

二 发展中国家气候行动与可持续发展措施的联系

2014 年发布的 IPCC 第五次评估报告（AR5）第三工作组报告在第四章"可持续发展与公平"中，全面论述了可持续发展与气候变化之间的相互关联。IPCC 报告强调，气候变化的不利影响已对人类社会的可持续发展构成现实的威胁，应对气候变化在某些情况下与实现可持续发展目标间具有协同效应，增强可持续发展的能力有助于增强减缓和适应气候变化的能力。由此，在政策制定和实施中，需要将气候变化问题纳入可持续发展战略，更深入、更综合地研究分析不同发展路径对温室气体排放和减缓适应能力的影响，以及气候政策措施对可持续发展的影响。

在可持续发展背景下应对气候变化，反映了全球各国，尤其是发展中国家基于各国具体情况而对环境和发展问题的战略理解和定位。发展中国家普遍处于发展不充分、不平衡、不协调的现状，面临政治、经济、社会和环境等各领域的挑战。与此同时，发展中国家，尤其是最不发达国家和小岛屿国家等特殊处境国家，大多在气候变化的背景下具有较高的暴露水平和脆弱性，且促进低碳发展和打造气候韧性的综合实力低下。因此，发展中国家普遍将消除贫困和实现经济社会持续发展作为首要的和压倒一切的优先事项。通过持续发展而不断积累应对气候变化有关的经验、能力和资源等，实现消除贫困和减碳增益的双重效果，成为发展中国家普遍采取的应对气候变化的总领性方案。

在过去的二三十年里，随着气候变化科学认知的深入，随着全球碳排放总量和格局的演变，随着气候灾害事件及其影响的不断增加，实现全球温升控制目标和打造气候韧性面临着严峻且紧迫的挑战。在这样的背景之下，包括低碳、低排放发展战略在内的应对气候变化的行动与承诺，逐渐成为与消除贫困和经济社会发展并列的重要内容，成为可持续发展所不可或缺的内容，甚至是核心内容。从国际制度的发展趋势来看，从《京都议定书》的达成到艰难生效，从巴厘岛开启"双轨"谈判进程到德班开启"三轨"并进与"并轨"趋势，再到《巴黎协定》的最终达成，发展中国家在《公

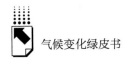
约》框架下的气候行动与承诺逐渐呈现更为全面、具体、定量的趋势，且逐渐体现出义务化和机制化的特征，发展中国家面临着更具有挑战性的发展与环境的权衡。

（一）发展中国家气候行动的重点与可持续发展目标的实现密切相关

NDCs 是各国落实《巴黎协定》的关键，是各国根据共同但有区别的责任和各自的能力，在各自具体的国情背景下联系促进可持续发展的努力而提出的。截至 2017 年，154 个发展中国家中有 149 个已经提出了国家自定贡献（包括拟提出的国家自定贡献）。所有发展中国家 NDCs 中都具体地提出了温室气体减排的目标、战略、政策、规划或行动，有一些发展中国家还提出了其适应气候变化行动和经济多元化发展行动所产生的协同减缓效应。同时，许多发展中国家强调其应对气候变化需要优先开展适应行动，并且，有140 个发展中国家亦在其 NDCs 中说明了所受气候变化的影响及其将采取的适应措施。此外，发展中国家进一步指出还需要得到资金、技术和能力建设的支持，以便其充分实施国家自定的气候行动。

虽然整体的发展程度更为接近，但是广大的发展中国家由于各自不同的国情而面对着各不相同的多种挑战，难以诉诸某种面面俱到的解决方案，发展中国家 NDCs 的目标和行动也具有一定的多样性和差异性。然而，纵观广大发展中国家的 NDCs，各国的气候行动领域还是相对比较集中的。

在减缓气候变化方面，发展中国家开展行动的领域主要集中在能源，土地利用、土地利用变化和林业（LULUCF），交通，废弃物，农业，工业过程和产品使用等（见图 1）。而在气候变化的影响和适应方面，发展中国家意识到洪水、干旱、高温、海平面上升、风暴等几乎会影响到社会经济和人居环境的方方面面，并主要优先关注于在水、农业、健康、生态系统和基础设施等几大领域开展适应行动（见图 2）。

通过分析发展中国家的 NDCs，可见开展减缓行动、增强适应并打造气候韧性已成为各国主动采取的措施。而行动比较集中的各项重点领域与经济

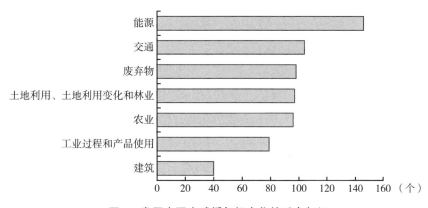

图1 发展中国家减缓气候变化的重点部门

注：联合国南南合作办公室对发展中国家NDCs整理的材料。

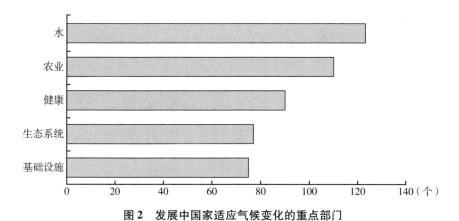

图2 发展中国家适应气候变化的重点部门

注：联合国南南合作办公室对发展中国家NDCs整理的材料。

增长、社会发展、改善民生和保护生态等密切相关，也有很大潜力能够促进各国的可持续发展进程，包括实现消除贫困、保障粮食安全、促进经济发展和民生改善、提升生态环境可持续性等多方位的发展目标。

（二）气候行动可以促进可持续发展目标的实现

对广大发展中国家NDCs的分析表明，虽然仅有9个发展中国家①明确

---

① 包括玻利维亚、古巴、埃及、危地马拉、印度尼西亚、约旦、南苏丹、斯威士兰、乌干达。

提出了落实《巴黎协定》的气候行动将助力各国实现《2030 年可持续发展议程》的目标,但是这样的关联和协同是非常明确的。其中,超过 3/4 的发展中国家的 NDCs,都有可能助力实现可持续发展的目标 2(零饥饿)、目标 6(清洁饮用水和卫生设施)、目标 7(经济适用的清洁能源)、目标 8(体面工作和经济增长)、目标 9(产业、创新和基础设施)、目标 11(可持续城市和社区)、目标 12(负责任消费和生产)、目标 13(气候行动)、目标 15(陆地生物)和目标 17(促进目标实现的伙伴关系)。另外,超过半数的发展中国家,气候行动还可能助力达成目标 3(良好健康与福祉)、目标 4(优质教育)和目标 14(水下生物)(见图 3)。联合国南南合作办公室根据发展中国家 NDCs(以及 INDCs)而整理的材料反映了对于每一项可持续发展目标,基于各国气候行动与各个可持续发展目标是否存在关联,并展示了提出 NDCs(INDCs)的发展中国家中,有多大比例的国家实施 NDCs 能够促进 SDGs。

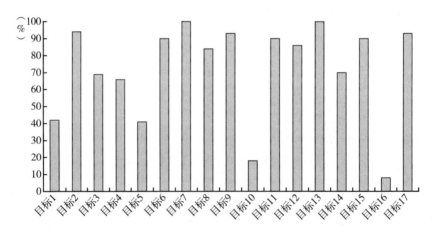

图 3　发展中国家 NDCs 关联促进 SDGs 各目标的国家比例

除了目标 13(气候行动)之外,对于涉及国家比例较高(超过 85% 的发展中国家)的其他几项可持续发展目标,下文将按照比例从高到低的顺序,简要分析各国气候行动如何助力实现该目标。

1. 目标 7:经济适用的清洁能源

获取经济适用、安全可靠的现代清洁能源对于实现可持续发展具有极其重要的作用。然而，目前全球尚有 11 亿人口缺乏电力供应，而这一情况绝大多数位于非洲和亚洲的发展中国家。此外，全球还有 28 亿人依赖薪柴和其他低端生物质燃料满足炊事和采暖所需，造成大量且严重的室内外空气污染问题，并导致每年约 430 万人死亡。许多发展中国家都提出，能源和电力短缺以及有限的能源供应所面临的不可靠性和低品位的现状，极大制约着本国的可持续发展进程。

在各国 NDCs 中，所有的发展中国家均提出了能源领域的政策、措施与行动。此外，多数发展中国家提出需要促进能源系统转型，并将加大可再生能源的开发和利用作为减缓气候变化的重要措施。发展中国家还提出加大能源基础设施建设并进行升级改造，保障能源安全并提升能源效率，这将为实现人人享有经济适用的现代清洁能源、提升能源供应的可靠性做出基础性的贡献。因此，落实各国 NDCs 也将同时促进可持续发展关于经济适用的清洁能源的目标。

2. 目标2：零饥饿

饥饿与营养不良威胁到全球民众的健康。根据国际粮农组织 2018 年的最新数据①，全世界尚有 8.2 亿人口在挨饿，且其中 98% 的饥饿人群生活在发展中国家。由于缺乏粮食，全球约有 1/9 的人口无法健康并积极向上地生活。在这一背景之下，《2030 年可持续发展议程》所制定的可持续发展的零饥饿目标，提出到 2030 年前实现终结饥饿现状、实现粮食安全、改善营养摄取并促进可持续的农业发展。

根据各国的 NDCs，有 94% 的发展中国家所提出的气候政策、措施与行动关联到可持续发展的零饥饿目标，尤其集中于农业部门为了提升气候韧性、保障粮食安全而开展的气候适应性行动，由此促进各发展中国家实现可持续发展的零饥饿目标。

3. 目标9：产业、创新和基础设施

发展中国家仍然普遍缺乏最基本的基础设施，其中包括能源与电力、交

---

① FAO, IFAD, UNICEF, WFP and WHO, "The State of Food Security and Nutrition in the World 2018," Building Climate Resilience for Food Security and Nutrition, 2018Rome, FAO.

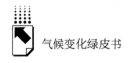

通、信息与通信、卫生、水利等。基础设施落后，致使缺乏获取良好的医疗保健和教育培训，更导致与市场、信息以及各类就业机会的隔绝，使得发展中国家的工商业发展面临重大障碍。可持续发展目标中关于产业、创新和基础设施的目标9，旨在打造具有韧性的基础设施，推动具有包容性的、可持续的工业化进程，并且积极促进创新。

在各国NDCs中，有93%的发展中国家在各个产业部门的减缓与适应行动中，将打造基础设施列为其优先采取的措施，同时多数发展中国家还表明其基础设施在面临气候变化时十分脆弱。由此，考虑到气候变化的因素，出于减缓和适应气候变化的要求而打造基础设施和发展各个产业部门，将极大地促进发展中国家实现可持续发展中涉及产业、创新和基础设施的目标。

4. 目标17：促进目标实现的伙伴关系

为了应对全球气候变化，为发展中国家募集各类资金资源，在各个层面开展能力建设，调动科学、技术和创新的力量以及促进贸易增长等，都需要提供国际支持并开展国际合作。可持续发展的目标17强调，需要加强和活化作为实施手段的各类的全球合作伙伴关系来促进可持续发展。

在各国NDCs中，93%的发展中国家所提出的气候行动与可持续发展的目标17相关，即需要通过各类合作伙伴关系来促进达成可持续发展目标。绝大多数发展中国家强调，需要加大国际支助和合作的力度来充分实施其国家自定贡献以及提升气候行动的能力。这类伙伴关系通常包括在应对气候变化各个具体领域内开展的合作，如可持续能源、农业低碳发展、生物质燃料、森林监测系统、森林保护和人工造林、就气候行动与实践开展知识共享和经验互学等，开展气候合作所涉及的各类主体，除了政府部门及各有关政府所属机构之外，还广泛地包括各类科研机构、私人部门、金融机构以及民间组织等。由此可见，发展中国家认为，合作开展气候行动、促进低碳发展并打造气候韧性，是实现可持续发展合作的必不可少的内容。

5.目标15：陆地生物

森林覆盖了全球土地面积的31%，并且是地球上约80%的陆生生物的栖息地，是人类和陆地野生动物的家园。全球有16亿人口还依赖森林获取食物、淡水、衣服、传统药材和庇护所。然而，随着人口增长以及人类对土地资源需求的增加，全球的森林覆盖面积持续减少。其中，农业开发是全球森林退化的主要原因，约有80%的毁林是由农业开发所造成的；此外，采矿、基础设施建设以及城市规模的扩张等，也造成了森林退化。然而，毁林所伴随着的水土流失和洪水灾害等现象，导致土地和土壤的退化，也将进一步影响到人居环境和生活。为此，《2030年可持续发展议程》制定了可持续发展的目标15，旨在保护和恢复陆生生态系统并促进对其可持续的开发利用，加强对森林的可持续管理，防治荒漠化，并扭转当前土地退化和生物多样性丧失的趋势。

90%发展中国家的NDCs与《2030年可持续发展议程》的可持续发展目标15相关。在这一领域内各国提出的各类气候行动，主要是通过避免和减少毁林以及开展可持续森林管理来减少二氧化碳排放；同时，基于生态系统的解决方案开展适应气候变化和打造气候韧性的行动，也有助于恢复各类陆生生态系统并保护生物多样性。因此，实施各国的NDCs将促进可持续发展。

6.目标11：可持续城市和社区

目前，全球一半以上的人口居住在各类城市中，并且根据预测，2030年时全球将有六成人口是城市居民。全球所有城市虽然在面积上仅仅占到地球土地面积的约3%，然而占到了全世界60%～80%的能源消费，排放了全球约75%的二氧化碳。在这一背景之下，可持续发展的目标11旨在促进全球的城市和人居环境更为包容、安全、具有韧性并且可持续。

同样地，有90%发展中国家的NDCs与可持续发展的目标11相关。其中，发展中国家在可持续交通领域所开展的碳减排行动以及在城市层面所进行的各类气候适应性措施，包括针对气候气象灾害的城市早期预警体系、应急响应措施、防灾减灾和灾后恢复等行动，都将直接地贡献到更加具有韧

性、更为可持续的城市和社区发展。

7. 目标6：清洁饮用水和卫生设施

水资源对于粮食安全和能源安全都是至关重要的，同时居民生计、产业发展和环境健康等也与水资源保障休戚相关。在气候变化的背景之下，全球约有10亿居住在季风带区域的人口和5亿居住在流域三角洲地带的人口会受到与饮用水相关的影响。除了保障清洁饮用水的获取之外，可持续发展目标的目标6还致力于实现对水资源的可持续管理，并推动人人享受卫生设施。

在各国NDCs中，有90%的发展中国家所提出的气候行动与可持续发展的目标6相关。许多国家提出，水资源、水利和饮用水供应是对气候变化非常敏感的部门。由于气温升高的效应与人口增长和城市扩张产生的叠加效应，有可能对供水输水的基础设施产生影响，因此各类气候事件有可能会对能否获得饮用水及其水质产生重大影响。发展中国家与这一领域有关的气候行动主要集中于气候变化背景下开展的适应性行动，以改善清洁饮用水的供应状况并确保其水质优良，此外还有对灌溉系统的改善以保障农业的可持续发展所需。这些行动都将积极促进可持续发展目标6的达成。

8. 目标12：负责任消费和生产

经济增长和社会发展需要以可持续的方式生产和消费有关的产品和服务，而如果生产消费的规划不当且不可持续，就会引发资源耗竭、环境污染和生态退化。比如，全世界每年生产的粮食中，约有1/3的、折合约13亿吨的粮食在消费者或者零售商的环节被废弃成为垃圾，或者由于在生产和运输各环节中的不当管理而变质。可持续发展目标12的提出，旨在促进提高资源和能源利用效率，并将自然资源和有毒原材料的使用降至最低。

有86%发展中国家的NDCs与可持续发展的目标12相关。各国的气候行动主要围绕制定和实施有关的政策、规划和措施，改善农作物和牲畜的生产和管理，推动低碳农牧业发展，促进废弃物减量管理和循环利用，并且合理发展垃圾的焚烧发电应用，从而减少甲烷和其他非二氧化碳类温室气体的排放。相关气候行动与可持续发展目标中关于负责任消费和生产的目标是一致的。

三　对中国协同推进气候行动与可持续发展的政策建议

发展与环境的平衡是全球各国，尤其是发展中国家将长期面临的难题。中国目前已是温室气体年度排放量全球最大的国家，受到国际社会广泛关注；与此同时，常规污染物的削减和控制也面临巨大压力，影响到经济社会可持续发展、保障民生福祉和生态环境安全。中国自身的发展水平已经处在新的历史阶段，中国的大国体量以及独特的政治经济模式，也引发国际社会重新定位中国所属国别（发展中国家或发达国家）的讨论；然而中国国内仍然长期面临着消除贫困并防止返贫、经济社会持续发展与转型、全面建成小康社会并在中长期稳步迈向基本现代化的内部压力。此外，民粹主义、单边主义和保护主义在全球主要大国的抬头，以及越发明显的中美中长期大国竞争关系的显现，也使得中国的长期可持续发展面临重大的外部挑战。诸多因素的叠加，使得中国在《巴黎协定》后续实施规则的谈判，以及中长期全球气候治理体系的构建中，都面临着巨大的压力，也使得中国国内对发展和环境的平衡有着重要的战略和策略考量。协同推进气候行动与可持续发展，应当成为中国积极参与全球气候治理并稳步推进国内平衡、协调、可持续发展的重要手段。

首先，气候行动与可持续发展的协同正在成为国际共识。一方面，应对气候变化、实现气候安全是国际社会，特别是发展中国家尤其是具有特殊处境的最不发达国家和小岛屿国家等的紧迫关切和强烈诉求，然而对于达成《公约》最终目的和《巴黎协定》长期目标，现实中各国的总和行动包括应当对发展中国家提供的相关支助则面临着巨大差距，并且这一差距预计在中长期内都将真实存在。另一方面，努力实现经济社会的持续发展，这是全球各国不论国家大小、人口多少、发展高低和能力强弱的普遍共识，也是各国最具有自主性、积极性和能动性的国家战略，也是各国超越了宣传口号且基于其实际行动所体现出来的最真实的优先议程。为了达成可持续发展目标并努力实现气候目标，将气候政策与行动纳入可持续发展战略中早已成为各国

155

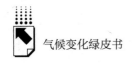

认同的重要观点，低碳低排放发展战略成为可持续发展战略的核心内容也逐渐在国际气候制度构建过程中得到阐述与认同，协同、协调与整合实现气候与发展目标正在成为一种主流化观点，并且在各国国内以及多双边机制平台上得到实践和推广。这一趋势有可能影响未来全球气候治理制度的构建及其全面、平衡与有效实施，在战略层面上将仍然是一个重要的议题。

其次，在全球气候治理的近期和中期，中国仍然应该积极坚持发展中国家在可持续发展框架下应对气候变化的基本立场，并积极拓展实践和积累经验。作为协同推进气候行动与可持续发展的具体实施方式，中国应当团结广大发展中国家并要求发达国家积极率先践行低碳低排放发展战略、政策与行动，以与历史责任和《公约》目标相一致的方式迅速地、有力度地并且有效果地加大减排力度。与此同时，中国应当更深入地研究发达国家通过应对气候变化行动促成经济社会与生态环境全面、协调、可持续发展的具体案例和优良实践，并结合中国的具体国情，在此基础上总结符合中国国家和地方的协同发展策略与措施，同时有选择性地从地区和行业层面开展试点示范工作，为绿色、循环、低碳、富有气候韧性且可持续的发展积累经验。

与此同时，中国国内关于气候行动与可持续发展的协同推进工作，还应当以当前已经有所研究和实践的工作为基础，进一步夯实国内协同推进实现气候、资源、环境与发展目标的实践基础，并在迈向 2030 年和 2035 年的新一阶段注重实施。在这一方面，相关工作包括温室气体和常规污染物协同控制、气候变化与节能减排的国家协调机制以及各领域开展的协同措施（比如能源转型增效、建筑节能降耗、工业提质和减碳增益、可持续交通以及森林等生态系统的可持续管理、生物多样性保护中的固碳增汇和增强适应的行动）等。

最后，通过上述国家和地方实践，中国还可以结合新形势下参与全球治理的需要，积极着力开展与其他发展中国家之间的知识分享和经验互学，并且密切关注广大南方国家的发展诉求与合作意愿。中国应当积极整理基于自身发展历程的、气候行动与可持续发展协同推进的成功经验，与包括国际组织和国内民间组织在内的广泛利益相关方开展合作，并通过中国发展合作有关部门积极宣传和推广。值得注意的是，面对中国日益增多的海外投资与合作，更是应当密切留意国际社会的重点关切，积极跟进协同、协调与整合实现气候与发展目标的最新进程，并主动引导和积极实施协同推进工作。与此同时，中国还可以结合广大发展中国家的具体需求和国情分析，利用"一带一路"倡议、中非和中拉合作论坛、金砖国家机制等现有的和新设的多双边合作平台，提供更为深入的学习考察活动、能力建设培训以及项目对接渠道与合作服务等，以此促进讲好中国故事、推广中国经验并激发更多务实合作项目的开展。

G.12
国际海运温室气体减排初步战略浅析

张琨琨 赵颖磊 张 爽*

摘 要：2018 年 4 月，国际海事组织（IMO）通过了国际海运温室气体减排初步战略，旨在为海运行业应对气候变化行动做出总体安排，推动国际海运业尽快减排并于 20 世纪内逐步停止温室气体排放。初步战略明确提出进一步提升新船舶能效设计指数（Energy Efficiency Design Index，EEDI）要求、降低全球海运船队碳强度以及减少温室气体排放总量等一系列富有雄心的目标，并提出了短、中、长期共计 20 项备选减排措施。IMO 接下来将基于实证研究和分析对这些措施及其影响开展评估，并计划于 2023 年达成最终战略。IMO 初步战略在向国际社会传递出海运业加快向低碳转型的强有力信号的同时，将业已启动的绿色航运之争推上快车道，航运巨头纷纷提前布局，以期在未来竞争中抢占先机并转化为持久优势。

关键词： 国际海事组织 海运业 初步战略

2018 年 4 月，国际海事组织（IMO）通过了国际海运温室气体减排初

---

* 张琨琨，浙江海事局发展战略研究中心，主要研究领域为海运温室气体减排，参与联合国气候变化框架公约和国际海事组织气候变化谈判；赵颖磊，浙江海事局发展战略研究中心副主任，主要研究领域为海运温室气体减排、海事发展战略；张爽，大连海事大学航运发展研究院院长助理、副研究员，主要研究领域为海运温室气体减排与船舶能效、全球海事治理，长期从事海上环境保护相关领域国际谈判及研究工作。

步战略，明确了《巴黎协定》后国际海运应对气候变化的总体安排，展示了海运行业朝着绿色低碳未来迈进的坚定决心。初步战略描述了海运减排的目标愿景、指导原则、减排措施及其路线图，这无疑将对海运产业发展产生革命性影响。本文解读了初步战略的主要内容，分析了战略的通过对海运行业的影响，并以中国这一航运大国和造船大国的视角展望海运减排未来动向。

一 国际海运温室气体减排初步战略出台的背景

（一）国际海运减排的重要性

海运业是经济社会发展重要的基础产业，在维护国家海洋权益和经济安全、推动对外贸易发展、促进产业转型升级等方面具有重要作用。全球贸易中按价值计算约有70%的货物运输由海运完成，按重量计算，海运的比例则接近80%[①]。海运业也是目前所有运输方式中最为经济、高效的运输方式。根据《2014年IMO第三次温室气体研究》，2012年国际海运排放量约为7.96亿吨，分别占全球二氧化碳排放和二氧化碳当量排放的2.2%和2.1%。到2050年这一排放量可能增长50%至250%。[②]

海运业是《联合国气候变化框架公约》下最早启动应对气候变化谈判的行业之一，其源头在于国际海运温室气体排放的行业特殊性及高度国际性所带来的统计方面的技术难题。1997年，《京都议定书》第2.2条对海运减排问题做出授权，要求通过国际海事组织（IMO）做出努力，谋求限制或减少行业造成的温室气体排放。自此，IMO始终将减少船舶二氧化碳排放量作为工作重心，分别针对新造船舶和现役船舶提出提高能效和减排要求。新造船方面，IMO于2013年通过了全球第一个面向所有国家、针对全行业的强

---

① 《海运述评》，联合国贸易和发展会议，2016，第6页
② International Maritime Organization (IMO)，"Third IMO GHG Study 2014：Executive Summary and Final Report"，http：//www.imo.org/en/OurWork/Environment/PollutionPrevention/AirPollution/Pages/Greenhouse-Gas-Studies – 2014.aspx，July 2014.

制性船舶能效规则，要求新建造船舶从 2015 年开始分三个阶段逐步将船舶能效设计指数（EEDI）提升 30%；现役船方面，要求每艘船舶制定船舶能效管理计划，并采取管理措施和技术手段提升船舶营运能效水平。

即便如此，部分国家和环保组织仍认为 IMO 的谈判进展过于迟缓，要求 IMO 确定海运业应承担的减排份额，设定足够雄心的绝对量化减排目标，并尽快纳入碳排放税费方案。随着《巴黎协定》的通过，这一呼声达到顶峰。

（二）《巴黎协定》后新动向

《巴黎协定》作为气候变化谈判的转折点，开启了全球气候治理新格局，宣告了绿色低碳时代的到来。协定通过不到一年，国际民航组织通过了航空减排的一揽子决议，达成了首个全球性行业减排市场机制；蒙特利尔议定书组织关于削减氢氟碳化物的修正案获得通过，气候变化领域再添一项里程碑意义的重要成果。在这种时代背景下，国际社会高度期待作为"世界之所依"的海运业展示出与全球共同应对气候变化的雄心和贡献，IMO 和海运业面临巨大的社会舆论压力。

为响应《巴黎协定》的时代号召，IMO 加快海运减排谈判步伐，从立法、政策、技术层面同步推进取得成果：首先是制订船舶油耗数据收集机制立法，要求收集、报告和核实船舶燃油消耗及航行时间、里程等活动数据，旨在全面、准确掌握全球船队排放底数；其次是讨论如何为海运业设定明确的、富有雄心的减排目标，支持《巴黎协定》目标的实现；最后是采取何种减排措施实现上述目标，包括对于新造船能效设计指数的审议、市场机制、表征营运船舶能效表现的指标等。

经过激烈讨论[①]，IMO 于 2016 年 10 月的第 70 届海上环境保护委员会上通过了船舶油耗数据收集机制，要求自 2019 年 1 月 1 日起对 5000 总吨以上国际航行船舶监测并向主管机关报告船舶油耗相关数据，经主管机关核实后

---

① 巴黎协定通过后，IMO 增加海运减排相关谈判会议频次和议题，其中第 70 届环境保护委员会有 3 个议题分别从政策、技术、立法层面同步讨论海运减排议题。

将数据提交 IMO。同时明确了"三步走"进程：数据收集工作只是第一步，接下来将根据数据收集的结果开展实证分析研究，然后在研究和评估基础上就减排措施做出科学审慎决策。

至于未来减排目标问题，会议决定就海运减排制定一个全面的、综合的战略框架。时间安排上，决定 2018 年完成初步战略的制定，2023 年将在"三步走"基础上形成正式战略，达成包括实施计划在内的短中长期行动措施。这一安排与联合国气候变化框架公约的促进性对话和第一次正式盘点的时间对应，既确保了与《巴黎协定》的基本步调一致，亦保障了在不预断数据收集和分析的前提下做出最终科学的决策。

二　初步战略的主要内容

2018 年 4 月 9 日至 13 日，在英国伦敦召开的 IMO 海上环境保护委员会第 72 届会议上以海上环境保护委员会决议的形式通过了 IMO 海运温室气体减排初步战略。初步战略对海运行业应对气候变化行动做出总体安排，包括愿景、减排力度、指导原则、短中长期减排措施等一系列要素，描绘了国际海运业致力于在 21 世纪内实现温室气体零排放的清晰愿景，提出了富有雄心且兼顾技术发展水平的量化减排目标，同时也认识到发展中国家存在的障碍，纳入了共区原则和相应的配套保障措施。总体而言，该战略是一份相对平衡的决议，向国际社会展示了 IMO 指导海运业应对气候变化的决心，是 IMO 全球治理进程中里程碑式的成果。

IMO 海运温室气体减排初步战略框架[①]

1 简介

2 愿景

---

① 参见 https：//unfccc. int/sites/default/files/resource/250 _ IMO% 20submission _ Talanoa% 20Dialogue_ April% 202018. pdf。

3 减排力度和指导原则

4 短期、中期和长期备选进一步措施清单，可能的时间表及其对成员国的影响

5 障碍和保障措施，能力建设和技术合作，研发

6 推进制定经修订的战略的后续行动

7 战略的周期性审评

初步战略的制定和通过经历了激烈的博弈，引起了国际海运界的高度关注。尽管大部分国家和组织都认可海运业应当制定有雄心的减排战略，向外界积极展示作为，但对于其中的焦点问题分歧巨大，包括战略应遵循何种指导原则，减排目标如何设定以及制定何种措施实现目标等。初步战略是各大利益集团博弈和妥协的结果，概括而言，初步战略包括以下四个核心要素。

（一）提出富有雄心的愿景和减排力度

为了与《巴黎协定》的总体目标保持一致，IMO 战略描绘了海运业未来应对气候变化的愿景，即 IMO 继续致力于国际海运温室气体减排，将其作为当务之急，旨在于 21 世纪内尽快逐步停止（Phase Out）海运温室气体排放。

减排力度上，初步战略提出了三项目标作为"一揽子"方案，分别着眼于船舶（单船）设计能效、国际海运业整体的平均碳强度和国际海运业温室气体排放总量等三个方面。

（1）船舶碳强度下降：通过进一步审议提升船舶能效设计指数（EEDI）要求促进船舶碳强度下降。IMO 将基于专家工作组的审议，决定是否将新建造船舶第三阶段的达标年提前，以及是否新增第四阶段的 EEDI 要求。

（2）国际海运业（international shipping）碳强度下降：到 2030 年，全球海运每单位运输活动的平均二氧化碳排放量与 2008 年相比平均至少降低 40%，并努力争取到 2050 年降低 70%。

（3）国际海运业温室气体排放达峰值并下降：国际海运温室气体排放

尽快达到峰值，到 2050 年，温室气体年度总排放量与 2008 年相比至少减少 50%，并努力通过愿景中提出的与《巴黎协定》温控目标一致的减排路径逐步消除海运温室气体排放。

这一目标明确了到 2050 年至少要实现的降幅为 50%，但并没有明确尽可能实现的最高降幅，而是与《巴黎协定》的温控目标进行了关联。也就是说，如果有证据（如 IPCC 研究报告）作为支撑，很有可能在制定最终战略时将最高减排幅度进行量化，比如努力实现温室气体零排放或停止排放。同时，该目标还明确了未来一段时间的海运排放路径，即"尽快达到峰值"，但考虑到未来市场和行业的不确定性，其并未指出具体达峰年份。

（二）照顾了发展中国家关切的问题

如何在战略中纳入并体现共同但有区别的责任原则，是发展中国家的首要关切问题。经过激烈的博弈和政治妥协，初步战略总体上认可了发展中国家在能力、技术等方面的不足和需求，在指导原则中部分纳入了共同但有区别的责任和各自能力原则，明确"IMO 战略应平衡考虑 IMO 公约下的非歧视原则、不予优惠原则和《联合国气候变化框架公约》及其《京都议定书》《巴黎协定》下的共同但有区别的责任原则和各自能力原则"，应考虑减排措施对于发展中国家，特别是最不发达国家和小岛屿发展中国家的影响，以及他们的特殊需求。在配套措施方面，将提供信息共享、能力建设和技术合作机制，通过公私合作和信息交流帮助推动低碳技术的运用，还将通过 IMO 的综合技术合作计划（ITCP）等项目为实施战略提供资金、技术资源及能力建设并评估其效果。

与此同时，初步战略也特别强调，船舶应不论其船旗，均完全而充分的履行 IMO 的强制公约要求。考虑到全球船队 70% 注册在发展中国家，该条原则一定程度上回应了发达国家的顾虑，同时也是对战略能够得到充分实施的基本保证。

（三）列出了短、中、长期备选减排措施清单及时间表

目前的初步战略以时间为维度，尽可能全面地罗列了包括时间表的短期（2018～2023年）、中期（2023～2030年）及长期（2030年后）备选措施清单。其中短期候选措施主要包括完善现有能效框架、研发提高能效技术、制订能效指标、制订海运减排国家计划、船舶速度优化和降速、减少港口排放、研发替代低碳或零碳燃油等；中期候选措施包括实施替代低碳或零碳燃油项目、实施提高能效措施、市场机制等其他创新减排机制、技术合作和能力建设等；长期候选措施包括开发和使用零碳燃油，以便海运业评估在21世纪下半叶实现去碳化；鼓励全面实施其他创新减排机制等。

这些候选措施并未经过深入讨论和遴选，而是尽可能无遗漏地纳入了各方关切的内容。因此，这些纳入清单中的措施并不意味着一定会转化为强制性要求。初步战略通过后，IMO接下来的首要工作任务就是制定初步战略的落实计划，并对这些措施进行评估和排序，以便尽快付诸实施。

（四）初步明确了IMO后续工作安排

根据IMO制定减排战略的路线图，2018年通过的初步战略还将基于实证分析和研究进一步审议，于2023年修订形成最终战略。在此期间，IMO将通过实施船舶油耗数据收集机制来获取船舶排放数据，并开展第4次IMO温室气体研究，据此评估全球船队排放现状和减排潜力，确保最终决策的科学性和有效性。

对初步战略进行复审并形成最终战略，并不必然意味着对初步战略的彻底改写或全面扩充，也不必然意味着战略文件本身法律性质的改变，而在于进行验证、选择和细化。所谓"验证"，即根据船舶油耗数据收集情况和实证分析研究，判断目前设置的海运减排目标是否有必要进一步提升。所谓"决定"，即在后续的5年讨论决定从短、中、长期备选措施清单中遴选哪些具体措施来实现减排目标。所谓"细化"，即明确2023年后的行动安排，对所需开展的工作、制定的规则进行细化落实。

当然也应看到，从初步战略到最终战略，未来谈判中关键分歧仍然存在，诸多问题仍留待解决，例如共区原则如何体现适用，减排目标如何分解落实，减排措施如何落地实施等。各成员国和组织还将在细化谈判的同时继续围绕这些问题展开博弈。

三　初步战略对国际航运业的影响

总体而言，初步战略是一个公正平衡、持久有效和富有雄心的决议，凝聚着海运减排过去二十多年来的谈判成果，宣告了海运业向低碳未来转型的总体方向。IMO 秘书长 Kitack Lim 对此评价："初步战略的通过是海事组织合作精神的完美诠释，将使海事组织未来的气候变化工作扎根于坚实的基础之中。"[1] 国际航运公会（ICS）的秘书长 Peter Hinchliffe 则将该战略评价为"海运业的《巴黎协定》"，认为"这一开拓性的协议为未来海运业减排设定了相当高的雄心水平"[2]。

初步战略提出了富有雄心的目标和愿景，描绘了国际航运业排放尽快达到峰值后迅速下降的总体路径。这一路径下，要求船舶在设计建造环节采用更多、更有效的节能减碳理念、技术、工艺、材料和装置。营运阶段的船舶则需要尽最大可能优化运力配置、航次规划、航速和航行姿态、船港交互、船货运维等，并在可能情况下选用液化天然气（LNG）等替代燃料和其他能源辅助手段。着眼长远，航运业须认清零碳排放的必然趋势，与造船方、供油方、科研机构通力合作，加大对碳中性燃料和新能源技术等的研发力度，不断朝着零排放努力。面对这样的目标要求和减排路径，海运业要实现绿色低碳与可持续发展的平衡，须处理好三个方面矛盾。

一是未来运输需求的持续增长与减排要求之间的矛盾。海运业服务于国际贸易的本质属性决定了其排放量取决于全球市场的需求。研究预测，未来

---

[1]　参见 IMO "UN body adopts climate change strategy for shipping," http：//www. imo. org/en/MediaCentre/PressBriefings/Pages/06GHGinitialstrategy. aspx.

[2]　参见 https：//m. phys. org/news/2018 - 04-world-shipping-industry-halve-carbon. html.

全球贸易发展将总体呈现增长趋势，这意味着未来海运排放还将增长。IMO第三次温室气体研究预测，到2050年海运排放将较2012年增长50%~250%。要实现排放量的实质减少，除非尽快出现可在船舶大规模使用的替代燃料及革命性推进技术。

二是大幅度减排要求与窗口期收窄之间的矛盾。综合借助营运、技术及管理手段，海运业可能有潜力实现约20%~30%的碳减排（与2012年相比），但要实现更大幅度的能效提升或总量下降，仅仅依靠现有措施的叠加使用已无法实现，特别是未来如果航运形势复苏，航运企业将大幅度提速，航速提升造成的排放量增加可能抵消所有营运和管理手段所做的减排努力。依赖"小修小补"已不足以实现初步战略的目标愿景，不可避免的需要船体设备的加装、改装甚至更新淘汰。而这对于生命周期达25年以上的船舶行业则意味着，看似遥远的2050年，实际上预留的转型升级窗口期就在未来10年之间。

三是对技术、能源的迫切需求与政策不确定性之间的矛盾。一方面，未来实质性减排主要依赖于替代能源和新能源技术，需要抓紧对不同阶段的技术研发重点和优先工作做出布局；另一方面，从研发、造船、燃油供应等供应侧角度，IMO初步战略虽然提出了明确的减排目标，但至于具体采取何种减排措施来实现目标，并以何种节奏来推进，目前还具有较大的不确定性，这直接影响不同技术产品未来的市场竞争力，也直接影响供给方研发和投入的信心。

四 我国海运业绿色发展的展望

中国作为世界造船大国和航运大国，造船能力和航运船队规模在世界排名分别居第1和第3位，我国进出口贸易中90%以上的运输量均由航运承担，全球性航运减排政策安排将对我国相关行业产生重大影响。为此，我国积极融入气候变化和海事全球治理，在初步战略通过进程中发挥了重要引领作用。

从我国目前海运低碳发展基础和现状来看，我国拥有较为完整的海运现代产业体系，初步建立起了海运能效法规政策框架和能耗统计体系，并通过拆旧造新、淘汰老旧船舶、设立船舶排放控制区、推广岸电等专项的或协同性的政策行动，在船龄、燃油使用、总体效率水平上大幅改观，推动了船舶工业的低碳发展。"十三五"时期，国家和交通运输部进一步提出了优化调整货物运输结构，加快新能源、新技术的运用，提升节能环保监测和管理水平等方面要求，在法规标准、政策措施、国际合作等方面为指导行业节能减排和能力建设开展了大量工作。

但应看到，相比于发达国家，我国在低碳技术和能源研发应用、精细化管理水平等方面还有一定差距，在船队规模和结构上有自身的特点。未来应对海运绿色发展带来的挑战，特别需要认清三个方面形势。

一是我国船队基数更大，且未来运输规模可能进一步扩大，减排形势更为严峻。从排放总量上看，1990 年以来，我国货运船舶运输周转量总体保持稳定增长态势，受国际政治、经济、安全等因素影响，国际海运贸易前景存在很大不确定性，但我国沿海和内河运输预计在十几年内仍将保持稳定发展，碳排放总量难以近期达峰；从碳强度上看，我国代表性航运公司统计数据表明，2012 年以来，远洋货运船舶碳强度呈现下降趋势，但从 2015 年开始反弹。到 2016 年，有些船型已经接近或高于 2012 年碳排放强度水平。海运船队的碳排放强度主要取决于设计能效水平、燃料能源种类以及营运措施。现有船舶通过降速能实现 35%～75% 碳减排，其他营运措施的效果则很少超过 10%。由于航速很大程度上受市场形势、运输合同等影响，因此通过营运手段降低碳排放强度的空间非常有限。

二是对于技术、能源等关键应对措施，我国需要抓紧追赶。在尚未确定的未来减排措施中，使用替代燃料或新能源技术在碳减排方面的效果更加直接和显著。目前，比较有应用前景的替代燃料主要包括液化天然气（LNG）、液化石油气（LPG）、甲醇、生物燃料和氢，替代能源技术主要是蓄电池、燃料电池等。这方面日本、韩国、欧盟等已有技术储备，并且已在蓄电池等新能源技术领域取得突破性进展，相比而言我国需要在这些能源和

技术研发应用方面加大力度，缩小差距。

三是相比于发达国家提前布局，我国需要专门针对海运绿色发展的顶层设计和长远布局。早在 IMO 初步战略通过前，欧盟已专门针对海运排放制定战略，决定分三个步骤将海运业纳入其温室气体减排政策：一是对挂靠欧盟港口船舶的二氧化碳排放量进行监测、报告和核实；二是为海运业设置减排目标；三是在中长期采取包括市场机制在内的进一步措施。① 2018 年 1 月 1 日，该战略的第一步，二氧化碳排放量监测、报告和核实已针对挂靠欧盟港口的国际航行船舶实施。造船大国日本和韩国则分别确立了加大节能环保新船型建造力度、建立绿色交通系统等国家发展战略，加大对于替代燃料和燃料电池等的研发力度，实现造船产业向绿色低碳转轨。相比而言，我国对于海运业绿色发展需早做长远打算，有必要通过顶层设计制订一个清晰的、长期的、系统的发展目标，以便把握行业低碳未来的总体走向和路径；同时对于落实目标的具体行动应做出系统规划，采取更为积极有力的能效管理和减排措施，引导和激励行业转型升级，实现绿色、低碳、可循环发展。

总之，初步战略通过后海运低碳发展将进入崭新时期，未来的博弈中以往的关键分歧将仍然存在，且更为细化、务实，并将对航运业产生更为直接、实质性的影响。接下来，能否在国内产业发展中做好统筹布局，谋求在未来竞争中抢占先机并转化为持久优势，是我国造船业和航运大国均面临的重要课题。

---

① "Integrating maritime transport emissions in the EU's greenhouse gas reduction policies," https：//ec. europa. eu/clima/sites/clima/files/transport/shipping/docs/com_ 2013_ 479_ en. pdf.

国际航空碳抵消与减排机制（CORSIA）及其影响分析

王 任　赵凤彩　吕继兴*

摘　要：　2016 年 10 月，国际民航组织第 39 届大会通过了有关建立国际航空碳抵消及减排机制（CORSIA）的决议，成为全球第一个行业性减排市场机制。2018 年 6 月，理事会以表决方式通过了 CORSIA 的标准与建议措施并将其列入《国际民用航空公约》附件 16《航空环保》第 4 卷。本文通过对 CORSIA 机制形成过程及其关键要素的介绍，分析该机制中抵消责任分配、合格排放单位标准和可持续航空燃料标准等关键实施要素对中国民航及相关产业的影响，以及 CORSIA 实施对全球气候治理可能产生的影响。在此基础上，就我国如何妥善应对 CORSIA 提出建议。

关键词：　国际民航组织（ICAO）　国际航空碳抵消及减排机制（CORSIA）　影响分析

引　言

航空排放在全球人为二氧化碳排放量中占比 2% 左右，其中国际航空排

---

* 王任，民航局发展计划司节能减排办，主要从事国际航空减排谈判，国内民航节能减排政策制定等工作；赵凤彩，民航绿色与可持续发展研究中心（智库）教授，长期从事航空与应对气候变化问题研究及相关谈判等工作；吕继兴，民航绿色与可持续发展研究中心（智库）助理研究员，主要从事民航节能减排项目研究和数据分析等工作。

放占比约为 1.6%，2000 年以来，国际航空排放年均增速 2.9% 左右①。航空器的国籍属性使其排放归属认定相对容易。国际航空排放问题应在多边机制下合作解决一直以来是国际社会的普遍共识。此前，《京都议定书》明确了发达国家国际航空排放问题应通过国际民航组织（ICAO）予以解决；同时，联合国气候变化框架公约（UNFCCC）也就航空排放特别是国际航空排放问题进行讨论。2015 年 UNFCCC 缔约方大会通过的《巴黎协定》确定了自下而上的国家自主贡献（INDCs）目标，尽管在其实施决议中规定，"缔约方努力在其国家自主贡献中将人为排放或清除的所有类别包括在内"，但因并未像《京都议定书》2.2 条那样明确国际航空排放管制的条款，所以 ICAO 及美欧等发达国家坚持国际航空排放应由 ICAO 处理。事实上，ICAO 自 2007 年后一直按照自己的路线图持续推进国际航空减排工作。2016 年 ICAO 第 39 届大会形成了基于国际航空碳抵消与减排机制（简称 CORSIA）的国际航空市场化减排机制框架，此后由 ICAO 环保委员会制定并形成了关于 CORSIA 机制实施的一揽子标准建议，列入《国际民用航空公约》附件 16《航空环保》第 4 卷，并于 2018 年 6 月经 ICAO 理事会表决通过。按照 CORSIA 标准规定，各国将于 2019 年开始实施国际排放数据的监测、报告与核查（MRV）机制建设。由于 CORSIA 机制是全球第一个由行业组织推出的全球碳抵消和减排市场机制，且其中有关合格排放单位标准、可持续航空燃油减排标准等内容已超出了民航行业管理范围，该机制实施也必将对中国民航、可持续航空燃油产业发展以及国家碳市场建设等带来重要影响。本文通过对该机制的简要介绍和分析实施后可能带来的影响，力求为未来中国在国际应对气候变化谈判和国内政策制定提供启示。

---

① IEA, "CO$_2$ Emissions From Fuel Combustion Highlights (2017 edition)," https：//www.iea.org/publications/freepublications/publication/CO2EmissionsfromFuelCombustionHighlights2017.pdf.

一 国际航空碳抵消及减排机制概述

1.背景情况

ICAO 于 1944 年成立，是联合国专门机构，旨在对《国际民用航空公约》的行政和治理方面进行管理，现有成员国 191 个。ICAO 最高权力机构是成员国大会，每三年召开一届。ICAO 大会的常设管理机构是理事会，现有成员 36 个[①]，我国是其中之一。理事会下设的航空环境保护委员会（CAEP）是 ICAO 处理国际航空环境事务具体机构，由 24 个国家和 17 个观察员国家和组织组成，其中发展中国家 13 个（成员国 10 个，观察员国家 3 个），是 ICAO 各项重大议题讨论和标准制定的主要技术支撑部门。

2010 年，国际民航组织第 37 届大会确定了国际航空净碳排放自 2020 年起零增长的目标（下称"2020 碳中性增长目标"），中国、印度、俄罗斯等立场相近国家认为该目标既不可行也不合理，将对发展中国家和新兴经济体国家发展国际航空造成实质性歧视，因此始终持保留态度。2013 年，ICAO 第 38 届大会通过决议，提出要在 2016 年第 39 届大会前完成国际航空全球市场机制方案制定工作，并自 2020 年开始实施。此后，全球市场机制方案制定成为 ICAO 环境事务的工作重点，CAEP 专门成立了全球市场机制工作小组（GMTF）和可替代燃料工作小组（AFTF），针对碳抵消市场机制中的关键设计要素进行磋商并不断提出方案草案。2016 年，ICAO 第 39 届大会通过了建立国际航空碳抵消及减排机制（CORSIA）的决议，确定 CORSIA 基本框架；大会决议要求理事会就排放数据监测、报告与核查（MRV）机制建设及合格排放单位认证等实施 CORSIA 相关事项制定标准与建议措施；中国等众多发展中国家不接受决议中坚持以"2020 碳中性增长"

[①] 36 个理事国包括中国、澳大利亚、巴西、加拿大、法国、德国、意大利、日本、俄罗斯、英国、美国、阿根廷、哥伦比亚、埃及、印度、爱尔兰、墨西哥、尼日利亚、沙特、新加坡、南非、西班牙、瑞典、阿尔及利亚、佛得角、刚果（布）、古巴、厄瓜多尔、肯尼亚、马来西亚、巴拿马、韩国、土耳其、阿联酋、坦桑尼亚、乌拉圭。

为目标以及由 ICAO 制定并实施有约束力的合格排放单位认证标准的相关安排，并就决议中相关段落提出保留意见。

2017 年以来，在美、欧等发达国家强力推动下，ICAO 通过 CAEP 不断加快标准制定进程，于 2017 年底完成 CORSIA "标准及建议措施" 及其实施要素文件（下称 "标准草案"）编写工作（详见图 1），经理事会初步审议后提交各国征求意见。"标准草案" 内容包括管理、MRV、合格排放单位认证、可持续航空燃料认证等在内的一揽子标准与建议措施，从内容本身看显然已超出大会决议授权。2018 年 4 月底，74 个国家及 4 个国际组织就 "标准草案" 反馈意见，其中 1 条反对意见，50 条修改意见，26 条赞同意见，1 条弃权意见。ICAO 秘书处随后就各国意见进行评论，基本未采纳相

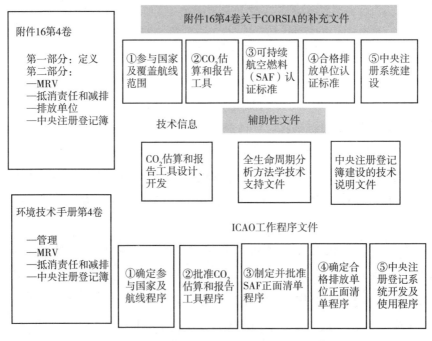

图 1　CORSIA 一揽子 "标准草案" 结构[①]

① ICAO, "ICAO CORSIA Package Draft Supporting Information and Supporting Documents," CAEP SG, 2017.

关修改意见（特别是发展中国家修改意见）。2018 年 6 月，理事会以 30 票赞成、1 票反对、5 票弃权的结果表决通过 CORSIA 的标准与建议措施暨《国际民用航空公约》附件 16《航空环保》第 4 卷，同时决定在 2018 年 11 月就其具体实施要素进行表决。中、印、俄等国认为标准制定程序缺乏公开、透明和代表性，标准内容擅自扩大 ICAO 授权且未能充分考虑各国（特别是发展中国家）特殊国情和能力建设，对表决结果提出保留意见。

2. CORSIA 决议简述

ICAO 第 39 届大会关于 CORSIA 的决议包括序言和正文两大部分。正文部分核心内容对包括 CORSIA 抵消责任分配方法及避免市场竞争扭曲等其他关键事项做出安排。

（1）责任分配

CORSIA 机制以实现 2020 年碳中性增长为目标，2021～2035 年分三个阶段实施，即 2021～2023 年为试验阶段，2024～2026 年为第一阶段，2027～2035 第二阶段。试验阶段和第一阶段各国可自愿参加，第二阶段开始时期国际航空运输收益吨公里占比超过 0.5% 或者全球国际航空运输收益吨公里累计占比进入前 90% 的国家需要参加，最不发达国家、小岛屿发展中国家和内陆发展中国家自愿参加。

CORSIA 的抵消责任分配方法见公式①，航空运营人的排放抵消责任分配采用了按行业增长因子（计算见公式②）和航空运营人个体增长因子（计算见公式③）不同比重进行分阶段调整的分配方法。参与 CORSIA 的国家间的航线统一纳入责任分配范围，在这些航线上经营的航空运营人个体抵消责任的分配公式如下：

$$E_{ij} = e_{ij}\{(X * f_{sj}) + (Y * f_{ij})\} \qquad ①$$

$$f_{sj} = \frac{E_{sj} - E_{\overline{2019-2020}}}{E_{sj}} \qquad ②$$

$$f_{sj} = \frac{e_{ij} - e_{\overline{2019-2020}}}{e_{ij}} \qquad ③$$

E_{ij}：航空运营人 i 在第 j 年的碳排放抵消量；f_{sj} 行业增长因子：国际航

空行业在第 j 年的排放增长因子；f_{ij} 个体增长因子：航空运营人 i 在第 j 年的排放增长因子；E_{sj}：参与 CORSIA 的国家间航线在 j 年的国际航空排放总量，$E_{\overline{2019\sim2020}}$ 为参与 CORSIA 的国家间的航线在 2019～2020 年的排放均值（行业基线）；e_{ij}：航空运营人 i 在第 j 年的排放总量，$e_{\overline{2019\sim2020}}$ 为航空运营人 i 在 2019～2020 年的排放均值（个体基线）；X：行业增长因子所占比例；Y：个体增长因子所占比例；$X = 100\% - Y$。

CORSIA 责任分配方案中，计算航空运营人个体抵消责任时行业增长因子所占比例 X 和个体增长因子所占比例 Y 在不同阶段的调整方案如下：

实验阶段（2021～2023 年）：X = 100%，Y = 0%；

第一阶段（2024～2026 年）：X = 100%，Y = 0%；

第二阶段第一个履约期（2027～2029 年）：X = 100%，Y = 0%；

第二阶段第二个履约期（2030～2032 年）：X ≤ 80%，Y ≥ 20%；

第二阶段第三个履约期（2033～2035 年）：X ≤ 30%，Y ≥ 70%。

可以看出，在 2029 年前，责任分配未考虑个体排放增长的占比，但 2030 年后，个体排放增长因子比例逐步提高。

（2）其他关键事项

避免市场竞争扭曲：为避免市场竞争扭曲，决议规定，只有参加 CORSIA 国家之间的国际航线纳入 CORSIA 责任分配计算范围内并履行排放抵消责任；未参加 CORSIA 国家之间或者对飞国家之间只要有一方未参加的航线均不适用 CORSIA 相关标准或约束（详见图 2）。

MRV 和合格排放单位标准：决议要求 ICAO 理事会在 CAEP 的技术支持下制定关于实施 CORSIA 的 MRV 和 EUC 标准与建议措施（SARPs）。MRV 和 EUC 的 SARPs 应在 2018 年获得通过，其中 MRV 标准应在 2019 年起实施。

履约期和评审机制：决议规定每 3 年为一个履约期，每年为一个报告期；每年航空公司需在规定时间内向其所属国主管部门提交经第三方核查的排放报告和抵消报告，各 ICAO 成员国需对航空公司报告信息汇总整理后，按规定格式向 ICAO 提交国家信息报告。为确保 CORSIA 切实助推国际航空

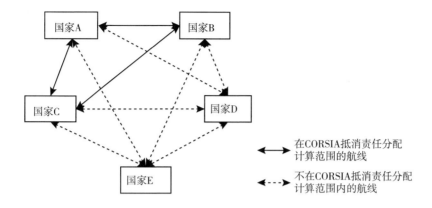

图 2　CORSIA 机制中承担抵消责任的国家和航线范围

可持续发展，决议决定从 2022 年开始每 3 年对 CORSIA 机制进行一次评审，评审内容包括：机制设计要素的功能；机制实施对国际航空业可持续发展带来的影响，对实现全球减排目标的贡献，对航空运营人及国际航空运输市场和成本的影响等。理事会根据评审结果考虑是否需要对 CORSIA 方案进行调整和修改，包括对机制设计要素的修订，提高其有效性，降低市场竞争扭曲发生率及其他相关影响。决议专门提出，2032 年的评审将综合评估《巴黎协定》后续技术规范谈判、航空技术进步、运营设施改进和可替代燃料应用等情况进展，确定 2035 年后是否需要继续实施或修订 CORSIA。

中央注册登记系统：ICAO 建立统一的信息报告系统，各国或国家集团按照 CORSIA 一揽子标准要求通过该系统向 ICAO 提交国家信息报告，为确保数据协议一致，ICAO 还鼓励各国建立自己的报告系统，并与中央注册登记系统进行链接。

二　CORSIA 影响分析

CORSIA 机制与标准的建设和实施将增加各国，特别是国际航空运输增量大、增速快国家的运营成本，同时也使 ICAO 获得涉足经济社会管理等非民航运输类事务权力，进而在全球气候治理进程中拥有更实质性话语权。此

外，由于 ICAO 采取简单多数或 2/3 多数而非协商一致的议事规则，行动进程上更加"高效"，存在对联合国气候变化框架公约相关议题磋商进程产生影响的可能。

1. CORSIA 实施对中国的影响

（1）对中国民航业的影响

中国（未包括港、澳、台，下同）民航正处于快速发展阶段。2000 年以来，中国民航运输总周转量年均增速约 15%，同期全球航空运输周转量年均增速约 5.3%[①②]。根据有关预测，未来 20 年（2018～2037 年）全球航空运输周转量年均增速低于 4.4%，同期中国航空运输周转量年均增速则不低于 6.5%，是全球航空运输增长最重要引擎，美国和欧盟航空运输周转量年均增速分别为 2.8% 左右和 3.2% 左右[③④]。未来 20 年，除非航空替代燃料实现大规模商用，航空碳排放变化将基本与航空运输周转量变化同向，在积极引入新技术并改善运营情况下，碳排放增速可低于周转量增速。

各国民航碳排放存量及增量、增速的差异，决定了其参加 CORSIA 后将承担不同的抵消责任。根据美国环境保护基金会（EDF）分析[⑤]，无论在各国均参与 CORSIA 情景下还是按决议规定豁免有关国家情形下，中、美、欧[⑥]承担了大部分抵消量（详见图 3）。其中，中国成为承担抵消量最多的国家；在各国均参与情景下，中、美总抵消量相当，中国略高于美国；在豁免有关国家情景下，中国 15 年累计抵消总量将高出美国 3 个百分点，相当于比美多抵消约 9500 万吨 CO_2。在中国航空运输企业收入和利润率水平目

① 中国民用航空局发展计划司：《从统计看民航》（2001），中国民航出版社，2001，第 241～244 页。

② 中国民用航空局发展计划司：《从统计看民航》（2017），中国民航出版社，2017，第 143～147 页。

③ Flight Global，"Flight Fleet Forecast（2018－2037）"，2018.

④ Airbus，"Global Market Forecast（2018－2037）"，2018.

⑤ EDF，"Explore emission reduction scenarios"，https：//www. edf. org/climate/icaos-market-based-measure.

⑥ 此处指欧洲民航会议组织（ECAC）的 44 个成员国，详见 http：//www. ecac-ceac. org。

前均低于美、欧同行情况下①，CORSIA 对中国民航国际竞争力的影响将大于美、欧。

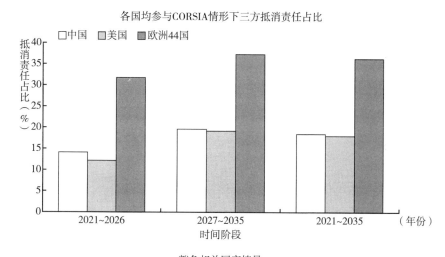

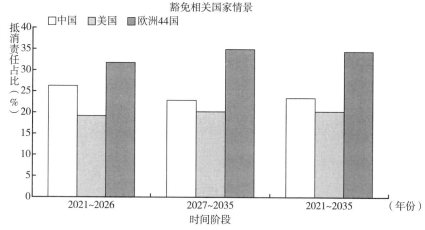

图 3　不同情形下中、美、欧三方抵消责任对比

（2）对中国碳市场建设及可持续航空替代燃料产业的影响

CORSIA 的标准与建议措施及其补充文件中，对合格排放单位及可持续

---

① Flight Global，"World Airline Rankings 2018，" http：//www. flightglobal. com/asset/24619.

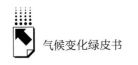
航空燃料的认证标准做出明确规定，同时授予 ICAO 相关认证权和决定权。这种安排对我国发展相关产业既是挑战也是机遇。

从标准中与合格排放单位相关的内容看，美、欧等国家的实践是 ICAO 的主要参考对象，重点解决减排量不重复计算、减排机制公开透明、减排机制间力度相当等问题。对于我国的自愿减排量（CCER）项目以及刚刚起步的碳市场建设而言，CORSIA 既为中国"碳"走向世界提供了机遇和平台，也为国际社会近距离审视中国减排机制提供了窗口，一定程度上将增加发展压力和成本。

CORSIA 可持续航空燃料标准，不仅要求考虑不同燃料生产所使用的原料和生产技术路径的全生命周期排放是否比传统航空燃料带来 10% 以上的减排，还要求考虑对社会可持续发展的影响，包括对土地利用变化和水资源的影响，对生物多样性、生态环境甚至人权影响等指标。目前我国自主研发的航空替代燃料已经可以满足适航标准，并已先后在验证飞行和商业飞行中成功应用。CORSIA 可持续航空燃料标准无疑对我国发展相关产业提出了更高要求，将增加我国航空替代燃料研发与使用成本，同时也将倒逼我国加快提升该领域关键核心技术自主创新的能力。

2. 对 ICAO 在全球气候治理中作用的影响

ICAO 将借助 CORSIA 实现与联合国气候变化框架公约实质性"脱钩"。《巴黎协定》创造性地提出了国家自主贡献这种"自下而上"的减排模式，而 ICAO 的 CORSIA 及其标准则坚持了"自上而下"的减排模式，"统一性""共同性"的元素明显多于"区别"和差异，对排放"增量"的管控也要多于"存量"。因为不存在"协商一致"的议事规则，ICAO 往往在行动上要快于联合国气候变化框架公约，不仅可以不去理会后者确定的减排模式，而且还可能对《巴黎协定》实施细则的磋商产生"蝴蝶效应"或"近因效应"。

ICAO 将借助 CORSIA 在全球气候治理中获得更大话语权。ICAO 传统的标准主要涉及"空中航行安全、正常及效率"等事项①，CORSIA 标准则更

---

① 国际民航组织：《国际民用航空公约》第 37 条，1944。

多的是对各国气候治理体制和机制进行管理和约束，这将改变国际航空公法学界有关 ICAO 在技术问题上具有"准立法权"（quasi-legislative）而在经济事务中仅具有"咨询与建议权"（consultative and advisory）的认知①。不仅如此，ICAO 不但要获取"碳"（合格减排单位）与"油"（可持续航空燃料）的标准制定权，更要竭力掌握产品认证认可权。这种机制安排显然将使 ICAO 获得高于各主权国家以及联合国气候变化框架公约的权力，换言之，即使主权国家或者联合国气候变化框架公约签发或批准的减排单位，能否用于 CORSIA，决定权将在 ICAO。ICAO 将因此在全球气候治理中获取更多主导权。

三　启示与建议

不同于《巴黎协定》确定的国家自主贡献减排模式，ICAO 的 CORSIA 仍然坚持自上而下的减排模式。CORSIA 的机制和标准设计元素中，"共同性""统一性"要多于"区别性"。相对于联合国气候变化框架公约及其《巴黎协定》更加关注国家间历史公平性和现实能力之间的差异性，CORSIA 则是一个由行业组织在少数国家主导下建立起来的全球市场机制，其本身是在微量豁免多数航空运输量小的国家前提下，借助于无差别适用于其他各国的所谓表面公平性，试图掩盖机制本身在责任分配、标准制定和控制权等关键要素上的内在不公平性，为少数国家借助国际公约获取长远发展竞争力和经济利益提供了保护外衣，需要引起国内高度关注。此外，CORSIA 的建立与实施，突破 ICAO 传统的业务范围，使其在经济社会管理等非民航运输领域治理中拥有了话语权。特别是，因 ICAO 将借助 CORSIA 获得排放单位与可持续航空燃料的标准制定权与认证认可权，为其在全球气候治理中发挥"领导力"奠定了扎实基础，存在对现有气候治理模式施加影响的可能。

---

① Paul Stephen Dempsey, *Public International Air Law*, McGill University, 2008, pp. 50 – 53.

　　未来 10～15 年，我国民航因仍处于中高速发展阶段。按照 CORSIA 机制与标准，如我国全程参与 CORSIA，需抵消的排放总量将多于其他国家，一定程度上会影响我国民航的利润和国际竞争力。为规避其演变成结构性风险，我国有关行业应在"需求侧"与"供给侧"方面同时做好相关工作。首先，民航运输业应从"需求侧"不断推进高质量发展。通过科学精准地做好战略规划，引导企业理性发展、绿色发展，鼓励合作共赢的竞争，避免粗放式增长，促进行业精细化管理水平，不断提升效率进而控制行业油耗与排放增速。其次，我国碳市场及可持续航空燃料产业作为"供给侧"应充分重视 CORSIA 自身所具备的"催化"作用。我国碳市场和可持续航空燃料产业均刚刚起步，应坚持国际视野和战略思维，妥善借助我国相应产业规模和市场，积极参与并引领国际相关标准制定与实施。

　　总之，"碳"已逐渐成为国际航空领域的一项新的"游戏规则"，对于正处于民航强国建设进程中的我国而言，一方面，需要加强自身能力建设，提升整个民航运输业和制造业绿色低碳发展能力及影响力；另一方面，也需进一步统筹我国气候变化谈判，加强相应相关研究和参与谈判的力度，促进国际机制的公平性，有效维护国家整体利益和有关行业发展权益。

国内应对气候变化
政策与行动

Domestic Policies and Actions on Climate Change

G.14
我国城市大气污染防治政策协同减排温室气体效果评价

——以重庆为案例

冯相昭　毛显强*

摘　要：　现阶段，我国各大城市普遍面临着日益严峻的局地大气污染物
　　　　　与温室气体减排的双重压力，统筹协调大气污染物减排与温室
　　　　　气体控制正成为改善国内环境质量、应对国际碳减排压力和加
　　　　　强生态文明建设的重大战略选择。为应对日益突出的区域性大
　　　　　气环境问题，2013年9月国务院出台了《大气污染防治行动计

---

* 冯相昭，博士，环境保护部环境与经济政策研究中心气候部副主任，研究员，主要研究领域
为能源与气候变化经济学、工业和交通领域污染物与温室气体协同控制等；毛显强，教授，
北京师范大学环境学院，主要研究领域为环境经济学与气候变化政策。

划》，随后许多城市纷纷制定更为细化的大气污染防治方案，方案中诸多任务涉及产业结构调整、能源结构改善等相关内容，这些措施的实施在客观上对城市能源消费活动以及相应的二氧化碳排放产生了重要的影响。基于此，本研究选择低碳试点城市重庆作为案例，从《重庆市贯彻落实大气污染防治行动计划的实施意见》中筛选相关减排措施，对其大气污染物与温室气体协同减排效果进行评估。结果表明，城市是最适合开展协同控制的主体，绿色低碳协同发展有利于城市整体资源优化配置、社会治理成本最小化。在大气污染防治措施中，固定源方面的关停火电厂、关闭小水泥厂、淘汰燃煤锅炉等结构减排措施协同减排温室气体效果显著，移动源方面淘汰黄标车和老旧汽车均是协同减排效果最明显的措施。还有，能源结构改善的协同减排效果也比较突出。

关键词： 城市　空气污染防治政策　温室气体减排　共同利益

　　城市是生产和生活消费最为集中的场所，在有限的空间范围内聚集了众多的产业部门和大量的人口。众多产业与人口的汇集，尤其是高能耗、高污染的第二产业的快速发展，带来大量的能源消费和污染物排放，我国各大城市普遍面临着日益严峻的局地大气污染物与温室气体减排的双重压力。一方面，我国大部分城市面临的空气污染治理压力不断增加。《2017年中国生态环境状况公报》显示，全国338个地级以上城市中，仅有99个城市环境空气质量达标，空气质量超标的城市多达239个。另一方面，城市作为我国能源消费的主体，温室气体排放控制形势也不容乐观。中国城市能耗占总能耗的比重超过80%，而且许多城市高消耗、高污染、低附加值的产业比重偏高，导致单位增加值能耗和排放指标高于欧美等发达国家。

由于大气污染物与温室气体的排放大多来自化石燃料的燃烧，即具有同根同源排放的特征，所以如何统筹协调大气污染物减排与温室气体控制便成为改善国内环境质量、应对国际碳减排压力和加强生态文明建设的重大战略选择。为应对日益突出的区域性大气环境问题，在 2013 年 9 月国务院出台《大气污染防治行动计划》的基础上，包括重庆在内的许多城市紧接着也制定了适合当地特点的城市大气污染防治方案，方案中的任务涉及产业结构调整、能源结构改善等相关内容，这些任务的贯彻实施在客观上对城市能源消费活动以及相应的二氧化碳排放产生了重要的影响。基于此，本研究选择重庆作为案例城市，系统梳理《重庆市贯彻落实大气污染防治行动计划的实施意见》对温室气体排放产生影响的各项措施，运用污染物与温室气体协同效应评估方法，对这些减排措施的大气污染物与温室气体协同减排效果进行评估，分析相关措施之间协同减排效应的差异，探索城市层面如何实现大气污染物与温室气体的协同控制，为城市管理者制定绿色低碳协同发展相关政策措施提供参考。

一 污染物与温室气体协同控制评价方法学

协同控制的理论基础在国内外已获得较为广泛的认可，相关的量化评价方法也取得了一定进展，如毛显强等从环境－经济－技术角度系统地提出了协同控制效应评价方法，并分别以我国电力行业、钢铁行业、交通行业为案例，开展了减排措施协同效应评估[1][2][3]；原环境保护部针对污染物与温室气体协同控制印发了核算技术指南，即《工业企业污染治理设施污染物去除协同控制温室气体核算技术指南（试行）》。目前主要的量化评价方法大体可归纳为两类：一类是用于评价减排效果的物理协同性评价方法；另一类是

---

[1]　毛显强、曾桉、胡涛等：《技术减排措施协同控制效应评价研究》，《中国人口·资源与环境》2011 年第 12 期，第 1～7 页。

[2]　毛显强、曾桉、刘胜强等：《钢铁行业技术减排措施硫、氮、碳协同控制效应评价研究》，《环境科学学报》2012 年第 5 期，第 1253～1260 页。

[3]　高玉冰、毛显强等：《城市交通大气污染物与温室气体协同控制效应评价——以乌鲁木齐市为例》，《中国环境科学》2014 年第 11 期，第 2985～2992 页。

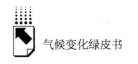

用于评价减排经济性的成本有效性评价方法。物理协同性评价方法包括协同控制效应坐标系分析和污染物减排量交叉弹性分析。其中"协同控制效应坐标系"能够较为直观地反映减排措施对于不同污染物的减排效果及协同程度,"污染物减排量交叉弹性"则将该减排效果及协同程度进一步量化;评价减排经济性的成本有效性方法为"单位污染物减排成本",是将减排措施的减排效果和减排成本结合起来考察的量化评估指标。根据数据可得性,本研究主要采用污染物减排量交叉弹性分析方法。

污染物减排量交叉弹性主要用于评价各项减排措施对空气污染物和温室气体减排的协同程度,记为 $Els_{a/b}$,下标 a、b 分别代表不同的污染物。这一指标能够反映各项减排措施对不同污染物是否具有协同控制效应及其"协同程度"。污染物减排量交叉弹性的计算公式如下:

$$Els_{a/b} = \frac{\Delta a/A}{\Delta b/B} \tag{1}$$

式中:

Els 代表污染物减排量交叉弹性;

$\Delta a/A$ 代表污染物 a 排放量变化率;

$\Delta b/B$ 代表污染物 b 排放量变化率。

例如,减排措施对空气污染物 SO_2、NOx 和温室气体 CO_2 减排的交叉弹性计算公式如下:

$$Els_{s/c} = \frac{\Delta s/S}{\Delta c/C}, Els_{c/s} = \frac{\Delta c/C}{\Delta s/S} \tag{2}$$

$$Els_{n/c} = \frac{\Delta n/N}{\Delta c/C}, Els_{c/n} = \frac{\Delta c/C}{\Delta n/N} \tag{3}$$

$$Els_{n/s} = \frac{\Delta n/N}{\Delta s/S}, Els_{s/n} = \frac{\Delta s/S}{\Delta n/N} \tag{4}$$

式中:

Els 代表污染物减排量交叉弹性;

$\Delta c/C$ 代表 CO_2 排放量变化率;

$\Delta s/S$ 代表 SO_2 排放量变化率;

$\Delta n/N$ 代表 NOx 排放量变化率。

（2）式表示减排措施对 CO_2 和 SO_2 减排的交叉弹性；（3）式表示减排措施对 CO_2 和 NOx 减排的交叉弹性；（4）式表示减排措施对 SO_2 和 NOx 减排的交叉弹性。$Els_{s/c}$ 与 $Els_{c/s}$、$Els_{n/c}$ 与 $Els_{c/n}$、$Els_{n/s}$ 与 $Els_{s/n}$ 分别互为倒数。

"污染物减排量交叉弹性分析"属于直观展示类方法，适用于至少对两种大气污染物/温室气体具有减排（或增排）效果的措施。此外，若某项措施对于两种大气污染物/温室气体均为增排效果（即分子分母均为负数的措施）则不适用于该评价方法。

"污染物减排量交叉弹性分析"的方法同样适用于判断措施的"协同性"。首先从 $Els_{a/b}$ 的正负性判断是否协同：如果 $Els_{a/b} \leqslant 0$，表明此项减排措施对一种污染物有减排作用而对另外一种污染物没有减排作用，不具有协同控制效应；如果 $Els_{a/b} > 0$，表明此项减排措施对 a、b 均有减排作用（排除分子分母均为负数的情况），具有协同控制效应；其次，可以通过 $Els_{a/b}$ 值的大小来判断协同程度的高低，如果 $0 < Els_{a/b} < 1$，表明此项减排措施对 b 的减排程度高于 a；反之，如果 $Els_{a/b} > 1$，表明此项减排措施对 a 的减排程度高于 b；如果 $Els_{a/b} = 1$，表明此项减排措施对 a、b 两种污染物的减排程度相同。

二　重庆市案例分析

重庆作为长江经济带主要发展支点之一，是我国中西部唯一的直辖市、长江上游经济中心、西南地区交通枢纽、六大老工业基地和国家中心城市之一。"十二五"期间重庆市的经济飞速发展，GDP 年均增长率高达 12.8%，位居全国前列。常住人口和户籍人口城镇化率分别达到 60.9%、47%。社会经济的高速发展带来大气污染物排放体量的迅速增加，特别是 2013 年新的大气环境质量标准实施后，重庆市多项主要大气污染物均存在超标现象。2015 年，全市单位地区生产总值二氧化碳排放量比 2010 年下降 26% 以上，超额完成国家下达的 17% 的碳强度下降目标，其中，煤炭消费产生的二氧

化碳排放占比由 2010 年的 71.6% 下降至 70.6%。

为了实现空气质量改善目标，重庆市于 2013 年底发布了《重庆市人民政府关于贯彻落实大气污染防治行动计划的实施意见》，明确了全市空气质量改善目标，并提出了相应的减排措施。根据数据资料的可获取性，本研究从中筛选出 14 项措施进行协同控制效果分析，其中结构减排方面，选择了"关停火电厂"和"关闭小水泥厂"2 项措施；机动车污染防治方面，包括"淘汰黄标车""推广天然气汽车""推广新能源汽车"等 3 类共 8 项措施；在清洁能源发电方面，考虑了"水电""风电""天然气热电联产"3 项措施。此外，众多分布分散而且未安装大气污染治理设备的燃煤小锅炉是造成全市空气污染的重要因素，因此"淘汰燃煤锅炉"也是重庆市治理空气污染的重要举措。

根据实地调研、参考《第一次全国污染源普查工业污染源产排污系数手册》《大气细颗粒物一次源排放清单编制技术指南（试行）》《2006 年 IPCC 国家温室气体清单指南》等相关文献，得到重庆市不同类措施污染物与温室气体协同减排系数如表 1 所示。可以看出，所评估的 14 项措施中，新能源汽车类的 5 项措施（"电动公交代替 CNG 公交""气电混合动力公交代替 CNG 公交""电动物流货车代替柴油物流车""电动乘用车代替汽油车""油电混合动力乘用车代替汽油车"）不具有协同效应，普遍存在 SO_2 增排的情况，主要原因在于我国大部分发电厂为火力发电，煤炭燃烧的 SO_2 排放相较于内燃机燃烧汽油或柴油更高。此外，"天然气热电联产"措施也存在 NOx 增排的不协同现象，主要原因在于近年来火电厂加强了脱硝改造，燃煤发电的 NOx 排放系数明显降低，而天然气燃烧的 NOx 排放系数高。除上述 6 项措施外，其他 8 项措施可以实现局地大气污染物和 CO_2 协同减排。

1. 污染物与温室气体减排结果分析

通过实地调研以及查阅相关文献，得到各项措施已实施规模，基于减排系数可计算得出各项措施的污染物与温室气体协同减排量（见表 2）。

表 1 重庆市不同类措施污染物与温室气体协同减排系数

编号	措施名称	单位	减排系数					
			SO_2	NO_x	$PM_{2.5}$	CO	$VOCs$	CO_2
M1	关停火电厂	g/kWh	18.5433	3.4149	0.9851	/	0.1211	2046.6240
M2	关闭小水泥厂	g/t 熟料	4913.06	648.25	340.94	/	/	457266.96
M3	风电	g/kWh	0.3484	0.1394	0.0209	/	0.0473	525.7000
M4	水电	g/kWh	0.3484	0.1394	0.0209	/	0.0473	525.7000
M5	天然气热电联产	g/kgce	2.830	−0.164	0.143	/	0.316	1477.518
M6	淘汰燃煤锅炉	g/kgce	17.9196	4.1159	6.2999	/	0.2520	3548.9290
M7	淘汰黄标车	g/(km·辆)	0.0080	5.3234	0.4200	32.4515	1.6356	500.4152
M8	CNG 公交代替柴油公交	g/(km·辆)	0.0166	3.3680	0.2080	2.2750	0.0717	539.0000
M9	CNG 出租代替汽油出租	g/(km·辆)	0.0033	0.0960	0.0000	1.9100	0.1559	125.1250
M10	电动公交代替 CNG 公交	g/(km·辆)	−0.3136	6.3986	0.0252	0.9750	1.2575	65.8700
M11	气电混合动力公交代替 CNG 公交	g/(km·辆)	−0.0627	1.2797	0.0050	0.1950	0.2515	13.1740
M12	电动物流货车代替柴油物流车	g/(km·辆)	−0.3414	4.2146	0.0781	1.6500	0.0069	256.1000
M13	电动乘用车代替汽油乘用车	g/(km·辆)	−0.0424	0.0139	0.0003	0.6800	0.1498	112.6990
M14	油电混合动力乘用车代替汽油车	g/(km·辆)	−0.0148	0.0049	0.0001	0.2380	0.0524	39.4447

注："/" 指未收集到相关数据

表 2　重庆市污染物与温室气体协同减排量汇总

编号	措施名称	减排规模		减排量（t）					
				SO₂	NOx	PM₂.₅	CO	VOCs	CO₂
M1	关停火电厂	74160	万千瓦时	13751.73	2532.48	730.55	/	89.81	1517776.33
M2	关闭小水泥厂	257.14	万吨熟料	12633.62	1666.94	876.70	/	/	1175829.33
M3	风电	25200	万千瓦时	87.81	35.123	5.27	/	11.91	132476.40
M4	水电	100742.4	万千瓦时	351.03	140.41	21.061	/	47.601	529602.80
M5	天然气热电联产	12.79	万吨标煤	361.94	-21.03	18.28	/	40.39	188942.00
M6	淘汰燃煤锅炉	15.43	万吨标煤	2764.80	635.04	972	/	38.88	547560
M7	淘汰黄标车	395678.8	万（km·辆）	31.24	20123.89	1546.58	139281.99	6970.93	1955797.53
M8	CNG公交代替柴油公交	67752	万（km·辆）	11.25	2281.89	140.92	1541.36	48.58	365183.28
M9	CNG出租代替汽油出租	142800	万（km·辆）	4.66	137.09	0	2727.48	222.63	178678.50
M10	电动公交代替CNG公交	3672	万（km·辆）	-11.52	234.96	0.93	35.80	46.17	2418.75
M11	气电混合动力公交代替CNG公交	3666	万（km·辆）	-2.30	46.91	0.19	7.15	9.22	482.96
M12	电动物流货车代替柴油物流车	3948	万（km·辆）	-13.48	166.39	3.08	65.14	0.27	10110.83
M13	电动乘用车代替汽油乘用车	678.6	万（km·辆）	-0.29	0.09	0.002	4.61	1.02	764.78
M14	油电混合动力乘用车代替汽油乘用车	678.6	万（km·辆）	-0.10	0.03	0.001	1.62	0.36	267.67
合　计				29970.39	27980.21	4315.56	143665.15	7527.77	6605891.16

（1）14 项措施共可减排 SO_2 29970.39t，其中"关停火电厂"减排量最大，约占 14 项措施总减排量的 45.88%；"关闭小水泥厂"次之。

（2）14 项措施共可减排 NOx 27980.21t，其中"淘汰黄标车"减排量最大，约占 14 项措施总减排量的 71.92%；"关停火电厂"减排量位居第二。

（3）14 项措施共可减排 $PM_{2.5}$ 4315.56t，其中"淘汰黄标车"减排量最大，"淘汰燃煤锅炉"减排量次之。

（4）14 项措施共可减排 CO 143665.15t，其中"淘汰黄标车"减排量最大为 139281.99t；"CNG 出租代替汽油出租"次之。

（5）14 项措施共可减排 VOCs 7527.77t，其中"淘汰黄标车"减排量最大为 6970.93t，约占 14 项措施总减排量的 92.6%。

（6）14 项措施共可减排 CO_2 6605891.16t，其中"淘汰黄标车"减排量最大，"关停火电厂"和"关闭小水泥厂"减排量位居第二和第三。

2. 污染物与温室气体减排量交叉弹性分析

重庆市 SO_2、NOx、$PM_{2.5}$、CO、VOCs 与 CO_2 污染物减排量交叉弹性分析的结果如表 3 所示：具有协同效应措施的值均为正，且越接近于 1，协同度越大；不具有协同效应措施的值均为负。其中，"电动公交代替 CNG 公交""气电混合动力公交代替 CNG 公交""电动物流货车代替柴油物流车""电动乘用车代替汽油车""油电混合动力乘用车代替汽油车"这 5 项措施 $Els_{s/c}$ 为负值，不具备协同减排 SO_2 的效果；"天然气热电联产"的 $Els_{n/c}$ 为负，不具备协同减排 NOx 的效果；除此之外，其他 8 项措施的各污染物交叉弹性均为正值，说明这些措施具有协同控制效应。从 8 项措施的交叉弹性系数来看，"淘汰黄标车""淘汰燃煤锅炉"2 项措施的多项交叉弹性系数大于 1，说明这 2 项措施不仅具有协同控制效应，而且协同程度很高。

表3　重庆市污染物与污染物减排量交叉弹性分析结果汇总

措施名称	$Els_{s/c}$	$Els_{n/c}$	$Elspm_{10/c}$	$Elspm_{2.5/c}$	$Els_{co/c}$	$Els_{v/c}$
关停火电厂	4.170	0.730	0.837	0.419	0.000	0.017
关闭小水泥厂	4.945	0.620	1.297	0.649	0.000	0.000

措施名称	$Els_{s/c}$	$Els_{n/c}$	$Elspm_{10/c}$	$Elspm_{2.5/c}$	$Els_{co/c}$	$Els_{v/c}$
风电	0.305	0.116	0.069	0.069	0.000	0.026
水电	0.305	0.116	0.069	0.069	0.000	0.026
天然气热电联产	0.882	−0.049	0.168	0.189	0.000	0.063
淘汰燃煤锅炉	2.324	0.507	3.089	3.535	0.000	0.021
淘汰黄标车	0.007	4.499	1.376	0.076	4.314	1.045
CNG 公交代替柴油公交	0.014	2.732	0.671	0.037	0.256	0.039
CNG 出租代替汽油出租	0.012	0.335	0.000	0.000	0.925	0.365
电动公交代替 CNG 公交	−2.191	42.478	0.665	−0.182	0.897	5.596
气电混合动力公交代替 CNG 公交	−2.191	42.478	0.665	−0.182	0.897	5.596
电动物流货车代替柴油物流车	−0.613	7.196	0.531	−0.034	0.390	0.008
电动乘用车代替汽油车	−0.173	0.054	0.004	0.002	0.366	0.390
油电混合动力乘用车代替汽油车	−0.173	0.054	0.004	0.002	0.366	

三 主要发现

城市是最适合开展协同控制的主体，绿色低碳协同发展有利于城市整体资源优化配置、社会治理成本最小化。通过评估重庆市"气十条"的实施情况，并结合其他相关研究结果发现，经济发展程度的不同，决策者意识上的差异，加上能源结构、产业结构、地理区位的特征，最终会导致不同城市污染物与温室气体协同控制的潜力和侧重点有所不同。其中，结构减排类型措施的协同效应比较显著，如固定源方面的关停火电厂、关闭小水泥厂、淘汰燃煤锅炉等措施，移动源方面淘汰黄标车和老旧汽车均是协同减排效果最明显的措施。还有，能源结构改善的效果也比较突出，如生活源方面，城中村"煤改气""煤改电"改造，集中供暖面积扩大等措施，绿色低碳绩效都比较明显。此外，移动源治理方面，推广应用纯电动车、电动公交车如果考虑电力间接排放，这些措施将会增加 SO_2 排放，因为目前我国大多数城市的发电结构对煤炭比较倚重；公交领域的油改气对于 NOx 排放控制并不具备优势。

四　结论建议

基于上述研究结果，本研究认为，城市内部产业部门、行业部门众多且分布较为集中，其间存在复杂的关联、互动关系，客观上存在着实现协同控制的多种可能途径，并具有较为显著的协同减排效益和可观的协同减排潜力。在气候变化职能转隶到生态环境部的新形势下，为进一步推动协同控制战略的贯彻落实，实现城市空气污染物与温室气体的协同控制，提出如下建议。

一是推动城市在制定污染物减排规划时开展温室气体协同效益分析，将温室气体和主要控制目标污染物总量减排工作纳入一揽子统筹规划，制定温室气体和多种污染物的协同减排规划，实施长远、系统、综合、协同的总量减排安排。可尝试将局地大气污染物治理与"低碳城市"等试点工作相结合，加强减排措施的协同效应评估。

二是鼓励不同城市出台差异化协同控制方案，即建议城市决策管理者应充分考虑自身发展定位、工业化程度以及城市本底环境条件，在对不同减排措施进行协同效应分析的基础上，有针对性地选择协同效应最优的污染物控制策略。如北方工业城市，可选择加强集中供暖、采暖锅炉清洁化、城郊和城中村散煤治理等措施，以促进城市绿色低碳发展；经济发达、环境本底较好的城市，应注重移动源污染治理，重视新能源汽车推广应用；类似于重庆的快速发展的南方工业城市，应该加强工业源污染治理，如淘汰落后产能等。

三是须重视不同关联行业之间的协同减排效应，如城市在推广各类纯电动车时，应加强电厂超低排放改造、执行更加严格的排放标准、发展可再生能源发电，以减少电动车的能源生产阶段的污染排放。

191

G.15
中国节能服务产业发展现状与展望

赵 明[*]

摘 要： 中国作为世界上最大的能源消费国，面临着经济快速发展和能源环境制约的严峻挑战。节能减排成为基本国策，在过去的几年里，能源效率大幅度提高，为应对全球气候变化，做出了巨大贡献。2017 年国际能源署（IEA）发布的《能效2017》（Energy Efficiency）报告称，能源效率对能源安全、经济增长和环境可持续性等政策目标的实现，比任何时候都更为关键，能效作为"第一能源"已逐步成为全球的共识[①]。中国的节能服务产业在国家政策扶持和市场需求的推动下，快速发展，已经跃居全球第一。未来的 30 年，为实现中国的可持续发展，将"节能"作为中国的"第一能源"，对应对气候变化和繁荣经济以及改善环境，实现青山绿水的中国梦意义深远[②]。

关键词： 节能服务产业 节能减排 生态文明

气候变化是人类发展面临的共同威胁，积极减少二氧化碳排放，促进经济可持续发展，是中国政府遵守世界公约，履行国际义务的承诺。在《巴

---

* 赵明，中国节能协会节能服务产业委员会副主任，研究方向为节能服务产业政策及融资机制、案例分析和国际合作。
① International Energy Agency（IEA），"Energy Efficiency 2017"，OECD/IEA，2016.
② 张勇：《节能提升能效，促进绿色发展》，《求是》2017 年第 6 期。

黎协定》的框架下，中国承诺"到 2030 年左右二氧化碳的排放达到峰值并且争取尽早达到峰值，单位国内生产总值的二氧化碳排放比 2005 年下降 50% 至 60%"。中国已将应对气候变化全面融入国家经济社会发展的总战略，更是将节能减排作为基本国策，并为推动节能增效出台了一系列行之有效的政策措施。2016 年发布的《能源生产和能源消费革命战略（2016 ～ 2030)》提出"到 2030 年，能源消费总量控制在 60 亿吨标准煤以内，单位国内生产总值能耗（现价）达到目前世界平均水平"[1]，主要工业产品能源效率达到国际领先水平。随着世界能源转型步伐进一步加快，能效提升将发挥越来越重要的作用[2]。节能服务产业作为战略性新型产业的重要组成部分，通过政策的大力扶持和市场的充分发展，实现了从无到有，从小到大，从弱到强的发展历程，为推动节能改造、降低能源消费、拉动社会就业、促进经济发展发挥了积极作用[3]。

一 我国节能服务产业现状

（一）政策给力

1. 国家政策全面到位

从"十一五"到"十二五"，国家相继出台了一系列促进节能减排和节能服务产业发展的政策，从节能减排专项规划，到财税激励政策。特别是"十二五"期间，一系列专项支持合同能源管理的政策、文件和标准陆续推出，从行政、法律和经济多方面促进了产业发展。各地方也随之出台具体措施"大力发展节能服务产业，推广合同能源管理"，充分利用市场化机制培育并发展这一战略性新兴产业，既作为经济发展新的增长点，也成为促进节

---

① 中国国家发改委网站，www. ndrc. gov. cn。
② 戴彦德等编《重塑能源：中国面向 2050 能源消费和生产革命路线图》，中国科学技术出版社，2017。
③ 孙小亮等编《2016 节能服务产业发展报告》，中国经济出版社，2017。

能减排的有力抓手。

在国家层面上，中共中央国务院印发的《"十二五"国家战略性新兴产业发展规划》（国发〔2012〕28号）提出，大力推行合同能源管理新业态；工业和信息化部、住房和城乡建设部、交通运输部、国务院机关事务管理局等行业规划均提出：大力推行合同能源管理，开展合同能源管理推广工程。2012年，银监会也制定了《绿色信贷指引》，该指引的出台，不仅为银行业金融机构在绿色信贷开展方面指明方向，更鼓励银行业金融机构积极创新金融产品，为绿色低碳发展提供金融支持。2015年，国家发展和改革委员会联合银监会共同发布《能效信贷指引》，强调银行业金融机构在促进节能减排、推动绿色发展中的重要作用，把合同能源管理信贷作为重点支持方向。

2. 地方配套贯彻落实

为贯彻落实国家关于节能服务产业的相关政策，加快推行合同能源管理，促进各省份的节能减排工作和节能服务产业发展，包括北京、天津、河北、山西等32个省区市都相继提出了结合本地区实际的相关实施意见及管理办法。如北京市2013年5月17日发布的《北京市发展和改革委员会北京市财政局关于印发进一步推行合同能源管理促进节能服务产业发展意见文件的通知》（京发改〔2013〕1132号，以下简称《意见》），提出"到2015年，北京地区形成规范有序的节能服务市场"。通过提高节能效益分享型项目的市级配套奖励标准，拓宽节能效益分享型项目的市级奖励范围，试点开展能源费用托管型项目的市级财政奖励，加大合同能源管理项目的财政奖励支持。2015年4月28日上海市机关事务管理局发布《上海市公共机构合同能源管理项目暂行管理办法》（沪府办发〔2015〕24号，以下简称《办法》），提出：对上海市各类公共机构的合同能源管理项目进行资金支持，由公共机构对照政府采购集中采购目录和采购限额标准，确定采购形式和采购方式。

3. 体系建设逐步完善

为推动绿色低碳循环发展、支撑节能减排工作，"十二五"以来，中国政府相继从能效标准、产品标示、认证认可等方面促进节能减排。2012年国家发展和改革委员会和国家标准化委员会启动"百项能效标准推进工程",涉及水泥、煤炭、化工等高耗能行业能耗限额标准,电机、电器等终端用能电器能效标准,能源计量、能源管理体系、企业能源统计等节能基础标准。在节能低碳认证认可方面,经过多年发展,也形成了包括节能产品认证、低碳产品认证、能源管理体系认证等在内的适应中国产业结构和节能减排目标需求的认可认证体系。仅"十二五"期间,获证书的产品累计实现节能量折合标准煤 1.83 亿吨,减少二氧化碳 4.57 亿吨,为中国应对气候变化、绿色低碳发展提供有力支撑[1]。

(二)产业努力

"十二五"是中国节能服务产业飞速发展、走向成熟、成就辉煌的五年。作为既属于战略性新兴产业又属于科技服务业的节能服务产业,从"十一五"前期的起步阶段,发展到"十二五"期末形成充满活力、特色鲜明的产业雏形,不仅在节能技术应用和节能项目投资等方面发挥了重要作用,而且对增加社会就业、促进经济发展发挥了积极的推动作用,更成为中国转变发展方式、经济提质增效、建设生态文明的重要抓手之一。节能服务产业不仅有多姿多彩的一面,也有跌宕起伏的一面[2]。"十二五"前期,在政策给力的良好环境下,节能服务产业迅猛发展,节能服务产业总产值和合同能源管理投资不断攀升;"十二五"后期,面对着经济增速放缓、能源价格下调、高耗能企业效益下滑等多重因素影响,节能服务产业面临种种障碍和困难,迎难而上,保持了稳中有增的态势,实现了跨越式发展。

1."数"说节能

"十二五"期间,节能服务产业保持连续五年持续增长,据中国节能协会节能服务产业委员会(EMCA)统计,截至 2017 年底,中国节能服务产业总产值达到 4148 亿元,比 2011 年的 1250 亿元增长约 232%(见图1);

---

[1] 戴彦德编《重塑能源:中国面向 2050 能源消费和生产革命路线图》,中国科学技术出版社,2017。

[2] 孙小亮等编《2016 节能服务产业发展报告》,中国经济出版社,2017。

以合同能源管理模式投资额 1113.37 亿元，比 2011 年的 412.43 亿元增长约 170%（见图 2）。"十二五"累计合同能源管理投资 3710.72 亿元，形成年节能能力 1.24 亿吨标准煤，按每吨标准煤排放 2.5 吨二氧化碳计算，共形成二氧化碳年减排能力 3.1 亿吨。

图1　2011~2017 年节能服务产业产值

图2　2011~2017 年合同能源管理项目投资额

2017 年，合同能源管理项目形成年节能能力 3812 万吨标准煤，较 2011 年 1648 万吨标准煤增长约 131%，六年平均增速达 21.9%，形成二氧化碳年减排能力 10331 万吨（见图 3）。

图3　2011～2017年节能能力和减排能力

截至2017年，全国从事节能服务的企业总数达到6137家，比2011年增加2237家，增幅约57%（见图4）；行业从业人数也从2010年末的17.5万人增至68.5万人，增长近一倍。

图4　2011～2017年全国节能服务公司数量

不断创新是行业保持活力的关键，也是产业发展的基础，拥有技术创新能力的企业不仅可以使自身保持核心竞争力和处于行业领先地位，更为推动产业的升级发展起到很好的引领作用。经过多年发展，业内涌现出一批获得

197

自主研发发明专利的企业。据不完全统计，截至 2017 年，全国节能服务公司共获得各项专利 1.8 万余项，仅 2017 年一年就获得约 4300 项专利，其中发明专利约 1500 项，获得国家和地方创新成果奖的项目 1500 余项。

2. "事"说节能

随着国家政策导向的日益明晰和节能服务产业连续数年的持续增长，以及各类金融机构的进一步认可、各种融资手段的有机结合、节能服务公司商务模式的创新、节能服务产业内部资源的高效整合，节能服务公司在融资方面不断取得突破性进展，开创了节能服务产业投融资的全新局面。"十二五"期间，银行信贷、融资租赁、企业债、上市及增发等各种方式的融资总额超过 1500 亿元。

（1）能效信贷规模持续扩大

在银监会《绿色信贷指引》和《能效信贷指引》的引导下，越来越多的银行结合合同能源管理项目前期投资大、合同期长和节能服务公司轻资产、无抵押的特点，不断研究创新出金融产品。如上海浦东发展银行向节能服务公司全面推出覆盖绿色产业链上下游的"五大板块、十大创新产品"和《绿创未来—绿色金融综合服务方案》2.0 的绿色信贷产品和服务体系；北京银行针对节能服务公司，力推金融服务拳头产品"节能贷"，解决企业"轻资产、融资难"的问题。据统计，北京银行、浦发银行、华夏银行、兴业银行、民生银行、招商银行、平安银行、中国邮政储蓄银行、中国进出口银行、国家开发银行以及上海银行、南京银行、宁波银行、日照银行等全国性及地方性银行支持的节能服务公司超过 1200 家，累计发放各项贷款超过 1000 亿元。银行信贷已成为节能服务公司的首选和主要融资渠道。

（2）多种融资方式助推企业发展

融资租赁、股权交易平台、私募债也持续加大对节能服务公司的关注和投入，新三板、未来收益权质押、碳债券、节能量交易、碳交易、互联网金融等新的融资方式为节能服务产业注入了新的活力，加速推动了节能服务产业与资本市场的对接。据不完全统计，"十二五"期间登陆"新三板"的节能服务公司共计 155 家，通过增发累计募集资金超过 100 亿元。

（三）平台得力

在节能服务产业的发展过程中，无论是政策的调研建议，还是行业的协作交流，行业协会都发挥了不可忽视的作用。中国节能协会节能服务产业委员会（EMCA），是在中国国家发展和改革委员会、财政部、世界银行、全球环境基金的支持下成立的行业组织。EMCA 的宗旨是推广合同能源管理节能机制、扶持节能服务公司快速成长、促进节能服务产业持续发展。作为政府与节能服务公司之间的桥梁纽带，EMCA 全力为各级政府、各类机构，特别是广大节能服务公司提供技术支持和专业服务，协助各级政府宣传贯彻国家政策，帮助节能服务公司开拓市场、提升能力，开展国际交流合作，扩大中国在节能低碳特别是节能服务方面的国际影响力。

二 中国节能服务产业问题和障碍

自 20 世纪 80 年代合同能源管理机制引入中国以来，节能意识问题、服务能力问题、诚信环境问题和融资环境问题一直是产业发展不可避免的话题。随着中国经济发展进入新的阶段，节能服务产业的发展也面临新形势，老问题也发生了新变化。

（一）意识问题——转变不到位

为推动节能工作的开展，中国密集出台了一系列政策法规，加大了用能企业节能降耗的压力，倒逼企业进行节能改造，因此给节能服务公司创造了巨大的市场机会。但不可否认，用能单位在中国经济发展转型升级期以及绿色市场蓬勃发展的阶段，对于节能作为企业降成本、提效益、增强竞争力和促进转型的重要抓手的思想认识不到位，大多数用能单位的主动节能意识亟待提高。与此同时，节能服务产业的进一步发展离不开技术的创新突破，但部分节能服务公司对技术创新与市场转型的紧迫性认识不足，缺乏创新的意识和动力，导致产业发展后劲不足。在相当长一段时间内，企业的主动节能

意识以及节能服务公司综合技术创新意识的滞后是节能服务产业可持续发展亟待突破的重要瓶颈之一。

（二）能力问题——供需不匹配

随着中国节能服务工作的推进，通过单体设备、单一环节或单一工序实现节能的潜力已然不是主流，节能服务市场需求正在向综合能源服务方向转变。工业互联网、智慧化、人工智能等现代思维的趋势也日益明显。而与之形成鲜明对比的是，节能服务公司综合服务能力虽有提升，但提升的强度还是无法满足广大客户的高水平需求。虽然节能服务公司数量逐年增加，但是以中小企业为主的格局未发生根本性变化，导致市场出现短暂的"饥渴"状态。

从公司规模来看，较大的节能服务公司多数是由从事上下游服务的专业技术公司或大型国有企业组建而成，而单个节能服务公司由于没有大型企业延伸配套，难以形成关联度强、各环节配套完善的节能服务产业链条，导致节能技术力量还不能提供综合的节能服务，特别是对一些投资大、跨专业的综合性项目难以独立完成。

从业务领域来看，绝大部分服务公司仅涉足某一领域的节能服务，尚不能满足综合化服务需求。虽然大多数节能服务公司开始致力于向综合能源服务商转型，但真正具备相应能力的公司少之又少。与此同时，充分利用信息化手段，将节能与互联网和人工智能深度融合，催生节能服务新的业态，也对节能服务公司的综合能力和资源整合能力提出极高要求。综合节能服务市场的供应不足与市场需求的巨大，凸显供需的极度不匹配。

（三）环境问题——市场不健全

完善诚信体系是节能服务产业健康发展的关键因素之一。近年来，按照党中央、国务院关于推进社会信用体系建设的部署和要求，节能主管部门和行业协会在推进行业自律，构建企业诚信体系建设方面开展了大量工作，也取得了一些成效，但是企业的诚信意识和信用水平仍然有待提高。

节能服务市场的诚信体系建设需要政府引导、行业协会协助、企业重点参与。目前，行业协会在搭建行业信息交流平台、制订节能服务行业公约、树立诚信典型、节能服务公司评级、节能企业信用评价等行业诚信档案建立方面均开展了大量的工作，也建立了部分行之有效的应用工具，但如何扩大这些工具的应用范围，提高企业的主动参与度，监管部门如何利用这些工具去进一步完善合同能源管理的配套机制，对有损行业信誉、破坏行业竞争秩序的企业如何予以惩罚，如何把行业引向公正、公平、公开、有序的轨道，这些方面仍有待深入思考和研究。

（四）融资问题——成本是痛点

为解决节能服务公司融资难的问题，中国政府相继出台了一系列政策推动绿色金融市场的发展，能效信贷、融资租赁、股权投资、融资担保、绿色债券、绿色保险等融资方式也逐渐应用，极大丰富了节能服务公司的融资渠道，融资成本也略有下降。但业界普遍认为，绿色金融目前仍存在"雷声大、雨点小"的现象，融资难、融资贵的问题仍然存在。有些节能项目的融资成本占项目总投入的 20% 以上，严重制约了产业的快速健康发展。

三 中国节能服务产业前景和未来

2017 年，节能服务产业的发展虽然受到经济形势放缓和产业调整政策的影响，但从全球能源、经济发展的大趋势来看，由于国际上应对气候变化的形势日益紧迫，各国纷纷提出各自的能源转型目标，提高能效是重中之重，能效是"第一能源"已成为全球的共识，节能服务产业的发展前景还是非常乐观的。同时，中国在"十九大"报告中将生态文明建设提升到了千年大计的高度，未来为建设生态文明，实现"美丽中国"目标，能源生产与消费革命、区域环境污染治理等各项宏观战略的实施将对节能服务产业的发展提出更高的要求。不仅如此，"一带一路"倡议的推进、"南南合作"

相关项目的实施、全国碳市场的兴起等各项工作的开展，也将给节能服务产业的发展带来更大的机遇。

（一）节能产业发展促进形成新的经济增长点

节能和提高能效不仅能为经济发展带来可观的效益，如促进 GDP 的绿色增长、创造更多的就业机会、减少政府花费和增加政府税收、提高工业生产等方面。同时还蕴含大量有益于实体经济、增进民生福祉的机会。2010～2050 年按照净现值计算，仅节约的能源总成本高达 56 万亿元（按 2010 年价），需要新增的总投资为 35 万亿元（按 2010 年价），实现的净收益为 21 万亿元（按 2010 年价）。如果考虑间接影响带来的经济效益、能源安全改善红利以及污染物大幅减排带来的健康效益和环境效益等，其产生的综合经济、环境和社会效益更加巨大。节能服务产业发展的历程也显示，节能服务产业已成为开展节能减排的主力军，产业总产值从 2008 年底的 417.3 亿元增长至 2017 年 4148 亿元，十年间增长近十倍，就业人数从十几万人增长到近 70 万人，表现出良好的发展势头。随着日前环境气候问题日益突出及相关法律制度的逐步完善，节能产业将成为"十三五"时期国家战略性新兴产业的支柱产业。面对全球国际贸易新格局，大力发展战略性新兴产业，节能服务产业已经凸显出巨大的魅力，服务业比重的提升将助力中国产业转型升级，在智慧化、智能化的大时代背景下发挥不可替代的作用。

（二）中国节能服务产业持续发展

随着国内市场需求的提升，特别是各项产业向智慧化、智能化的不断进展，为中国的节能服务产业发展插上了腾飞的翅膀。一批技术依托型的公司从单一的技术改造发展到综合能源服务，为用能单位提供更专业、高效的服务，力争做到让客户"省心、省事、省钱"，服务意识的提升已经成为很多节能服务公司的核心竞争力，不少公司从原来的依赖硬件设备的销售实现利润增加，发展到更多地依靠科技服务这种软实力的提升为企业增值。国内的节能服务市场环境也在不断完善，行业标准、信用评级、融资评价等体系建设的行为都为产业的发展打造良好的生态。

随着电力体制改革的深入，综合能源服务的概念越来越得到大家的认可和接受，特别是国内大型能源供应商的深度参与，如国家电网、南方电网、中国能源集团等纷纷涉足综合能源服务业务，更让节能服务这一理念为企业赋能，成为这些"传统老牌"能源供应企业新的"杀手锏"，借助原有能源供应渠道这一无可比拟的优势，大型央企国企在为全国综合能源服务上台阶做出特殊的贡献。大数据、人工智能、工业物联网等现代技术的发展，也让中国的节能服务和全球接轨，与知名跨国公司媲美。而凭借对中国市场特别是中国文化独到的理解，一批国内民企脱颖而出，成为这一战略型新型产业的龙头，不仅引领着中国节能服务产业的发展，更是在国家战略的指引下，走向全球，真正为解决全球温室气体排放，积极应对气候变化发挥作用。

四 加强国际合作，实现全球可持续发展

近年来，中国经济增长迅速，但也在资源环境方面付出了巨大代价，资源环境与经济发展的矛盾日益尖锐，传统的"高投入，高消耗，高污染，高速度"与"低产出，低效率，低效益，低科技含量"的经济增长方式难以为继，必须探索新的能源生产和消费模式，培育战略性新兴产业，加快重塑能源体系，实现有中国特色、更高标准要求的现代化，对人类社会发展和文明进步做出应有的贡献。从"十一五"到"十三五"，中国的节能产业发展迅猛，在全球独树一帜，已经成为应对气候变化国际合作的贡献者与引领者。中国不仅作为全球最大的能源消费国，更是全世界最具潜力的节能减排大国，通过开展广泛的国际合作，特别是"一带一路""南南合作"，中国节能产业的引领作用更加明显。中国将携手世界各国，谋求绿色发展，共建清洁美丽"地球村"，实现全球可持续发展。

G.16
应对气候变化与公正转型

张 莹*

摘　要： 本文介绍了在气候变化框架公约下，气候变化相关措施实施的背景下，关于劳动力的公正转型、创造体面和高质量就业的研究和谈判的进展。公正转型从本质上看核心还是解决就业问题，因此需要首先理解气候变化政策对就业的影响。低碳发展是指通过低碳化进程实现低碳经济的发展路径，旨在实现可持续发展与应对气候变化的双重目标。通过产业结构和能源结构的调整，除了对就业总规模和结构产生影响之外，还会对就业技能提出新的要求。为了更好地促进气候政策执行过程中实现公正的转型，中国应积极开展针对性的研究，通过加大绿色投资促进新的低碳就业机会，还需要妥善考虑和安置因气候政策冲击导致失业的群体，防止这些人群因受政策冲击而致贫。

关键词： 气候变化　公正转型　就业创造　减缓政策　适应政策

近年来，在气候变化框架公约（UNFCCC，本文下简称公约）下，关于应对气候变化的相关举措所产生的社会经济影响在国际社会上引起了越来越多的关注。在能源结构转型背景下，劳动力的公正转型、创造体面和高质量的就业也逐渐成为国际气候谈判的重要议题之一。本文将介绍公约下，针对

---
* 张莹，中国社会科学院城市发展与环境研究所，助理研究员，研究领域为能源经济学、环境经济学、数量经济分析。

就业议题和公正转型的研究进展，总结气候变化对就业的影响，以及气候政策执行过程中要实现公正转型所面临的机遇与挑战。最后将针对中国该如何积极迎接公正转型提出针对性的政策建议。

一 公正转型概念的内涵及发展

公正转型（just transition）的概念最初是在 20 世纪末在北美工会活动中被提出，随后逐渐被其他非政府组织（NGOs）、联合国机构和政府机构所广泛接受，用于指转型过程中需要关注就业和劳动力领域的公正性问题。目前，各界普遍认可"公正转型"的内在含义应当是当经济向可持续发展方向实现转型时——包括应对气候变化、保护生物多样性等——需要建立相应的社会制度框架来确保受影响工人群体的工作和生计不会受到严重的损害。正是由于公正转型的核心关切点是就业问题，所关注的焦点是转型过程中工人群体的各种权益，因此国际劳工组织（ILO）和很多国家的工会机构一直是推动该概念被各界接受的重要力量之一。

目前，公正转型概念受到越来越多关注的原因在于，当经济向清洁化生产、可持续发展方向转型时，经济结构必然需要随之调整。虽然这种转型能够给很多产业带来机会，创造大量新增就业机会，但同时也会导致很多部门走向衰退，相关行业的从业人员也可能面临生活水平下降，甚至是失去工作的压力。历史经验不断证实，经济的转型过程中会导致一些普通工人的利益受损，使他们面临失业和陷入贫困的困境。这些工人群体的家庭和所在地区也需要和他们一起努力适应转型带来的生产方式转变以及生活条件和环境所发生的变化。国际工会联盟（ITUC）在 2010 年提出公正转型是"工会运动同国际社会共同分享的一种工具，目标在于当社会向更具可持续方向改变时，帮助解决面临的一些社会问题，确保绿色经济能够为所有人提供体面的工作和谋生方式"[①]。

---

① ITUC, Resolution on combating climate change through sustainable development and just transition, 2010, 2nd ITUC Congress, Vancouver, Canada, available at, http：//www.ituc-csi.org/resoluti？on-on-combating-climate？lang = en.

虽然公正转型概念最初提出时，被宽泛地用于经济向可持续发展和环境保护方向转型过程中导致的就业影响，但近年来，这一概念被越来越多地用于气候变化领域，一些机构将公正转型与气候行动联系在一起，将公正转型视为支持应对气候变化的一种重要的社会机制。

ILO 最早在 2010 年就在内部研究报告中提出应对气候变化行动和政策对劳动力的影响要求必须实现一种公正的转型①。报告指出，应对气候变化的各项举措会对很多行业的就业水平和劳动力产生显著的影响，但当前的气候变化国际治理体系中却并没有对这些就业影响予以足够的重视，或者并没有在应对气候变化的政策框架体系内，系统性地去考量各种行动所造成的就业影响并制定针对性的举措。减缓气候变化会鼓励可再生能源产业的发展，创造一些新的就业机会，但是减排政策会对很多劳动密集型的高耗能部门造成负面冲击，导致就业的减少或消失。

在国际工会和劳工组织的不懈推动下，公正转型逐渐被其他致力于气候变化和推动全球可持续发展的机构所接受，公约也开始将公正转型纳入全球气候治理的议题中。在公约框架下对公正转型的关切主要是当全球能源结构向低碳、清洁化方向发展时，给传统能源部门带来的冲击以及所需的政策框架。

2011 年底在南非召开的公约第 17 次缔约方大会（COP17）上，决定针对应对气候变化措施的各种经济、社会影响展开研究，并确定了 8 个关键领域，其中一个议题就是公正转型。随后，在 2013 年，公约附属科学技术咨询机构（SBSTA）和附属履行机构（SBI）联合举办了一个关于公正转型的会议，会议上各缔约方阐述了各自关于公正转型的观点，一些缔约方认为应对气候变化的一些具体行动，如各种补贴、不同的标准实施以及针对性关税措施都会对劳动力产生经济就业影响，但这些措施所产生的影响也存在着明显的差异。会议提出，为了实现公正的低碳转型，避免部分工人群体由于转型受到不利影响，需要对一些领域进行必要的投资，包括教育和就业培训

---

① ILO, Climate Change and Labour, "The Need for a 'Just Transition'", *International Journal of Labour Research*, 2010, Vol. 2, Issue 2, pp 125 – 162.

等，通过这种投资帮助受影响群体更好地适应转型，重新寻找到体面的就业机会，因此可以带来有益的协同效应。

在 2015 年公约第 21 次缔约方大会（COP21）上所召开的"应对措施执行情况论坛"再次确定将实现公正转型作为未来应对气候变化措施中需要重点关注的两大领域之一。针对应对气候变化过程中的公正转型问题，第 44 次 SBSTA 和 SBI 会议上，提出要启动一项为期三年的工作计划，要求公约秘书处针对公正转型问题准备一份技术报告，并鼓励各缔约方和观察机构积极提供关于公正转型问题的观点、经验和案例。会上缔结的重要成果《巴黎协定》也明确将"公正转型"写入文案，明确指出"考虑到务必根据国家制定的优先事项，实现劳动力公正转型以及创造体面和高质量就业岗位"。公约秘书处在 2016 年发布报告《就业的公正转型以及创造体面和高质量工作》，全面总结了在公约下对就业问题的研究和思考①。这也是公约秘书处首次针对就业问题进行的专门的技术性研究。

鉴于就业问题的重要性，越来越多的国际机制和平台都开始将公正转型作为亟待考虑和解决的重要议题之一。气候行动网络（Climate Action Network，CAN）在为 2018 年底将于阿根廷举办的 G20 峰会准备的议题摘要中指出："实现公平和快速的转型将能有助于实现许多可持续发展目标（SDGs）。"② 建议在今年的 G20 峰会中也将公正转型作为重点议题加以讨论。

二　气候政策对就业的影响

公正转型从本质上看核心还是解决就业问题，因此需要首先理解气候政策对就业的影响。气候政策可以分为减缓政策和适应政策两大类，减排政策

① UNFCCC, "Just Transition of the Workforce, and the Creation of Decent Work and Quality Jobs", Technical Paper by the Secretariat, FCCC/TP/2016/7. "United Nations Framework Convention on Climate Change", 2016, available at, https://unfccc.int/resource/docs/2016/tp/07.pdf.

② CAN, G20 Issue Brief: Just Transition, 2018, available at, http://climatenetwork.org/sites/default/files/can_g20_brief_2018_just_transition_1.pdf.

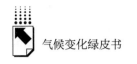

和低碳技术是实现低碳发展的重要途径。而这两类政策中大部分都会对就业产生直接的影响。低碳发展是指通过低碳化进程实现低碳经济的发展路径，旨在实现可持续发展与应对气候变化的双重目标。不同的政策目标和政策实施路径会对相关产业产生不同的影响，通过产业结构和能源结构的调整，淘汰落后产能、开发新技术和新能源等途径影响产业就业结构和区域就业结构。除了对就业总规模和结构产生影响之外，这些变化还会对就业技能提出新的要求。

应对气候变化需要调整能源结构和提升能源利用效率，从传统的以化石燃料为基础的能源体系转为清洁、可再生能源体系。要实现温室气体减排目标意味着经济结构也需要调整，对一些地区的产业结构也会产生影响。这种可持续的低碳转型会对一些部门的就业产生正面或负面影响。总体来说，低碳产业和服务性行业的产出和就业会提高，而能源密集型和资源密集型的部门会发展趋缓甚至逐步衰退乃至被淘汰。

气候政策的执行，对不同部门、不同地区的就业所产生的影响也具有明显的差异。不同部门受影响的过程时间长短不一，在不同时间内，气候政策对各部门就业水平的影响也各不相同。在制定减排目标时，除了考虑技术可行性和经济成本之外，还必须认真评估相关政策对就业的影响。这种评估应该从两个维度去考虑，首先是定量去估算各国、各地区受影响部门就业变化的规模；其次是去研究就业增减部门，创造或转型的就业类型的质量变化。

气候政策会给一些部门带来新的投资，并促进就业规模扩大，例如新能源的开发利用、通过植树造林增加碳汇、专业性的节能服务等，这些投资不仅会创造大量直接就业机会，还会给与其关联的其他产业，如相关的设备制造业、森林旅游业和金融业等，带来很多间接的就业机会。但与此同时，煤炭、石油和天然气的开采行业以及相关的化工行业，高耗煤的火电、钢铁、水泥生产等行业的就业机则会减少。但从全球范围来看，大部分针对气候政策就业效应的定量研究都发现气候政策的执行整体上将能推动全社会就业总规模净增加。ILO 和 IILS（2012）对 30 项相关的就业影响定量研究成果进行了比较分析，这些研究涉及不同国家或地区，结果发现气候政策的执行整体上将带来或很可能带来可观的就业效应。在这些研究中，大部分分析结果表明为了实现既定的气候控制目标所执行的相关政策所产生的就业效应约为促进就业规模净增0.5%～2%，或净增1500万或6000万个就业机会。另外一些针对具体国家（包括美国、澳大利亚、德国等）的研究也得出了类似的结论，这些研究都发现气候政策的就业影响是积极的，而且减排目标越积极，往往越能够带来更加显著的就业净增效应。[①]

除了考虑气候政策所带来的总量影响之外，同时还应关注在政策执行过程中就业质量的变化。在气候政策实施推动的低碳转型过程中，所创造的就业机会除了能够为从业者提供合理的收入之外，还应该提供更加具有保障性和安全性的工作环境和条件，因此这些新兴的就业机会也应该是体面劳动。有研究证明，低碳转型能够显著降低传统能源部门和高耗能部门中出现的职业性危害[②]。例如，随着能源结构向低碳、清洁化方向转型，传统煤炭开采行业所面临的很多健康威胁也将随着就业规模的减少而降低。

除了气候政策对就业的影响之外，气候变化本身也会对很多国家的经济发展和就业状况造成影响。ILO的报告揭示[③]，如果全球性的气候变化不受控制地持续下去，会导致很多面对气候变化脆弱度很高的发展中国家的经济增长乏力，减贫目标也难以实现。农业部门往往会直接受到气候变化的影响，而在很多贫穷国家，农业部门就业规模相当可观。气候灾害的风险会导致农业部门的就业脆弱性变大，在该部门中从事正规就业和从事非正式经济工作的人群都将受到影响。

---

① ILO and IILS（International Institute for Labour Studies）， "Working Towards Sustainable Development: Opportunities for Decent Work and Social Inclusion in a Green Economy," Geneva, International Labour Organization, 2012.

② Poschen P, *Sustainable Development*, *Decent Work and Green Jobs*. 2015, Sheffield, Greenleaf Publishing; UNEP, ILO, IOE（International Organisation of Employers）and ITUC（International Trade Union Confederation）， "Green Jobs: Towards Decent Work in a Sustainable, Low Carbon World," 2008, Nairobi.

③ ILO, "Guidelines for a Just Transition towards Environmentally Sustainable Economies and Societies for All, 2015," available at, http://www.ilo.org/wcmsp5/groups/public/—ed_emp/—emp_ent/documents/publication/wcms_432859.pdf.

三 实现公正转型面临的主要机遇与挑战

气候政策的执行会推动各国的经济和社会向更具环境可持续性方向转型。如果政策得当，能促进包括工人和企业在内的所有利益相关方都充分参与到决策机制过程中来，那么这种转型能够促进经济整体就业机会的净增、就业质量的提升、社会公正的改善并有助于实现消除贫困的目标。但应对气候变化政策同时也要求国家经济结构、能源结构和企业经验方向的调整，因此也会带来一些问题和挑战。

（一）公正转型带来的机遇

从推动劳动力公正转型的角度看，全球很多国家将因这种转型而获益很多，气候政策的实施会给各国带来以下机遇。

1. 实现就业规模净增

为了实现全球温控目标，各国都必须继续削减温室气体排放水平或者控制温室气体排放的增长速度，这要求对整个经济结构、产业结构和能源结构做出相应的调整。这种调整会进一步影响到经济生活的各个方面，包括消费方式、能源生产和利用方式、能源技术发展、产业布局、商品生产和分配方式等，并对不同部门产生不同影响。但总体来看，面向低碳转型和发展的大量投资会涌入更具环境可持续性的生产和消费领域以及自然资源管理领域，并创造出规模可观的体面就业机会，这些新增的就业总量将能弥补传统工业部门被淘汰的就业机会，因而整体能实现总规模净增的就业创造潜力。

2. 提高就业质量和收入水平

公正转型除了需要妥善处理好转型过程中不同部门的就业创造和就业损失，保障受影响的工人群体都能获得妥善安排，还应提升整体的就业质量和收入水平。减排目标的实现意味着生产方式必须向更有效率的方向转型和提升，因此会鼓励一些重点部门，包括农业、建筑、废弃物处理和回收以及旅游业等，向经济和社会提供更多绿色的产品和服务，与此同时也创造出更多的新就业机会。同减少或消失的传统就业机会相比，这些新的工作岗位往往意味着更好的工作条件和环境，因此就业质量相比以往也有了显著的提升，而工作收入也随之相应提高。

3. 改善基础能源供给

低碳转型的核心要义是能源结构清洁、低碳化，这种能源结构的调整旨在让更多人负担得起更具环境可持续性的基础能源供给。公正转型还意味着必须对环境和气候友好型的服务收取合理的费用，这将帮助低收入群体更好地改善和体验清洁化的基础能源供给，尤其是在一些贫穷的国家和地区，这种转型将能使更多群体更好地融入社会。

（二）公正转型面对的问题与挑战

但与此同时，要真正实现公正的转型也会面临很多问题与挑战，主要包括以下几点。

1. 部分产业就业减少或者消失

低碳转型意味着经济结构的调整，有些传统的部门就业会减少，特别是化石能源的生产与利用产业，会面临巨大的转型压力。展望未来，减少对燃煤电厂的依赖将是减缓气候变化与能源转型的要务。根据联合国环境规划署（UNEP）最新发布的《2017 年排放差距报告》[①]，为了达到温控目标，未来全球高达 80% 到 90% 的煤炭储量必须停止开采和使用，并尽量避免新建燃煤电厂，同时逐步淘汰现有电厂，才能缩小巨大的碳排放差距。这种艰巨的转型意味着这些产业中的部分就业群体会面临失业的压力。

2. 受影响企业和地区都需要妥善解决好面临的就业安置压力

在低碳转型过程中，部分产业和地区将面临巨大的压力。煤炭、石油和天然气的开采以及相关的化工行业，高耗煤的火电、钢铁、水泥生产等行业的就业机会都不可避免地减少，而这些行业往往呈现明显的区域集聚效应，

---

① UNEP, "The Emission Gap Report 2017: Synthesis Report 2017", available at, https://wedocs.unep.org/bitstream/handle/20.500.11822/22070/EGR_2017.pdf.

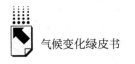

因此会对化石能源资源禀赋丰沛地区产生直接的不利冲击。这些地区和相关企业都必须面临长期而漫长的转型压力,因此必须去积极适应气候政策实施产生的长期影响,妥善处理好将面临的就业安置压力,避免出现因气候政策执行导致的非自愿性的人口大规模流动以及同时发生的资产损失以及受影响人群生活水平的下降。

3. 能源和其他商品价格提高给脆弱群体造成的影响

为了实现温控目标,必须逐步提高清洁能源在能源结构中所占比重,然而目前新能源和可再生能源同传统化石能源相比较并没有明显的成本优势,尤其是对于一些相对贫穷的发展中国家,这种能源结构的调整可能会意味着能源供给和相关商品价格水平的提高,这会给最贫困家庭带来额外的成本负担,因此必须也对这种问题进行有针对性的政策安排,通过提供补贴等方式将这种不利影响降至最低。

四 公正转型的基本指导原则及相关政策框架

实现公正转型必须要在实现应对气候目标的同时为所有人提供体面工作机会、实现社会包容并帮助实现消除贫困。一些研究已经揭示经济的低碳转型可以带来很多机会去实现一些社会发展目标:这种转型可以为发达国家和发展中国家提供新的经济发展动力,能够创造出大量体面的绿色就业,而这些能极大地促进消除贫困和社会包容目标的实现。经济绿色转型将能够以更可持续的方式去利用自然资源,提升能源利用效率,减少浪费,可以帮助解决不平等问题以及增强经济活力。就业绿色化以及创造绿色就业可以促进具有竞争性、低碳、环境可持续的经济发展,以及推动可持续的生产和消费方式的发展,也有助于实现应对气候变化的目标。

如果政策得当,这种公正转型可以强有力地促进就业创造、就业升级、社会公正以及消除贫困。企业和就业的绿色转型,可以减少污染,以更可持续的方式去生产,因此促进相应的创新,增强经济活力,推动新的投资到这些领域中去。

（一）实现公正转型的指导原则

公正转型政策框架需要提出各种具体的方案去解决转型对工人群体及其所在地所受到的影响，包括对就业的影响、就业损失风险、地区经济衰退的风险以及其他相关的负面影响。UNFCCC针对气候问题的公正转型，提出了三个维度的公正转型指导原则，具体包括发达国家必须根据"共同但有区别的责任"原则来正确面对造成气候变化的历史责任；各国不应该任意以应对气候变化的名义在国际贸易中实行不公平的歧视或限制行为；应对气候变化行动必须要与社会和经济发展目标保持一致，并充分考虑到发展中国家的特殊需求，尤其是面对气候变化的负面冲击最为脆弱的国家。在应对气候变化的过程中，要实现公正转型必须在这三条指导原则下实施。

（二）实现公正转型的政策框架

此外，为了实现公正转型，还必须建立一个完善、合理的政策框架，包括经济、环境、社会、教育/培训政策等，通过针对性的政策为企业、工人、投资者、消费者创造有利的条件，让所有人都能积极支持这种面向环境可持续和包容社会的公正转型向前推进。促进公正转型的政策框架，应该明确该如何去促进和创造更多体面的工作机会，包括针对转型对就业的影响的进程和程度进行预测、对就业损失和裁员提供必要的社会保障、积极促进受影响群体的技能发展、有效保护其合理权益。

由于各国发展阶段和实际情况千差万别，因此很难归纳出一个具有普适性的政策框架，应当根据各国的具体情况，包括发展阶段、经济部门以及企业类型和规模来确定合适的政策。每个国家根据自己的实际情况去制定包括宏观、产业、部门和劳动力政策的一揽子政策组合，去鼓励和支持企业层面积极寻求可持续转型，通过引导公共和私有投资流入对环境可持续有益的领域，去创造更多体面就业机会。目标是在供应链全过程上都创造出更多体面的工作机会，在动态的高附加值部门促进就业升级和技能升级，在劳动密集型产业提高劳动生产率。同时还应建立国际合作机制来促进经验共享。

目前，国际上很多机构也在积极推进体面劳动国别计划，通过这些计划来分享关于宏观经济和部门政策的知识和最佳做法；讨论和分析有关就业和社会经济评估的结果并促进国际合作。在国家层面，推动各部门合作共同发展、执行和监督政策执行；在产业层面，通过各种举措来促进体面就业并预测技能需求，据此设计合理以及连续的培训机制；在地方层面，地方政府、雇主、工会和研究及培训机构需要彼此有效合作，以将公正转型措施纳入可持续经济发展的框架内。

五　中国积极迎接公正转型的对策建议

从长远看，产业和能源结构调整所创造的新的工作机会和需求能够弥补因政策冲击造成的就业损失。但在短期内，从我国的实际情况来看，为了实现温室气体减排目标，相关的产业结构调整措施会给一些传统的工业部门，包括煤炭开采、钢铁、水泥生产以及电力生产和供应等行业产生显著的影响，一些淘汰落后产能目标会导致大量就业岗位的削减或消失。以煤炭行业为例，2003～2013年，煤炭发展的"黄金十年"内，行业城镇单位就业人数由377万提高到530万人，增加了153万人。但从2014年开始，在应对气候变化、加强环境治理、能源转型和去产能等多重压力共同作用下，短短三年间，煤炭行业的从业人数由从530万人下降到397万人。这些部门就业规模庞大，所带来的就业影响牵扯到企业利益，关乎相关从业职工的命运，也事关社会稳定。由于应对气候变化的行动和政策所产生的就业创造和就业损失影响具有时间和地区的不完全匹配性，因此亟待认真、深入的研究，针对这些影响做出准确评估，并基于研究提出针对性的政策建议，大力鼓励具有就业创造效应的行业快速发展，同时解决好面临就业损失压力的行业和地区可能面临的问题。

目前，参与公约谈判的很多缔约方都已经加强了对公正转型的认识，并开展了很多研究去探索所需的政策框架的建立和最佳经验的分享。尽管我国目前出台的很多政策实质上都针对这种公正转型有了相应的制度安排，但是缺乏系统性的认识。中国正在积极成为全球生态文明国家，应充分考虑相关政策对于一些部门的就业挤出影响，妥善应对。对于受冲击较为严重的部门要循序渐进地设定政策目标和采取有针对性的措施，在实施过程中安置转移好因政策实施失去工作机会的群体，避免局部地区或企业出现严重的就业问题。为了实现公正转型，实现气候政策与就业、社会保障政策等良好的协调关系，应做好以下几方面的工作。

首先，需要正确理解公正转型，展开基础性研究。针对气候政策以及其他可持续转型带来的就业和社会影响展开研究，提前预测受影响部门和地区，并有针对性地建立所需的政策框架。例如，当前在中国供给侧结构性改革的背景下，以煤炭开采为代表的一些部门会因"去产能"等政策面临转型带来的就业压力，针对这些影响，开展基础性研究，识别压力较大的地区，明确政策需求，促进就业减少的地区和产业更好地实现社会公平的转型。

其次，通过加大绿色投资促进低碳就业：行业发展现状对就业的贡献不一，不同生产部门中各行业的自身发展对就业的直接效应和间接效应不同。国外经验已经证明，绿色投资拉动就业的间接效应远大于直接效应，中国节能减排政策及太阳能、生物燃料、风电、水电等清洁能源的发展，将带来就业的大量增加。这些新增的就业机会将能帮助更好地实现公正的转型。

最后，还需要妥善考虑和安置因气候政策冲击导致失业的群体。节能减排政策会导致一些传统的部门面临较大的就业压力，在"去产能"背景下，近几年的就业压力尤其严峻。针对这些行业的就业安置问题，国家和地方都应该出台有针对性的政策和措施，突出重点、分类执行、综合治理。由于煤炭生产区域分布差异很大，产业相对单一的资源枯竭城市和独立工矿区的就业困难最为突出。要以资源枯竭城市和产业单一的独立工矿区为重点，在就业专项资金、职业技能培训、社保转移支付、失业保险基金使用、跨地区劳务对接等方面制定专门政策措施，重点给予支持和帮助。对于因为政策冲击受到影响的下岗职工群体，要做好妥善安置，防止这些人群因受政策冲击而致贫。

G.17
中国碳价格对覆盖行业
国际竞争力的影响

齐绍洲　杨光星*

摘　要： 本文基于碳市场覆盖行业能源消费和二氧化碳排放之间稳定的关系，建立碳价格向能源价格的映射，通过能源价格研究了碳价格对覆盖行业国际竞争力的影响，并给出了相关的政策建议。

关键词： 碳价格　覆盖行业　国际竞争力

2017 年 12 月 19 日中国碳市场正式启动，首批覆盖电力行业，其他 7 个覆盖行业[①]中，黑色金属业、造纸业、石油业、化工业、非金属业和有色金属业 6 个行业属于贸易暴露型行业，其能源消费总量约占全国的 45%，出口总值约占全国的 12%，其竞争力容易受到碳市场的影响，本文着重分析碳价格对这 6 个覆盖行业的国际竞争力的影响。

---

* 齐绍洲，武汉大学气候变化与能源经济研究中心主任，教授、博士生导师，研究领域为应对气候变化、能源经济、碳市场等。杨光星，武汉大学经济与管理学院经济学博士，就职于湖北碳排放权交易中心，研究领域为碳市场、国际贸易与国际竞争力。
① 覆盖行业：指被主管部门纳入碳市场的行业，我国碳市场覆盖行业包括电力、石化、化工、建材、钢铁、有色、造纸和航空共 8 个行业。本文研究的能源密集型和贸易暴露型行业是按照国民经济行业分类标准（GB/T 4754 - 2011）进行的分类，特指黑色金属冶炼和压延加工业，造纸和纸制品业，石油加工、炼焦及核燃料加工业，化学原料和化学制品制造业，非金属矿物制造业和有色金属冶炼及压延工业 6 个行业，在下文中分别简称为：黑色金属业、造纸业、石油业、化工业、非金属业和有色金属业。

一　全国碳市场覆盖行业国际竞争力的现状

行业国际竞争力表现在多个方面，本文通过覆盖行业出口值及其占比、行业出口竞争力指数①和行业成本费用利润率②等维度，研究了1998年至2015年6个覆盖行业的国际竞争力的总体特征、行业差异及其变化趋势。行业出口值和行业出口竞争力指数反映了行业在国际贸易中出口的能力，行业成本费用利润率反映了行业的内部盈利能力。

（一）覆盖行业国际竞争力的总体特征

碳市场覆盖的6个行业的出口值占全国的比重在12%上下波动，整体年均增长率约为18%，受2008年国际金融危机的影响较大，2008年以后覆盖行业出口值、增长率及出口值占全国的比重均有所下降，具体情况如下。

（1）覆盖行业出口值情况。据统计（见图1），覆盖行业年均出口总值

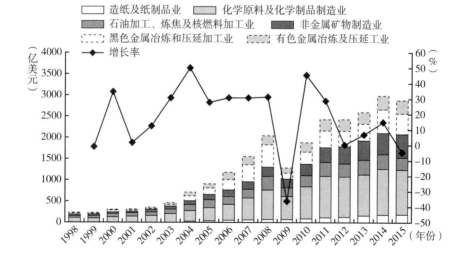

图1　1998~2015年覆盖行业出口值及增长率

---

① 行业出口竞争力指数：指行业的出口相对规模与生产相对规模之比。

② 成本费用利润率：指企业生产的利润值与对应生产成本总费用的比率。

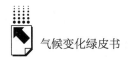
为 1452 亿美元, 年均增长率约为 17.9%。2009 年之前有 6 个年份出口值增长率超过 30%, 受国际金融危机的影响, 2009 年出口增长率暴跌至 -36.7%, 2010 年和 2011 年又迅速回升, 2012 年之后出口增长率均较小, 其中 2012 年和 2015 年为负增长。

(2) 覆盖行业出口总值占比情况。据统计(见图 2), 1998~2015 年, 总的来说覆盖行业出口总值占全国出口总值的 12.3%, 占比相对比较稳定。1998~2003 年占比整体呈下降趋势, 低至 2003 年的 10.9%, 2004~2008 年总体呈上升趋势, 高至 2008 年的 14.2%, 受国际金融危机的影响, 2009 年跌至最低点 10.8%, 之后缓慢回升, 2015 年达到 12.7%。

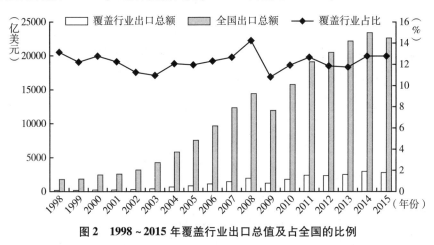

图 2　1998~2015 年覆盖行业出口总值及占全国的比例

(二)覆盖行业国际竞争力的行业差异

碳市场 6 个覆盖行业中, 造纸业的出口值占比最小, 化工业的出口竞争力最强且出口占比最高; 黑色金属业的出口竞争力最弱; 非金属业的盈利能力最强, 石油业盈利能力最差, 具体情况如下。

(1) 行业出口值占比情况。经测算, 覆盖行业间出口值占比显示(见图 3), 化工业占比最高, 年均占比 35.4%, 造纸业占比最小, 年均占比为 5.1%。其他行业年均出口值占比分别为:黑色金属业为 16.2%、非金属业为 14.4%、石油业为 13.5%、有色金属业为 10.8%。

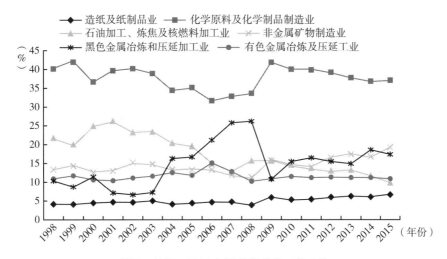

图3 1998～2015年覆盖行业出口值占比

（2）行业出口竞争力指数情况。经测算，覆盖行业出口竞争力指数（见图4），行业间的差异较大，化工业明显处于竞争优势，年均值为1.51；黑色金属业明显处于竞争弱势，年均值为0.57。其他行业的年均出口竞争力指数由大到小分别为：石油业为1.12、有色金属业为0.95、非金属业为0.89、造纸业为0.88。

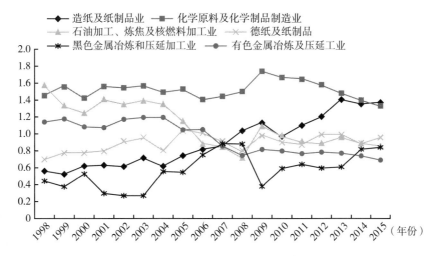

图4 1998～2015年覆盖行业出口竞争力指数

（3）行业成本费用利润率情况。成本费用利润率体现了行业生产中每投入 1 单位成本的盈利能力。1998～2015 年覆盖行业规模以上企业成本费用利润率数据显示（见图 5），非金属业水平最高，年均值为 6.04%，石油业水平最低，年均值为 0.91%。其他行业的成本费用利润率年均值由大到小分别为：化工业为 5.45%、造纸业为 5.33%、有色金属业为 4.17%、黑色金属业为 3.67%。

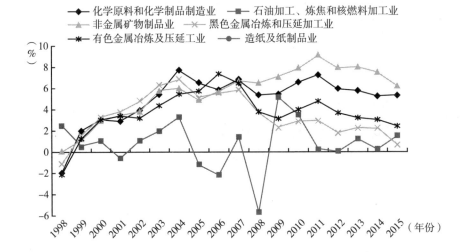

图 5　1998～2015 年覆盖行业规模以上企业成本费用利润率

（三）覆盖行业国际竞争力的变化趋势

碳市场 6 个覆盖行业中，黑色金属业出口值占比和出口竞争力指数上升最快；石油业出口值占比、出口竞争力指数和成本费用利润率都下降最快；化学业成本费用利润率增长最快，具体情况如下。

（1）行业出口值占比变化趋势。有 4 个行业总体呈上升趋势，有 2 个行业总体呈下降趋势（见图 3）。黑色金属业增长最快，年均增长率为 9.5%，造纸业为 3.8%，非金属业为 3%，有色金属业为 0.4%；石油业下降最快，年均增长率为 −3.8%，化工业下降比较缓慢，约为 −0.2%。

（2）行业出口竞争力指数变化趋势。有 3 个行业总体呈上升趋势，有 3

个行业总体呈下降趋势（见图4）。黑色金属业上升最为明显，年均增长率为9.97%，造纸业为6.47%，非金属业为2.57%；石油业下降最快，年均增长率为－2.90%，有色金属业为－2.61%，化学业为－0.34%。

（3）行业成本费用利润率。6个覆盖行业成本费用利润率整体呈现"先增长，后下降"的趋势，2007年之前整体上升，之后有所下降（见图5）。其中，3个行业总体呈上升趋势，3个行业总体呈下降趋势。化学业增长最快，年均增长率为14.8%，黑色金属业为12.2%，造纸业为8.16%；石油业下降最快，年均增长率为－65.6%，有色金属业为－15.4%，非金属业为－11.6%。

二　碳价格对覆盖行业国际竞争力的影响

短期内，碳市场覆盖行业的能源消费结构相对稳定，行业的单位标准煤能源消费与二氧化碳排放量之间存在一个相对固定的排放系数，碳价格会根据排放系数将碳排放成本增加到能源价格上（本文中称为映射①）。能源价格上涨会增加企业的生产成本，降低企业利润，影响国际竞争力。本文首先分析碳价格对行业覆盖能源价格的影响，再根据覆盖行业能源价格对覆盖行业出口竞争力的影响，得出碳价格对行业国际竞争力的影响。

（一）总体影响

本文通过建立解释变量覆盖行业能源价格②对被解释变量覆盖行业出口竞争力指数的对数线性回归模型③，利用弹性的特点得出行业能源价格变化1%引起出口竞争力指数变化的百分比；再通过碳价格对能源价格的映射关

---

① 映射：在本文中是指碳价格导致行业能源价格成本的增加，这种对应的数量关系叫做映射。
② 覆盖行业能源价格：本文是根据覆盖行业9种主要燃料（煤炭、焦炭、原油、汽油、煤油、柴油、燃料油、天然气和电力）价格及消费权重来计算的。
③ 控制变量包括劳动力投入、对外开放程度、资本深化程度、成本费用利润率和行业研发投入等。

系，建立碳价格和覆盖行业出口竞争力指数之间的联系，进而测算出碳价格对行业出口竞争力的边际影响①和累积影响②。

（1）碳价格对行业能源价格的影响。碳价格会以不同的系数将碳排放成本映射到行业能源价格上，经过测算，1元/吨碳价格的增加使造纸业、化工业、石油业、非金属业、黑色金属业和有色金属业的能源价格分别增加了3.62、3.32、2.38、3.37、3.43和4.55元/吨标准煤。研究发现，当行业能源价格上升1元/吨标准煤时，行业出口竞争力指数将下降0.00021；当行业能源价格上升1%的时候，行业出口竞争力指数将下降0.147619%。

（2）碳价格对覆盖行业出口竞争力的影响。研究发现，碳价格对覆盖行业出口竞争力指数的边际影响和累积影响幅度与碳价格水平有关，碳价格水平越高，影响幅度越大，另外，碳价格对所有覆盖行业出口竞争力的边际影响是递减的，对所有覆盖行业出口竞争力的累积影响是递增的。

（二）行业差异影响

从出口竞争力指数和出口值两个指标研究碳价格对覆盖行业的国际竞争力的影响，由于不同行业能源价格、能源结构、生产规模、出口规模和映射系数等差异，碳价格对覆盖行业出口竞争力指数和出口值的影响存在较大差异。

（1）碳价格对覆盖行业出口竞争力指数的影响。经过计算，得出了碳价格对不同行业出口竞争力的影响，表1和表2分别列出了碳价格分别在不同水平上每增加1元时对行业出口竞争力指数的边际影响和累积影响。

①边际影响。由表1可以发现，碳价格在各个价格水平上对黑色金属业出口竞争力指数的边际影响幅度均大于其他行业，对石油业出口竞争力指数的边际影响幅度在各个价格水平上均小于其他行业，碳价格在0~350元间随着价格水平的上升，对各个行业出口竞争力指数的边际影响幅度逐渐递

---

① 边际影响：是指碳价格变化1单位时行业出口竞争力的变化。
② 累积影响：是指在某一碳价格水平时，碳价格对行业出口竞争力的总影响，是对之前每1单位碳价格边际影响的算术加总。

减。碳价格对其他行业的出口竞争力指数的边际影响幅度从大到小分别为：造纸业、非金属业、有色金属业和化工业。

表1   不同水平的碳价格对覆盖行业出口竞争力指数的边际影响

单位：%

行业 \ 碳价格水平	0 元/吨	50 元/吨	100 元/吨	200 元/吨	350 元/吨
石油业	− 0.044	− 0.039	− 0.034	− 0.028	− 0.022
化工业	− 0.07	− 0.056	− 0.047	− 0.036	− 0.026
有色金属业	− 0.083	− 0.065	− 0.053	− 0.039	− 0.028
非金属业	− 0.094	− 0.071	− 0.057	− 0.041	− 0.029
造纸业	− 0.097	− 0.073	− 0.058	− 0.042	− 0.029
黑金属业	− 0.114	− 0.082	− 0.064	− 0.045	− 0.031

②累积影响。累积影响是边际影响的加总，由表2可以发现，碳价格对黑色金属业出口竞争力指数的累积影响幅度在各个价格水平上分别大于对应的其他行业，碳价格对石油业出口竞争力指数的累积影响幅度小于所有行业，碳价格对其他行业的出口竞争力指数的累积影响幅度由大到小分别为：造纸业、非金属业、有色金属业和化工业，顺序与边际影响幅度一致。

表2   不同水平的碳价格对覆盖行业出口竞争力指数的累积影响

单位：%

行业 \ 碳价格水平	0 元	50 元	100 元	200 元	350 元
石油业	− 0.09	− 2.11	− 3.92	− 6.98	− 10.63
化工业	− 0.116	− 3.17	− 5.75	− 9.85	− 14.43
有色金属业	− 0.115	− 3.69	− 6.63	− 11.17	− 16.1
非金属业	− 0.161	− 4.13	− 7.32	− 12.15	− 17.32
造纸业	− 0.193	− 4.27	− 7.52	− 12.43	− 17.66
黑金属业	− 0.203	− 4.9	− 8.52	− 13.85	− 19.39

（2）碳价格对覆盖行业出口值的影响。本文结合碳价格对出口竞争力指数的影响，根据出口竞争力指数计算公式，计算出不同碳价格水平对覆盖行业出口值的边际影响和累积影响。

①边际影响。碳价格对覆盖行业出口值的影响也遵循边际递减的规律。表3列出了碳价格分别在0、50、100、200和350元/吨二氧化碳的价格水平时上升1元/吨二氧化碳，覆盖行业出口值的变化。

表3　不同水平的碳价格对覆盖行业出口值的边际影响

单位：亿美元

行业＼碳价格水平	0元/吨	50元/吨	100元/吨	200元/吨	350元/吨
石油业	−0.1236	−0.1075	−0.0951	−0.0773	−0.0603
造纸业	−0.1814	−0.1366	−0.1096	−0.0785	−0.0551
有色金属业	−0.2579	−0.2011	−0.1648	−0.1211	−0.0866
非金属业	−0.5148	−0.3906	−0.3147	−0.2266	−0.1596
黑色金属业	−0.5616	−0.4050	−0.3167	−0.2205	−0.1515
化工业	−0.7405	−0.5990	−0.5029	−0.3808	−0.2791

从整体上看，碳价格对石油业出口值的边际影响幅度最小，对化工业的边际影响幅度最大。碳价格对其他业出口值的边际影响幅度由大到小的顺序分别为：黑色金属业、非金属业、有色金属业和造纸业。

②累积影响。随着碳价格的提升，碳价格对出口值的影响也呈现出递增越来越缓慢的规律。表4列出了碳价格，分别为1、50、100、200和350元/吨二氧化碳的水平时，碳价格对覆盖行业出口值的累积影响。

表4　不同水平的碳价格对覆盖行业出口值的累积影响

单位：亿美元

行业＼碳价格水平	1元/吨	50元/吨	100元/吨	200元/吨	350元/吨
石油业	−0.2504	−5.9	−10.9	−19.5	−29.7
造纸业	−0.3616	−8.0	−14.1	−23.3	−33.1
有色金属业	−0.3552	−11.4	−20.5	−34.5	−49.8
非金属业	−0.8857	−22.7	−40.1	−66.7	−95.0
黑色金属业	−0.9984	−24.1	−41.9	−68.2	−95.4
化工业	−1.2365	−33.7	−61.0	−104.6	−153.2

从整体上看，碳价格对石油业出口值的累积影响最小，对化工业的累积影响最大。碳价格对其他业出口值的累积影响幅度由大到小分别为：黑色金属业、非金属业、有色金属业和造纸业，顺序与边际影响一致。

（三）短期影响和长期影响

以上研究碳价格对覆盖行业国际竞争力的短期影响是基于一定的假设条件，对于长期影响来讲不再适用，以下将从碳排放成本占生产增加值比重的角度研究碳价格对覆盖行业国际竞争力的影响。

（1）短期影响。碳价格对行业出口竞争力指数影响的幅度大小还受三个因素的影响：一是行业能源价格对出口竞争力指数的影响系数，系数的绝对值越大，碳价格对行业出口竞争力指数的边际影响幅度就越大；二是映射系数的大小，映射系数越大，碳价格对行业出口竞争力指数的影响幅度就越大；三是行业初始能源价格水平，初始能源价格越高，碳价格对行业出口竞争力指数的影响幅度就越小。通过能源价格研究碳价格对行业出口竞争力的短期影响是基于两个假设：一是覆盖行业的技术水平在短期内保持不变，企业短期内难以进行能源替代，能源消费结构不会发生变化，因此映射系数不会发生变化；二是碳价格100%的映射到了行业能源成本上。但是长期来讲，由于研发投入带来能源相关技术的进步，行业的能源结构会逐步优化，能源价格对行业出口竞争力的影响会降低；碳价格对覆盖行业能源价格的映射系数也会变化，再通过碳价格向能源价格的映射研究碳价格对国际竞争力的长期影响则不再适用。

（2）长期影响。为了研究碳价格对覆盖行业竞争力的长期影响，本文从覆盖行业的碳排放强度入手，研究碳价格给行业生产带来的压力，即敏感性测试，计算方法是采用覆盖行业碳排放的成本[1]占行业增加值[2]的比重衡量。欧盟评定碳价格对行业竞争力影响的标准为：碳排放成本占行业增加值

---

[1] 碳排放成本，即二氧化碳排放量与碳价格的乘积。其中，碳排放包括直接排放和间接排放。直接排放，即直接燃烧煤炭、石油、天然气、汽油、柴油、燃料油、煤油和焦炭等化石能源产生的二氧化碳；间接排放，即电力消费产生的二氧化碳排放。

[2] 行业增加值：本文采用规模以上工业企业主营业务收入作为替代指标。

的比例超过 5%，那么就认为该行业的竞争力受到了严重影响，超过 5% 时的碳价格称为该行业的敏感碳价格。

　　碳价格对覆盖行业的竞争力影响的大小，取决于行业的碳排放强度，碳排放强度越大，就对碳价格越敏感，即竞争力容易受到影响。本文采用 2015 年覆盖行业的数据，计算得出覆盖行业的"敏感碳价格"（见表 5），可以发现，石油业对碳价格最为敏感 66 元/吨二氧化碳，造纸业对碳价格最不敏感（446 元/吨二氧化碳），这是因为石油业的碳排放强度最高，碳价格升高对石油业成本提升最大，造纸业的碳排放强度最低，碳价格升高对造纸业的成本提升影响最小。

表 5　覆盖行业"敏感碳价格"水平（2015 年）

单位：元/吨

行业	石油业	黑金属业	非金属业	有色金属业	化工业	造纸业
敏感碳价格	66	135	301	306	309	446

　　根据我国试点的碳价格 1 元至 123 元的水平，只有石油业会受到影响，其他行业不会受到影响。根据国际碳价格 15 元至 310 元的水平，除了造纸业，其他 5 个行业均会受到影响，其中影响最大的是石油业，但是根据实践经验，碳价格处于高位的时间区间非常短，绝大多数时间碳价格处于中低位，因此碳价格对化工业、有色金属业和非金属业的影响都非常小。另外，还可以发现，非金属业、有色金属业和化工业的"敏感碳价格"非常接近。

　　由于技术的进步，覆盖行业的碳排放强度也在逐年下降，企业的应对能力也会增强，长期来讲，相同的碳价格水平对覆盖行业的竞争力的影响也会逐年减弱，碳价格对绝大多数覆盖行业的竞争力影响也不大。

三　政策建议

　　碳价格对碳市场覆盖的 6 个能源密集型和贸易暴露型行业的出口竞争力

影响差异较大，在全国碳市场制度设计时，要充分结合行业特点分业施策。因此，在碳市场层面和行业层面的建议如下。

（一）碳市场政策建议

在全国碳市场的制度设计和市场运行中，促进价格发现、提升出口竞争力及配额分配的政策建议如下。

第一，充分发挥碳价格机制对碳排放资源配置的决定性作用，完善碳市场的供求机制、价格机制和竞争机制。创新交易机制，发现有效的碳价格，降低交易成本，发挥碳交易配额的金融属性，通过碳金融创新引导资金流向碳市场，为市场提供流动性，为企业提供减排资金。通过价格发现形成市场激励机制，企业通过比较碳价格和自身减排成本，进行碳资产管理和生产优化；建立一个多元化投资者的市场，降低投资机构和个人入市门槛，扩大投资者数量，扩大市场需求；建立做市商制度，适时逐步扩大纳入行业；建立信息披露管理制度。对碳市场供求相关的信息要做到及时公开透明，保证交易市场公开充分竞争。提高交易机构管理能力和服务水平，建立风险防控体系，确保交易市场有序进行。保证政策的连续性[①]，形成良好的市场预期，实现交易市场和政策制定的良性互动。

第二，在碳市场运行中，合理控制碳价格水平，降低碳价格对行业出口竞争力的负面影响。给予碳排放强度较高的企业充足的时间应对；建立价格防控机制，应对市场价格异常。建立碳市场平准基金，适时开展配额拍卖和回购，用于稳定碳市场，对于碳排放强度较高、对碳价格比较敏感的行业，以适当的价格优先对其拍卖，以提升企业的应对能力；制定科学、阶梯化的碳价格区间，碳市场启动初期价格控制在65元以内，中期价格控制在135元以内，长期在300元以内，以降低对企业竞争力的负面影响。

第三，在碳配额分配方案中设置差异化的行业控排系数，避免行业间配

---

① 齐绍洲、杨光星：《全国碳市场建设要充分发挥市场机制作用》，《光明日报》（理论版）2016年7月20日，第15版。

额分配系统性的失衡。从紧分配配额,在确保碳配额同质的前提下,对企业分配配额时遵循从紧原则,借鉴试点经验多途径避免企业配额剩余过多。建立政府主导的市场调控机制,通过市场回购应对经济下行等因素导致的配额剩余过多和价格风险问题。结合行业数据成熟度,适当选取分配方式,对于非金属业,如水泥,由于熟料生产工艺和产品都相对简单,能源消费计量方便,可采用标杆法进行配额分配。对于化工业等其他行业,产品繁多,生产工艺差异较大,可采用历史法进行配额分配。考虑行业差异,适度从紧分配,控排系数要考虑行业的技术研发水平、减排成本和减排潜力、对外开放程度和直接排放占比等因素的差异,合理设置权重,对于竞争力比较强的行业,可适当从紧分配。

(二)覆盖行业政策建议

覆盖行业之间的国际竞争力及碳价格对其影响的差异较大,因此,要结合行业特点分别采取不同的应对措施,相关建议如下。

第一,造纸业。6个覆盖行业中,造纸业能源消费和碳排放量最小,行业出口值也最小,主要出口国家是美国,能源价格对出口值的影响最小,碳排放强度最低。因此,造纸业的减排空间不大,碳市场政策对该行业的负面影响比较小,碳市场可以不作为关注重点,在配额分配上可以适度从紧。

第二,化工业。6个覆盖行业中,化工业对外开放程度最高,主要出口国家是美国,行业出口值最大,出口竞争力最强,碳价格对出口值的影响也最大,因此,关注对美汇率及相关贸易政策,避免受到贸易政策的不利冲击,碳市场要重点关注,配额分配可以从紧分配,由于产品种类繁杂,建议采用历史法分配。碳市场很有可能成为该行业发展的机遇,要充分利用碳市场为企业发展赢得先机。

第三,石油业。6个覆盖行业中,石油业出口竞争力下降最快,成本费用利润率最低,碳价格对其出口竞争力的影响最小,因此,可以适当进行增值税退税和出口补贴,降低出口成本,提高行业的盈利能力。6个覆盖行业中,石油业碳排放量和碳排放强度最大,碳价格映射系数最小。石油业主要能源是原油，行业能源价格上升幅度最大，因此，可以在原油价格上适当进行价格补贴。碳市场应当将该行业作为重点关注对象，严格从紧分配。

第四，非金属业。6个覆盖行业中，非金属业成本费用利润率最高，主要出口国家为美国，在行业实际有效汇率上具有一定优势，碳市场对其碳排放和出口竞争力的影响不大。鉴于水泥行业的数据质量较好，熟料生产的工艺较为简单，因此该行业可采取标杆法进行配额分配。

第五，黑色金属业。6个覆盖行业中，黑色金属业出口竞争力最弱，对外开放程度最低，主要出口国家为韩国，碳价格对出口竞争力指数影响最大。因此，可以重点降低该行业的出口壁垒，实施出口补贴。在去产能、控制大气污染的大背景下，重点关注碳价格水平，碳市场应当严格从紧进行配额分配，适当通过碳市场拍卖资金支持行业发展。

第六，有色金属业。6个覆盖行业中，有色金属业出口竞争力指数呈下降趋势，电力消费和间接排放比重最高，碳价格映射系数最大。因此，在电力价格变化不大的背景下，该行业的能源成本压力在减小，碳市场可以从紧分配配额，要注意的是，随着碳价格的升高，碳价格对其出口竞争力影响会逐渐增大，在较高碳价格水平时要予以重点关注，可以通过碳市场拍卖资金给予一定支持。

G.18
转型中的全球气候融资
体系与中国的应对[*]

刘 倩 许寅硕 罗 楠**

摘 要: 气候融资这个概念起源于全球为气候变化的减缓与适应行
动提供资金支持的规则和机制创新,随着全球经济重心的
迁移,以及低碳发展与气候适应性发展与全球贸易、可持
续金融、区域经济战略的切合度逐渐提升,这一个概念得
到不断演化丰富,逐渐涵盖了三个方面的内涵:其一,在
国际法框架下全球公共资金如何支持全球气候公共物品的
可持续供给;其二,金融体系(宏观金融调控与微观金融
市场)如何服务于包括减排和适应在内的可持续发展目标;
其三,主权国家政策制定者、金融机构及各经济部门如何
应对包括气候变迁、极端天气带来的物理风险以及经济技
术转型风险。本文在评估全球气候融资发展形势和特点的
基础上,对发展中国家气候融资面临的共性问题和障碍进
行了梳理,提出在新的全球经济体系演化背景下,如何兼
顾国际和国内气候融资战略需求,践行中国特色的气候融
资治理。

* 本文受北京社会科学基金研究基地青年项目"支撑京津冀生态环境保护协同发展的生态系统
服务付费机制研究"(批准号:16JDYJC039)、科技部"生态补偿融资机制与政策措施"子课题
"生态补偿绿色金融政策及示范研究"(批准号:2016YFC0503406)的资助。
** 刘倩,中央财经大学财经研究院副研究员,绿色金融国际研究院研究人员,研究领域为国际
环境治理合作;许寅硕,中央财经大学财经研究院助理研究员,北京财经研究基地研究人员,
研究领域为可持续金融和国际环境治理合作;罗楠,中央财经大学金融学院硕士研究生。

关键词：　　气候融资　气候治理　气候公共物品供给　中国对策

气候融资是应对气候变化范畴下的特定概念①，随着气候治理与全球经济、贸易和可持续发展等领域的协同演化发展，这一概念的内涵也在不断地丰富与发展。其核心要义可以概括为三个方面：其一，在国际法框架下全球公共资金如何支持全球气候公共物品的可持续供给，包括①出资国出资安排及责任分配；②资金由发达国家转移到发展中国家的渠道和机制；③气候资金的分配、效果及影响。其二，金融体系（宏观金融调控与微观金融市场）如何服务于包括减排和适应在内的可持续发展目标。其三，主权国家政策制定者、金融机构及各经济部门如何应对包括气候变迁、极端天气带来的物理风险以及经济技术转型风险②。《巴黎协定》的达成再次凝聚了全球坚持低碳发展、共同应对气候变化的决心，其中，气候融资是诸多相关议题中一个极为突出的主题，既是合作共赢的重要机遇，也是潜在的摩擦点。

2018 年对于气候融资主题是至关重要的一年：首先，发达国家承诺联合动员 1000 亿美元的资金以支持发展中国家的气候行动，离最后期限仅剩两年；且联合国气候变化框架公约（UNFCCC）资金常设委员会将于 2018 年公布新的气候融资双年期评估报告，并于 UNFCCC 第 24 次缔约方会议（COP24）期间为《巴黎协定》下气候融资的计量建立新的管理规则，这一规则框定了未来气候融资的主要特征和透明度标准。与此同时，全球金融体系与可持续发展领域的相关活动快速发展，尤其是新兴市场国家，纷纷推动其金融体系改革，为可持续发展提供更多的资金资源，也逐渐对全球气候治理合作产生增益效应。在新的形势下，有必要分析气候融资的最新态势，使

①　刘倩、王琼、王遥：《〈巴黎协定〉时代的气候融资：全球进展，治理挑战与中国对策》，《中国人口·资源与环境》2016 年第 12 期，第 14～21 页。

②　刘倩、范雯嘉、张文诺等：《全球气候公共物品供给的融资机制与中国角色》，《中国人口·资源与环境》2018 年第 4 期，第 8～16 页。

中国以更加积极的姿态成为全球气候资金治理的引领力量，同时维护发展中国家和自身的可持续发展权益提供决策参考。

一 全球气候融资新趋势

过去 25 年，全球气候资金供给渠道不断扩充，气候融资体系日益复杂，但总体依附于传统援助体系的气候资金，无论在资金规模还是资金转移效率上，与全球应对气候变化的投资寻求相比，差距仍在扩大，近年来全球气候融资体系的发展趋势可以概括为以下三个方面。

（一）发达国家气候援助增资乏力，气候资金治理体系期待变革

据经济合作与发展组织（OECD）估计，发达国家（通过双边或多边渠道）在 2013~2014 年提供的资金为年均 410 亿美元①，采用类似的方法估算，2015~2016 年为 480 亿美元。而以上计算的是由发达国家向发展中国家转移的气候资金总量，若采用赠款当量原则②估算，援助净额远低于此。经估算，2013~2014 年年均为 110 亿~210 亿美元左右，其中用于适应的资金仅为 40 亿~80 亿美元③；2015~2016 年公共气候资金援助总量约为 160 亿~130 亿美元，仅相当于资金总量的 1/3。根据《联合国气候变化框架公约》，虽然气候资金应区别于官方发展援助（ODA），满足额外、新增资金的特征，但目前

---

① "Climate Finance in 2013 – 14 and the USD 100 Billion Goal," OECD, http：//www. oecd. org/env/cc/Climate – Finance – in – 2013 – 14 – and – the – USD – billion – goal. pdf, 2015.

② 赠款当量（Grant Equivalent）是发放贷款的贴现值及其未来预期收益的贴现值之间的差值，即出资者的净损失，用来衡量援助资金对受益者的直接贡献，衡量受益程度。OECD 的发展援助委员会已经决定于 2018 年启用赠款当量作为报告官方发展援助的指标，以进一步提高报告数据的完整性和可比性。

③ 乐施会：《2016 年气候资金影子报告：揭示 1000 亿美元承诺的落实进展》，http：//www. oxfam. org. cn/uploads/soft/20161206/1481027613. pdf。

出资国报告的气候资金均属于 ODA 范畴①。金融危机后，29 个经合组织国家发展援助委员会（OECD/DAC）成员国中只有 5 个国家的 ODA 能够一直保持在 0.7% 的比重②。2016 年，各国出资总额仅占其国民总收入比重的 0.32%。来自发达国家的资金支持与发展中国家的短期和长期资金需求均相去甚远。

一方面来自发达国家的气候资金支持增长乏力，另一方面根据各国递交的国家自主贡献（INDCs）预案，42 个附件 I 国家 2030 年减排总量最多达到 5.6 亿吨二氧化碳当量，而非附件 I 国家的减排总量约为 12.4 亿吨二氧化碳当量，占全球总减排任务的 68.9%，是附件 I 国家中的 2.2 倍。按照美国 22.3 美元/吨的减排成本，2030 年发展中国家的减缓资金需求将达到 2765 亿美元。如果根据目前的平均减缓/适应比率为 1.4 估算，2030 年发展中国家的适应性资金需求将达到 1975 亿美元，应对气候变化的资金需求总量将达到 4740 亿美元③。面对日益加剧的气候资金赤字，国际社会越来越多地倡导拓展资金来源，提升公共资金撬动私人投资的杠杆率，协调联合国气候框架公约内外的资金转移实体的投资战略与行动，充分结合发展中国家最紧迫的需求领域，推动建立更具有包容性的气候融资体系的演化和进一步发展，从而不断提升气候资金的转移效率和投资效果。

（二）新旧资金转移机制有待协同和创新以匹配不同发展中国家资金需求

未来很长一段时间内，充分运用全球公共气候资金是拓展私人资本来

① 根据《联合国气候变化框架公约》条款4.3，附件二所列的发达国家缔约方和其他发达国家缔约方应提供新的和额外的资金（New and additional financial resources），以支付经议定的发展中国家缔约方为履行第十二条第 1 款规定的义务而导致的全部新增费用。这意味着《公约》下所指的气候资金是指为支持发展中国家应对气候变化，来自发达国家新增的、稳定的援助资金。
② 官方发展援助（ODA）是指发达国家政府为发展中国家提供的，用于经济发展和提高人民生活的，赠予水平25%以上的赠款或优惠贷款。自 1970 年起，国际援助和发展高层会议一致通过将 ODA 的水平设定为联合国呼吁的占 GNI 的 0.7% 的水平。
③ Zhang W，Pan X，"Study on the Demand of Climate Finance for Developing Countries Based on Submitted INDC," *Advances in Climate Change Research*，7（2016）：99 – 104.

源，撬动私人投资的关键，而已有的国际气候资金渠道存在诸多的市场和机构失灵。因此，早在达成《巴黎协定》目标、规模和新行动之前，国际公共气候融资体系已经进入了反思和改革阶段。首先，根据 COP 21 和《巴黎协定》的预期，多边开发银行制定了一套新的目标[①]。到 2020 年，气候融资相关贷款（包括亚洲开发银行，非洲开发银行，欧洲投资银行，美洲开发银行）从目前的 33% 增加至 300%。同时，各组织正在集中力量增加其吸收资金的杠杆率，以增强其为新开发项目融资的能力。世界银行集团国际开发协会（IDA）也获得了 AAA 级信用评级，董事会批准其首次进入资本市场，其捐助资源的杠杆率将提高到 1∶3。近年来很多机构依然致力于推动传统多边发展机构根据更灵活的气候融资策略，扩大混合融资和风险缓释工具产品。

与此同时，新的发展援助渠道不断涌现，新兴市场国家官方发展融资，对外投资规模显著提振。例如，亚洲基础设施投资银行（AIIB）和新开发银行（NDB）已承诺履行气候融资的职责。AIIB 的任务包括建立一个"精益、清洁和绿色"组织，旨在通过减缓、适应、技术转让和能力建设等方式帮助客户实现其国家自主贡献。NDB 具有促进基础设施投资和支持可持续发展的双重任务，已开始在实践中参与气候部门工作，其第一批贷款总额达 8.11 亿美元，全部投向可再生能源部门。这两家银行都拥有大量的初始资本（约 1000 亿美元），并专注大型基础设施项目投资，将在亚行和世行等现有银行通常不会进入的地区提供融资，为气候融资带来新的机遇。新成立的开发金融机构（DFIs）与现有银行相比，能够简化程序并降低相关行政成本，提供灵活的贷款条件以满足发展中国家的需求，并承诺在环境保护和应对气候方面实行高操作标准。如何推进新旧多边机构在新的格局中各自发挥优势、协同创新，匹配处于不同发展阶段的发展中国家和地区的气候融资需求，是推动更加具有包容性的气候融资体系的重要议题。

---

① "2015 Joint Report on Multilateral Development Banks' Climate Finance," Asian Development Bank（ADB），https：//www. adb. org/sites/default/files/institutional – document/189560/mdb – joint – report – 2015. pdf，August 2016.

（三）气候融资主流化趋势明显提升

目前，从全球到各国乃至地方，为低碳转型及应对气候风险提供的政策和资金支持越来越普遍，各类主流金融机构开始积极推进气候风险的识别与管理。尤其在中国、巴西、印度为代表新兴市场国家，通过系统挖掘、借鉴发达国家已有经验，结合自身发展需求，开始系统推进本国金融体系对气候目标、绿色转型的支持。如孟加拉国、巴西、中国和南非对绿色资产和投资行业进行了明确定义。肯尼亚证券交易所和土耳其伊斯坦布尔证券交易所加入可持续证券交易所（SSE）倡议组织，支持绿色与可持续企业上市融资；蒙古央行和银行业协会正与联合国环境规划署就发展绿色金融和建立当地绿色金融体系开展合作。南非正在为整个金融行业（包括资产管理和养老基金）制定一套总体政策和原则。摩洛哥将银行、保险公司以及资本市场一同纳入可持续金融路线图。气候因素在经济、金融等宏观经济核心领域的主流化趋势进入提速期。

二 发展中国家气候融资面临的困境和障碍

随着全球气候治理模式由"自上而下"向"自下而上"的方式过渡，在巨大的发展压力和多年来气候融资供需持续不平衡的背景下，发展中国家的利益关切及其需求的差异性进一步凸显。

（一）对适应领域和最不发达国家的支持过低

虽然气候资金总量呈现增长趋势，但增长的资金大部分是贷款，且主要投向了中等收入国家。气候适应的援助仍然非常低，且增长缓慢，2013～2014年度每年约有80亿美元的公共气候资金用于适应，仅占OECD测算的气候资金总额的19%；2015～2016年度约为95亿美元，也仅占OECD测算的气候资金总额的20%。且气候援助资金中对于最不发达国家的援助仍然过低，增长过慢。据估算，2015～2016年度，48个最不发达国家的年度气候融资仅为 90 亿美元，与 2013～2014 年的 74 亿美元相比，仅有小幅度的提高。然而，这些国家近一半的人口生活在极端贫困之中，气候风险程度位居全球前列，而且这些国家本国财政波动性强，吸引私人投资的能力有限，贫困和边缘人口的适应需求远得不到适当和及时的支持。到 2030 年，发展中国家因气候变化导致的平均损失将达到 GDP 的 2.2%；目前拉丁美洲和加勒比地区每年因气候变化造成的损失已相当于其 GDP 的 1.5%～5%[1]。联合国环境规划署（UNEP）的研究显示，发展中国家 2050 年的气候适应资金需求将达到 2800 亿～5000 亿美元[2]。如果最不发达国家和地区应对气候变化的资金匮乏和能力不足情况无法得到有效改善，气候风险进一步引发社会经济的异常波动，造成一系列不可逆的社会危害。

（二）发展中国家金融体系的固有性质是影响气候融资的关键因素

发展中国家普遍缺乏实施低碳和气候适应项目的融资模式及金融工具，而这一现状与发展中国家金融体系的固有特征紧密相关。发展中国家的金融体系相对集中，市场深度和复杂程度与发达国家尚有差距。据估算，从信贷、债券、证券股、保险四个主要模块来看，发展中国家的银行体系持有 85% 至 90% 的金融资产[3]。银行是提供长期贷款的主要机构，但其主要信贷产品仍是短期导向，据世界银行统计，发展中国家只有 19% 的贷款期限超过 5 年，而发达国家这一指标均值为 33%。很多国家的银行体系监管较弱，风险相对集中，不良贷款率居高不下。近期，新兴和发展中经济体的机构投资者（保险公司、共同基金、养老基金）已经开始快速增长，但基数规模仍然有限；证券、债券市场的发展仍然集中于较大的新兴经济体；保险市场

---

① "The Adaptation Finance Gap Report 2016," United Nations Environment Programme (UNEP), http：//drustage. unep. org/adaptationgapreport/sites/unep. org. adaptationgapreport/files/documents/agr2016. pdf. 2016.

② Elena Kosolapova, "Annual Cost of Adaptation Significantly Understated," http：//sdg. iisd. org/news/annual – cost – of – adaptation – significantly – understated – unep – reports/, 12 May 2016.

③ "Green Finance for Developing Countries," UNEP Inquiry, http：//unepinquiry. org/publication/green – finance – for – developing – countries/, 2016.

发展迅速，但仍然支撑不了发展中国家在健康、农业、财产保护等多方面的需求，尤其是对于低收入人群的覆盖率较低。同时，金融体系长足发展依赖的评级机构、会计、律师、分析师及资产登记体系等金融市场基础设施也有待发展。因此，从很大程度上讲，限制金融体系高效吸收和分配资本能力的普遍障碍也是发展中国家气候融资的障碍。如肯尼亚绿色投资的主要障碍为投资链中的短期前景，机构投资者市场分散以及政府债券的高回报，而在孟加拉国，虽然绿色和包容性的财政与金融政策有所发展，但其银行董事会治理机制的缺位、信用信息不足、有争议贷款的法律诉讼期限过长等问题影响了其气候融资中介机制的效率。

发展中国家也容易出现不稳定的资本流动，破坏货币稳定并对经济的增长前景产生负面影响；政府财政可能会恶化，对为气候政策和补贴提供长期支持产生压力，并影响减缓和适应领域对私人投资者的吸引力。

（三）对本国气候融资相关的能力建设、知识和技术发展需求极为迫切

目前很多发展中国家和地区虽然提交了国家自主贡献（NDCs）文件，但国家内部的气候资金需求及缺口，以及国内气候变化减缓与适应的优先领域仍然不明确。每个发展中国家对本国资金需求的评估、减缓成本的评估及重点投资领域的识别，在进程、方法以及标准上均存在不同程度的差异。虽然精确估计气候资金需求还存在一定的技术困难，但气候融资长期目标及统筹规划的缺乏将无法有效保障国家和地方应对气候变化方案的落实，并将进一步影响私人部门资金充分参与应对气候变化。长期以来，我国公共财政体系中对于应对气候变化的公共资金支持散落在"农林水利""气象"以及"节能环保""资源保护""灾害救助""农村基础设施建设"等十余个科目下，阻碍了对国家和地方应对气候变化战略领域需求的识别及资金保障机制的建立。在外援资金和多边、双边机构的帮助下，很多国家在低碳技术和项目上取得了一些试点突破，但这些气候项目的成果和经验还未能形成系统影响。更重要的是，发展中国家对绿色和可持续投资的需求不是孤立的，而是

与地方满足基础设施和能源需求、改善健康状况、获得融资和提高资金效率与效果的挑战息息相关。来自能源，水和卫生以及水资源压力和空气污染的挑战往往是更直接的驱动因素。未来，在发展中国家基础设施建设领域私人投资快速增长的情况下，如何使公共和私人部门在投资中充分考虑气候因素和风险也存在很大的知识能力和市场工具的缺口。

三 中国角色与对策

党的十八大以来，中国积极引导应对气候变化的国际交流与国际合作，正在发展为全球生态文明建设的重要参与者、贡献者和引领者。全球气候融资体系的演化与全球化进程、新的融资机制的兴起，以及全球财务转移机制和工具的发展密切相关。经过近年来在对外援助、国际合作等领域的积累和摸索，未来我国可以在以下几个方面持续推进，助力建立更具包容性的全球气候融资治理体系，为发展中国家切实完成国家自主贡献目标，坚定推进全球气候合作做出贡献。

（1）坚定推进《巴黎协定》成果，为缩减发展中国家资金缺口贡献中国智慧。我国应积极推动发展中国家对于国家自主贡献预案各要素之间全面性和平衡性的研究、分析和判断，推动发展中国家对其融资需求的科学总结和客观评价。同时，充分认识气候资金、气候融资在"国家自主贡献"中的重要性：提高国家和地方政府对适应需求的认识；帮助政府确定需要投资的关键优先领域或行动；确定适应资金筹集路线图，报告相关支出，增加问责制和透明度等。

推动发展中国家就资金需求和缺口形成统一立场，分别利用发展中国家的合作机制和平台在发展中国家的行动之间建立有序联系，加强对气候变化和资金需求数据基础、测算方法学和标准的讨论，以便未来改进和协调国家自主贡献预案的结构和内容，加强所有国家气候融资的透明度和可比性，促进发展中国家在敦促发达国家履行资金承诺及资金机制完善等议题上保持一致立场，并不断提高谈判过程中气候资金议题的公平性和科学性。

（2）以新兴市场多边机构为气候融资机制核心，切实提升气候融资治理软实力。新兴多边机构应尽快明确其在非常规能源、气候任性基础设施领域的项目筛选标准和绩效目标，加强其气候风险识别与管理机制建设，推动我国发起和参与的新兴多边发展机构建立气候融资决策机制与绩效目标，建立发展中国家减缓和适应项目的决策委员会及专家库。提炼发展中国家前期积累的合作与援助经验，加强与传统多边机构的合作和互补，推进多边与本土发展机构的混合融资。结合新旧多边机构的优势以扩大融资规模，提高资金的使用效率，进一步提升发展中国家气候融资服务体系的活力和灵活性，更好地满足不同层次发展中国家的紧迫需要。

（3）以气候变化南南合作为契机，加强我国气候融资软实力。经过多年的尝试和努力，我国的南南合作在推进绿色金融国际合作、应对气候变化、区域产业合作、发展援助等领域取得了宝贵的实践经验，也与 OECD 主导的发展援助相互补充和激励，对全球区域合作形成了重要影响。目前，亟须从理论体系、法律和政策基础、组织机构、治理模式、效果及影响等方面系统总结已有经验，提高全球气候融资透明度与公信力，同时切实加强我国参与全球治理的软实力。在此基础上，加强顶层设计能力与经验输出，针对发展中国家共性问题，提出系统化的治理对策与协作构想。将气候融资模式在发展中国家由项目融资重点转变为财政规划重点，在国家财政和金融体系中进一步主流化，提升发展中国家银行和国内机构投资者自发的资产压力测试与监管行动；促进气候相关风险的信息披露体系在发展中国家金融财会系统中进一步完善，推动投资者开展绿色债权、股权投资，大力推进应对气候变化相关的保险机制对发展中国家适应目标的支持。

（4）推进《巴黎协定》下气候资金透明度规则的建立和完善。近年来，不同的平台均对气候融资的计量标准问题展开了讨论，而针对"1000 亿"美元目标的实现也一直存在高估问题。气候公共资金指标需要反映发展中国家最迫切的公共资金需求，因此，在规则讨论中，应主张以"赠款当量"作为 UNFCCC 下转移资金的计量指标，替代"资金总量"，从而为发达国家切实达成基于赠款的气候资金目标提供直接的激励，敦促发达国家进一步明

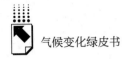

确援助资金的增长路线图，保证气候公共资金与官方发展援助增速一致，并确保不影响其他发展优先事项的资金供给。而缔约方在未来的报告中也应进一步明确提供的"赠款当量"数额，并在项目层级明确公共资金撬动私人资金的规模和杠杆率。多边发展机构报告的气候资金应该包括项目的整体融资规模以及专门针对气候变化的增量成本。敦促多边和双边机构进一步明确针对最不发达国家和地区的气候资金目标和绩效指标，及相应的实施机制和主要措施。

研究专论

Special Research Reports

G.19
气候与水文耦合模拟研究进展[*]

王守荣[**]

摘　要：　水资源关系到生态系统、社会经济的方方面面，而研究水资源变化的科学基础就是认识在气候变化背景下水循环的特征，气候–水文耦合模拟正是相关研究的重要工具。本文简介相关国际科学计划，阐述国内外关于水循环过程及变化特征的研究进展，纵览气候变化对水循环、水资源影响研究的重要成果，概述气候与水文模拟方法和主要科学问题。最后在分析国内现状的基础上，提出关于强化气候和水文观测试验、深化水循环机理和模拟研究、加强气候变化对水资源影响评

　* 本文的资助项目为国家自然科学基金面上项目 – 新排放情景下中国区域气候变化的模拟（41375104）

** 王守荣，1950 年生，男，中国气象局正研级高工，主要从事气候、气候变化和水文模拟研究。

估、支撑可持续发展决策等方面的建议。

关键词： 气候变化　水文循环　耦合模拟　决策支撑

引　言

由于气候变化、人口急剧增长、经济快速发展、城市化进程加快等原因，世界上许多地区和国家淡水资源紧缺，水资源环境不断恶化。水资源关系到生态系统、社会经济的方方面面，而研究水资源变化的科学基础就是认识在气候变化背景下水循环的特征。为应对日益脆弱的水资源问题，国际上从 20 世纪后半叶以来先后发起和实施国际水文计划（IHP）、水文和水资源计划（HWRP）、国际地圈生物圈计划（IGBP）中的水文循环的生物圈方面（BAHC）、世界气候研究计划（WCRP）中的全球能量与水循环实验计划（GEWEX）、全球水系统计划（GWSP）和未来地球计划（Future Earth）中的未来可持续水计划（SWFP）等，以加深对水文水循环的科学认知，研究水资源脆弱的症结，提出具有科学依据和切实可行的政策措施。为加强气候变化对水循环、水资源影响的科学评估，就必须深化对气候变化、水循环变化及其相互作用的研究，气候－水文耦合模拟正是相关研究的重要方法和工具。在政府间气候变化专门委员会（IPCC）科学评估和联合国世界水评估计划（WWAP）的推进下，气候－水文耦合模拟技术不断进步，其模拟结果为国际社会和各国政府制定重要决策提供了科学依据。

一　气候变化背景下水循环特征模拟研究进展

（一）国际研究进展

国际上通过对水循环过程持续的观测实验，利用实测资料、大气再分析资料和数值模拟方法，研究在气候变化背景下全球和区域水循环的变化特征，不断加深对水循环过程的认识。

1. 基于观测资料的研究

随着大气和水文观测系统的不断扩展、升级和科学试验的推进，使得开展全球和区域水循环过程的定量化研究成为可能。Baumgartner A.[①] 和 Reichel E. 于 1975 年根据当时的观测资料，给出了全球水循环的数据，在世界范围内颇具影响。随着观测资料特别是卫星遥感资料的丰富和更新，Trenberth KE. 等于 2007 年应用观测资料（温度、降水、水汽等）和模式模拟数据（主要是蒸散发）计算了全球 1979～2000 年水循环数值（简称为 TR07）。为了与再分析资料进行比对，Trenberth KE.[②] 等又于 2011 年在 TR07 的基础上应用观测资料计算了 2002～2008 年水循环数值（简称为 TR11，参见图 1）。海洋每年蒸发量为 $426 \times 1000 km^3$，其中 $386 \times 1000 km^3$ 作为降水返回海洋，其余 $40 \times 1000 km^3$ 作为水汽输送到大陆上空；大陆自身每年蒸散发量为 $74 \times 1000 km^3$，加上海洋输送的水汽量，总量为 $114 \times 1000 km^3$，即为大陆年降水量；大陆降水量除蒸散发外，其余 $40 \times 1000 km^3$ 通过径流及与地下水交换形式流归海洋。此外，TR11 还给出了大气、海洋和陆地水（冰）储量数值，成为目前国际上被引用较多的水循环数据。

2. 基于再分析资料的研究

现有的观测资料在时空分布上存在着很大的非均一性问题。随着数值模拟技术的发展和全球气候观测系统的完善，基于同化技术的大气再分析资料，在气候监测和预测、气候变率和变化、全球和区域水循环和能量平衡以及大气模式评估等诸多研究领域中得到了广泛应用。Trenberth KE 等利用国际上目前最具代表性的 8 种再分析资料，即 NCEP - NCAR R1、NCEP -

---

① Baumgartner A. and Reichel E. , *The world water balance mean annual global*, *continental and maritime precipitation*, *evaporation and run - off* (Munchen：Oldenbourg Verlag GmbH, 1975), P. 101.

② Trenberth KE. et al. , "Atmospheric moisture transports from ocean to land and global energy flows in reanalyses." J *Clim* 24 （2011）：4907 - 4924.

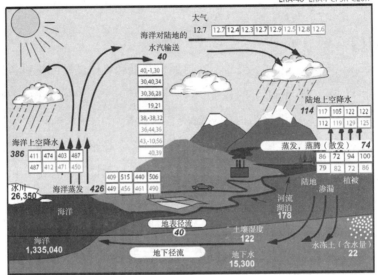

图1 Trenberth KE. 等基于观测资料和再分析资料计算的
全球 2002～2008 年水循环数值

单位：水循环单位为 1000km³/a；水储量单位为 1000km³

图中基线数值（黑色）为基于观测资料计算的 2002～2008 年水循环数值，数值分别为基于 8 种再分析资料 NCEP－NCAR R1、NCEP－DOE R2、CFSR（NCEP）、C20r、ERA－40、ERA－I、JRA－25 和 MERRA（NASA）模拟计算的 2002～2008 年水循环数值（其中 ERA－40 为 20 世纪 90 年代的数值）。对于海洋传输到大陆的水汽量，图中给出相关的 3 组数值：（1）海洋传输到大陆的水汽量；（2）海洋蒸发与降水之差（E－P）；（3）大陆降水与蒸发之差（P－E）

DOE R2、CFSR（NCEP）、C20r、ERA－40、ERA－I、JRA－25 和 MERRA（NASA）2002～2008 年的数据，分别模拟计算了全球 2002～2008 年能量和水循环数值，并将 8 组水循环数据与 TR11 结果进行比较。从图 1 可见，再分析资料对陆地的降水和蒸散发的模拟计算值与观测值比较接近，而对海洋的蒸发（E）和降水（P）的模拟计算值则明显高于观测值。另外，根据水量平衡原理，海洋向大陆输送的水汽值（W）、海洋 E－P、大陆 P－E 和大陆汇入海洋的径流（R）应该是相等的，而再分析资料模拟计算值却不相等，有些与观测值相差甚远。再分析资料模拟计算值的偏差，主要源于其反映的海洋蒸发降水过程过强、全球水循环周期过快以及水汽在大气中停留时间过短等原因。解决这一难题需增加更多观测数据源、改进资料同化技术方案和改进模式的物理过程等方面。

3. 基于 GCMs 的模拟研究

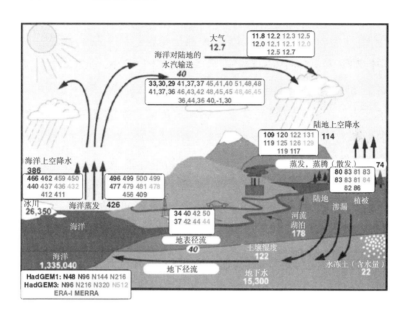

图 2　Demory M. – E. 等利用 Had GEM1 – A and Had
GEM3 – A 模拟的全球水循环数

单位：水循环单位为 $1000km^3/a$；水储量单位为 $1000km^3$

图中基线数值（黑色）为 Trenberth KE. 等 TR11 观测结果，数值分别为具有不同水平分辨率的 Had GEM1 – A and Had GEM3 – A 模拟的全球水循环数值基以及基于再分析资料 ERA – I 和 MERRA 计算的水循环数值。对于海洋传输到大陆的水汽量，图中给出相关的 3 组数值：（1）海洋传输到大陆的水汽量；（2）海洋 E – P；（3）大陆 P – E

近年来，国际上应用 GCMs 对全球和区域水循环进行了大量的模拟研究，其中 Demory M. – E.[①] 等研究成果具有代表性。他们用 HadGEM1 – A 模式（分别具有 N48、N96、N144 和 N216 4 种网格，对应水平分辨率 270 –

① Demory，M. – E. et al.，"The role of horizontal resolution in simulating drivers of the global hydrological cycle," *J Clim*，42（2013）：2201 – 2225.

60km）和 HadGEM3－A 模式（分别具有 N96、N216、N320 和 N512 4 种网格，对应水平分辨率 135－25km）对全球能量循环和水循环进行模拟，并将模拟结果与 TR11 观测结果以及 ERA－I 和 MERRA 大气再分析资料结果进行比较。结果表明，GCMs 模式能较稳定地模拟全球能量收支和水循环过程，水循环模拟数值与 TR11 以及 ERA－I 和 MERRA 数值比较接近，其冗余误差在观测资料不确定性和大气再分析资料误差范围之内。但由于 GCMs 对地表短波辐射的模拟值高于实际观测值，导致对水循环过程的模拟过强，海洋 E、P 模拟数值明显高于观测和再分析资料的结果，海洋水汽输送对陆地 P 贡献率偏高，而陆地 E 贡献率偏低。要解决这些问题，尚需进一步改进 GCMs 的物理过程。结果还表明，水循环模拟效果对模式水平分辨率并不十分敏感，但在 60km 分辨率上模拟数值开始收敛，说明 60km 水平分辨率较宜用于水循环模拟。

（二）国内研究进展

中国对水循环大气过程研究始于 20 世纪 50 年代后期，很多学者做了大量的探索。刘国纬[①]等把中国大陆边界概化为平行纬线和经线的多边形，利用沿国界附近的 53 个探空气象站 1972～1982 年每天两次探空观测资料，得到全国多年水汽平均总输入量、输出量和净输入量。结合其他水文观测数据，计算了中国水循环数值，并绘制了中国大陆水循环概念模型图（见图 3）。刘国纬等还根据中国气候区划并结合中国七大流域水文气候特点，把中国划分为东北区、华南区、长江区、西南区、华北区和西北区六个区域，研究各个区域上空的水汽输送和水汽收支，并绘制了全国分区水循环概念模型图。在刘国纬等研究基础上，后来很多学者又做了进一步的探索。丁一汇、姜彤等[②]利用 NCEP－NCAR 再分析资料和地面观测数据，计算了中国 1961～2013 年水循环数值并绘制了水循环概念模型图，计算结果除蒸散发量外，其余各项均低于刘国纬等的计算结果。

[①] 刘国纬、汪静萍：《中国陆地－大气系统水分循环研究》，《水科学进展》1997 年第 2 期，第 99～107 页。
[②] 丁一汇：《中国的气候变化及其预测》，气象出版社，2016，第 99 页。

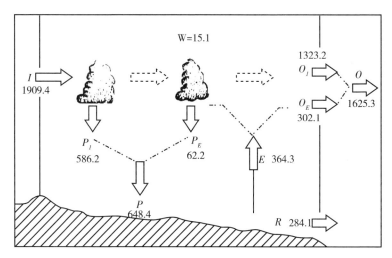

图3　中国大陆 1972～1982 多年平均水循环概念模型

图3中W为大气中水汽含量，I为水汽输入，P为总降水量，P_I为水汽直接形成的降水量，P_E为地表蒸发再次形成的降水量，E为地表蒸发量，R为径流量，O为水汽输出总量，O_I为入境水汽直接输出量，O_E为地表蒸发水汽输出量。

资料来源：刘国纬、汪静萍：《中国陆地—大气系统水分循环研究》，《水科学进展》1997 年第 2 期。

二　气候变化对水文水资源影响模拟研究进展

（一）国际研究进展

国际上通过实现全球或区域气候模式与分布式水文模式的嵌套或耦合，开展气候变化对水文水资源影响的模拟研究，IPCC 科学评估则对模拟结果和观测结果进行综合分析，给出全球和区域评估结论。

1. 气候变化背景下水循环变化特征

IPCC 第五次评估报告（AR5）指出，过去 40 年间观测到的对流层水汽变化大约为 3.5%，这与同期观测到的大约 0.5℃的温度变化相一致。全球海洋上空气柱中水汽总量每十年增加 1.2%±0.3%，其分布与海平面温度的变化相一致。20 世纪北纬 30 度和 85 度之间的陆地降水普遍增加，而在

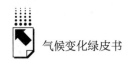

过去 30 ~ 40 年南纬 10 度到北纬 30 度的降水显著减少。海洋 E - P 的分布型自 20 世纪 50 年代以后是增强的，表明海洋的蒸发在增加，这种变化与大气中水汽含量增加的观测事实是一致的。陆地蒸发皿蒸发在最近几十年呈下降趋势，可能由于地表太阳辐射的减少和日照时数的减少引起，也许与部分地区空气污染和大气气溶胶以及云量的增加有关。蒸发皿的测量资料并不代表实际蒸发，20 世纪后半叶，很多地区的实际蒸散发量增加。20 世纪 50 年代以来，全球排位前 200 条河流中有 2/3 径流变化趋势不明显，1/3 径流变化趋势明显，其中 45 条河流径流减少，只有 19 条河流径流增加。

2. 未来气候变化情景下水循环变化趋势

AR5 预估未来 10 ~ 30 年在高纬度地区和部分中纬度地区，纬向平均降水将很可能增加，而在亚热带地区将可能减少。在更多区域尺度上，降水变化也许主要受到自然内部变率、火山强迫和人为气溶胶效应的综合影响。在未来几十年，近地表比湿很可能增加。在许多区域蒸发可能将增加。近期，陆地上强降水事件的发生频率和强度可能将增加。这些变化主要是受大气水汽含量增加的驱动，此外还受到大气环流变化的影响。

AR5 预估到 21 世纪末在全球持续变暖的背景下，水循环过程会进一步加强，降水和蒸发会增加。在 RCP8.5 情景下，高纬度地区降水量和径流量很可能增加，而许多中纬度地区以及亚热带干旱和半干旱地区降水量很可能减少，南欧部分地区、中东和非洲南部地区的年径流量将可能减少。在全球层面上，弱降水过程减少，强降水过程增加，大多数中纬度陆地区域以及潮湿的热带区域极端降水事件将很可能更为频繁。由于全球温度升高，在整个 21 世纪，全球冰川体积将可能减少 15% ~ 85%。北极海冰盖很可能将全年继续缩小并变薄，9 月份北极海冰面积将可能减少 43% ~ 94%。

（二）国内研究进展

1. 水文水循环变化趋势研究

关于大气水汽含量方面的研究，苏明峰等在分析了近几十年气候冷暖与干湿配置关系的基础上得出结论，中国大部分地区平均水汽含量 20 世纪 50

年代末至 70 年代明显减少，80 年代出现负距平百分率的区域扩大，90 年代以后波动强度加大。关于降水方面的研究，王绍武等利用全国 753 个站点降水资料建立 1961～2012 年中国降水距平系列并进行分析。结果表明，20 世纪 60 年代、70 年代和 21 世纪前 12 年降水偏少分别达 4.7mm、19.6mm 和 16.6mm，而 21 世纪 80 年代和 90 年代降水偏多分别达 10.5mm 和 5.6mm。1961～2012 年中国西部降水普遍增加，东部除长江中下游、东北北部局地和华南局地有所增加外，其他地区则以减少为主，西南地区中部和南部也呈减少趋势。关于蒸散发方面的研究，任国玉和郭军应用全国 600 多个观测站资料进行分析，发现中国 1956～2000 年蒸发皿蒸发量呈下降趋势。高歌等用改进的水量平衡模型计算结果表明，100^0E 以东大部地区实际蒸散发量呈下降趋势，100^0E 以西以及东北北部地区实际蒸散发量为增加趋势。关于径流方面的研究，姜彤等应用 M－K 非参数检验方法，对中国松花江、辽河、海河、黄河、淮河、长江、珠江、东南诸河、西南诸河及西北内陆河等十大流域 1961～2012 年的天然径流变化趋势进行显著性检验，发现除东南诸河、西南诸河和西北内陆河流域为增加趋势外，其他七大流域均为减少趋势。

2. 气候变化对水文水循环影响研究

刘春蓁[1]等利用随机天气模式、流域蒸散发模式、流域水文模式、水资源综合评价模式及 GCMs，系统地研究了未来全球气候变化对我国水文水资源以及水资源供需的影响。刘昌明[2]等应用 SWAT 模式，选取黄河河源区为典型流域，基于 DEM 模拟不同气候和土地覆被条件下黄河河源区地表径流的变化。夏军等基于 GCMs 多模式数据，实现中国天气发生器 BCCRCG－WG3.00 与水文模型 AWST 的嵌套，模拟滦河流域水文循环过程。王守荣[3]等在国内较早地在滦河、桑干河流域开展气候模式与分布式水文模式嵌套模

---

① 刘春蓁：《气候变异与气候变化对水循环影响研究综述》，《水文》2003 年第 4 期，第 1～7 页。

② 刘昌明、李道峰、田英等：《基于 DEM 的分布式水文模型在大尺度流域应用研究》，《地理科学进展》2003 年第 5 期，第 437～445 页。

③ 王守荣、黄荣辉、丁一汇等：《水文模式 DHSVM 与区域气候模式 RegCM2/China 嵌套模拟试验》，《气象学报》2002 年第 4 期，第 421～427 页。

拟试验。张建云、王国庆[①]等利用 RCM PRECIS，模拟分析了 SRES 系列 A1、A2、B1 和 B2 情景下全国各主要流域径流变化。近期，石英、康丽莉、柳春和 LEUNG L. Ruby 等并利用区域气候模式 RegCM4.0 单向嵌套全球气候模式 BCC_ CSM1.1，动力降尺度到黄河流域的模拟结果驱动 VIC 模型，开展在新的 RCPs 排放情景下黄河流域未来气候和水文变化的模拟。

三　气候与水文模拟理论方法研究进展

（一）气候水文耦合模拟历程

回顾国际上气候与水文交叉学科研究的发展历程，大致可以分为以下三个阶段。

（1）第一阶段为 20 世纪 80 年代以前的"分解"研究阶段，将水循环分解为陆地分支与大气分支，分别隶属于陆地水文学和大气科学。气候学家主要关心大气中的水分收支与水汽输送，水文学家主要关心降水在陆面上的再分配和径流过程。这一阶段所用的水文模式主要有纯经验模式、概念模式和纯物理模式。

（2）第二阶段为 20 世纪 80 年代开始的"嵌套"研究阶段，随着气候系统概念的建立，水循环过程被看作气候变率和气候变化的重要环节，有力地促进了大气、海洋、水文、生态等交叉学科的研究。这一阶段基于数字高程系统（DEM）且具有较好物理基础的分布式水文模式发展较快，为嵌套全球环流模式 GCMs 或区域气候模式 RCMs 进行气候和水文模拟奠定了基础。

（3）第三阶段为 21 世纪初期推进的"耦合"研究阶段。大气模式与水文模型的单向嵌套的模拟过程中，很难对水循环过程包括气候和水文的相互作用进行系统和物理的描述。在双向耦合模拟中，大气模式与水文模型使用

---

① 张建云、王国庆等：《气候变化对水文水资源影响研究》，科学出版社，2007，第 122 ~ 136 页。

共同的陆面过程机制，可实现大气和水文模拟的相互反馈和验证，从而克服了单向嵌套模拟的缺陷。气候系统模式和地球系统模式的发展，有力地推动了各圈层模式的耦合，以期从整体上来模拟和研究气候系统和地球系统。气候和水文不仅开始实现双向耦合模拟，而且尝试气候、水文、生态等多向耦合模拟。

（二）气候水文耦合模拟的关键科学问题

（1）驱动因子及相互作用。气候和水文变化有各自的驱动因子且存在相互作用，涉及气候和水文变化的基本机理，在气候水文耦合模拟中必须有充分体现。IPCC 科学评估指出，气候变化是由自然变率和人类活动综合作用驱动，工业化以来的气候变暖则主要是人类活动排放的温室气体和土地利用、土地覆盖的改变造成的。WWAP 评估报告识别水循环和水系统 10 个驱动因子，分别是气候变化和变率、农业、人口、经济、社会与文化、水文和水资源、管理和机制、基础设施、政治、科学技术和水资源本身（包括各种形态的水资源和生态系统），大体上也可归并为自然变率和人类活动两大类。气候对水文的影响可分为直接影响和间接影响两个方面：直接影响主要是大气环流影响引起的温度、水汽输送、空气湿度、降水、风速等要素的变化；间接影响则主要是在太阳辐射和大气强迫驱动下陆面上热力过程、动量交换过程和水文过程的变化。水文主要通过陆表效应、海洋环流变化以及温室气体和气溶胶变化对气候产生影响和反馈。这些驱动因子和相互作用，构成了错综复杂的非线性关系，在气候水文耦合模拟中如何科学合理地反映和描述，改进模式的物理基础，是必须要解决的首要课题。

（2）时空尺度。大气和水文时空特性存在着很大差异。大气过程在空间尺度上的变化相对均匀，而在时间尺度上的变化十分显著。水文过程恰恰相反，时间变化相对均匀而空间变化明显。针对这些时空特性差异，如何一方面发展相应的技术方法，建立大气、水文耦合的界面，把陆面不均匀的属性准确地反馈到大气；另一方面在深化不同尺度水文规律研究的基础上发展大尺度分布式水文模式，以便与大气模式耦合，就成了大气、水文耦合的关

键课题。

（3）次网格分布不均匀性。大气模式次网格尺度较大，水文模式次网格尺度较小，但无论是大气模式还是水文模式，次网格内不同地域的地形、土壤、植被、土地利用等人类活动情况均有很大差异，对陆面水文过程具有重要影响。因此，如何建立具有良好验证性和通用性的大气水文参数化方案，有效地解决次网格分布不均匀性问题，是改进气候水文耦合模拟的瓶颈课题。

（4）降水模拟与数据处理。降水是影响水文模拟的关键要素，但降水取决于大气模拟的精度。如何一方面加强大气模式陆面过程和云物理模拟能力，以进一步提高降水模拟精度，另一方面提升水文模式的次网格尺度，这是气候水文耦合模拟的重要课题。

此外，气候水文耦合模拟还需要大气、水文等气候系统观测大数据和地理信息系统（GIS）、遥感系统（RS）、数字高程系统（DEM）等高新信息技术的强力支撑。

四 结语

国际上通过持续发起和实施重大科学计划，加强对水循环过程的观测实验，尝试气候、水文、生态等多向耦合模拟，从整体上加深对水循环过程的认知，科学评估气候变化对水文水资源的影响，并在此基础上加强研究和评估工作与制定政策、规划的联系，为应对气候变化、减缓水资源压力的重大决策提供科学依据，为落实2030年可持续发展目标提供科学基础，受到国际社会的高度评价，也为各国开展相关工作提供了有益的启示。

国内在气候－水文嵌套和耦合模拟方面的探索不断深入并取得不少成果，但尚存一些短板，主要有三个方面：一是观测试验工作仍然薄弱，缺少对气候－水文耦合研究的大数据支撑；二是气候－水文模拟水平不高，目前仍以单向嵌套模拟居多，双向和多向耦合模拟滞后，且主要是选取某一流域进行研究，而不是研究气候变化对全国或区域水文、水循环的整体影响；三是研究工作与政策、规划制定脱节，科学成果对决策支撑不够。未来，建议加强以下几方面工作：一是继续加强气象、水文观测和科学试验，取得更加丰富的地基、空基和天基观测试验大数据，为研究和模拟工作提供依据；二是加强水循环变化特征及机理的研究，开展气候－水文双向耦合模拟试验，识别水循环及要素变化过程中的自然和人文因素，评估气候变化对水循环、水资源的影响；三是基于观测试验和模拟研究成果，提出应对气候变化、缓解水资源压力的对策方案；四是加强研究工作与决策工作的联系，对内为可持续发展的决策提供科学支撑，对外为 IPCC 和 WWAP 科学评估提供研究成果。

G.20
气候新常态向冰冻圈科学
提出服务新需求

马丽娟 秦大河*

摘　要： 当今世界科技进步带来社会经济的快速发展，提高了人民生
活水平，也带来了全球气候变暖、生态环境恶化的后果。雪
线上升、冰川退缩、冻土退化、海冰范围减小等冰冻圈变化
问题备受关注。南极、北极和青藏高原是冰冻圈现代冰川最
为发育的地区，受气候变化影响也最剧烈。这些区域冰冻圈
观测资料和数据最为匮乏。为此，世界气象组织发起全球冰
冻圈观测计划，建立全球冰冻圈观测网，提供冰冻圈综合产
品和服务，推动建设极地区域气候中心，旨在为受冰冻圈现
代冰川变化影响严重的国家和地区提供气候服务，帮助那里
的人民提高适应气候变化的能力。

关键词： 冰冻圈　冰冻圈科学　极地　世界气象组织　全球冰冻圈观测

一　冰冻圈和冰冻圈科学

（一）冰冻圈是气候系统的重要成员

冰冻圈是指地球表层具一定厚度且连续分布的负温圈层，亦称为冰雪

---

* 马丽娟，国家气候中心，副研究员，研究方向为冰冻圈与全球变化；秦大河，中国气象局、
中国科学院寒区旱区环境与工程研究所，中国科学院院士，研究领域为气候变化与冰冻圈科
学。

圈、冰圈或冷圈。冰冻圈内的水体一般处于冻结状态。冰冻圈在岩石圈内是从地面向下一定深度（数十米至上千米）的表层岩土；在水圈主要位于南大洋、北冰洋海表上下数米至上百米，以及周边一些大陆架向下数百米范围内；在大气圈内主要位于0℃线高度以上的对流层和平流层内。冰冻圈的组成要素包括冰川（含冰盖和冰帽）、冻土（含多年冻土和季节冻土）、积雪、河冰和湖冰、海冰、冰架、冰山和海底多年冻土，以及大气圈对流层和平流层内的冻结状水体。地球中、高纬度地带是冰冻圈发育的主要地区[①]。

冰冻圈以其表面反射率高、巨大的冷储和相变潜热、温室气体的源汇、气候环境记录的载体，以及储存巨大的淡水和潜在的服务经济社会等不可替代的功能，成为当前气候变化和可持续发展研究中最活跃的领域之一，备受各方重视。冰冻圈对气候变化最敏感。山地冰川退缩，格陵兰冰盖大规模消融，海冰和积雪急剧减少，多年冻土活动层增厚等实测结果，彰显气候变暖这一不争事实，加上冰冻圈远离城市，这一区位特点证明全球变暖毋庸置疑[②]。

1972年在斯德哥尔摩联合国人类环境会议上，世界气象组织（WMO）首次提出"冰冻圈"这一独特的自然环境综合体，并将之与大气圈、水圈、生物圈和岩石圈并列，成为组成气候系统的五大圈层之一，在自然和经济社会发展中的作用受到重视。20世纪80年代后，冰冻圈在全球变化研究中分量不断加大。2000年世界气候研究计划科学委员会设立"气候与冰冻圈"计划，研究气候变化和冰冻圈的相互作用和影响。北极理事会、日本等也相继实施了冰冻圈研究计划。中国科学家从研究冰川、冻土、积雪开始，经过半个多世纪的科学积累，综合凝练，提出了冰冻圈的形成演化过程和变化机理，揭示了冰冻圈与气候系统其他圈层及人类圈相互作用的关系，发展成为冰冻圈科学。

① 秦大河、姚檀栋、丁永建、任贾文：《冰冻圈科学概论》，科学出版社，2017，第502页。

② IPCC AR5 WGI. , Climate Change 2013：the Physical Science Basis. Cambridge：Cambridge University Press，2013.

（二）冰冻圈科学是一门交叉学科

冰冻圈科学研究自然背景条件下冰冻圈各要素的形成、演化过程与机理，冰冻圈与气候系统其他圈层相互作用，以及冰冻圈变化的影响和适应，是一门自然和社会交叉的新兴学科，目的是认识自然规律，服务人类社会，促进可持续发展，造福全人类和中华民族。

从圈层角度看，冰冻圈科学的自然属性非常清晰，冰冻圈及其变化影响气候、人居环境和社会经济，既有形成灾害的一面，也有带给人类社会惠益和服务人类的功能，包括供给服务、调节服务、社会文化服务、特殊生境服务和工程服役服务等多个方面，成为冰冻圈科学的重要内容。

当前，冰冻圈科学正值发展完善之际，不同领域的交叉渗透，自然科学与经济社会可持续发展的结合，势头可喜。中国科学家抓住机遇，于2007年4月成立了"冰冻圈科学国家重点实验室"，成为国际上第一个以"冰冻圈科学"命名的研究机构。同年7月，国际大地测量地球物理联合会（IUGG）将其下属原国际雪冰委员会（ICSI）升格为国际冰冻圈科学协会（IACS），成为IUGG 87年历史中增加的唯一的一个一级协会。2016年，中国科学技术协会批准成立中国冰冻圈科学学会。中国科学家开创并发展了冰冻圈科学[①]。

（三）树立冰冻圈科学服务社会的理念

随着科技的深入发展，自然科学和社会科学越来越呈现交叉、融合的趋势。2018年7月4日，国际科学联盟（ICSU）和国际社会科学联盟（ISSU）正式合并，成立了国际科学理事会（ICS），这是自然科学和社会科学交叉融合发展的标志性事件。这种将在自然与社会交叉融合，为可持续发展服务的思想在冰冻圈科学中已有完全的体现。

---

① Qin D., Ding Y., Xiao C., et al. "Cryospheric Science: research framework and disciplinary system," *National Science Review*. 2018. 5（2）：255－268DOI：10.1093/nsr/nwx108.

全球变化，冰冻圈也在变化，并影响全球、区域乃至社区。冰冻圈变化对社会经济发展、生态文明建设和人文社会科学等领域都在发挥作用。冰冻圈可以提供气候、水资源、能源、生态、基础设施、旅游、休闲、体育、探险和特色人文等多种服务①。

提倡服务的同时，还要特别强调环保。例如，气候变暖冰川加速消融，冰川补给的河川径流增加，但长期加速消融，持续下去，冰川终将消融殆尽，成为零补给，对流域生态系统和社会经济发展等带来巨大障碍。在中国西北绿洲，针对不同社会经济情景，在冰冻圈水资源服务功能最大化目标下，提出未来绿洲及其产业结构调整的最优路径和方案，是社会向冰冻圈科技工作者提出的服务需求。又如，北极地区海洋钻探、油气开采，铺设输油管线，以及海上筑冰坝钻探油气等，遇到过许多工程技术难题；中国东北地区开发遇到冰锥、雪害、河湖冰害、道路冻胀和融沉等问题，西部矿山开采、公路扩建和铁路建设、输油管线和通信线路建设也遇到冻土工程地质问题，西部大开发和"一带一路"倡议等，都是经济发展向冰冻圈科学提出的服务需求。

气候变化和社会经济发展向冰冻圈科学提出了服务需求，然而冰冻圈科学研究起步晚，数据尤其匮乏，亟须整合全球冰冻圈数据和资源，提供精准冰冻圈服务。为此，世界气象组织发起全球冰冻圈观测（GCW）计划，探索全球冰冻圈观测、研究、产品和服务新模式。

二 世界气象组织的全球冰冻圈战略

（一）全球冰冻圈观测计划的发起与实施

冰冻圈位于高纬和高山地区，影响遍及全球。世界上发育有冰冻圈的国

---

① Xiao C., Wang S., Qin D., "A Preliminary Study on Cryosphere Service Function and Its Value Estimation," *Advances in Climate Change Research*, 2016.12（1）：45–52.

家有将近 100 个。冰冻圈可以提供多方面的服务，但却缺乏最起码的观测资料。为此，WMO 探索建设全球冰冻圈观测，旨在构建全球冰冻圈观测站网，推动冰冻圈综合信息和产品的制作，为气候变化科学和人类社会经济可持续发展提供有效服务。

2007～2009 年第四次国际极地年期间，5 万多名各国科学家在南极和北极实施了 228 个科学计划，留下一批观测资料，是冰冻圈科学的一笔"巨额财富"。如何站在更高站位上规划和使用这笔财富，是摆在冰冻圈科学家面前的一个问题。2007 年，加拿大向第 15 届世界气象大会（Cg – 15）提交了关于创建 GCW 的提案。Cg – 15 形成决议要求成立临时专家组，探索建立GCW 的可能性，并提出具体建议。四年后的 2011 年，第 16 届世界气象大会（Cg – 16）正式批准了专家组提出的 GCW 3 个发展阶段的建议，即2007～2011 年为定义阶段，2012～2015 年为发展阶段，2016～2019 年为实施阶段，2020 年之后为业务化阶段①。GCW 的最终目的，是为 WMO 成员提供对过去、现在和将来冰冻圈状态的权威、清晰、有用的数据、信息和分析，使其可以通过国家气象和水文服务部门以及合作伙伴，理解、评估和预测气候变率，减缓和适应气候变化及其对水资源的影响，提高天气预报和灾害预警能力，从而减少自然和人为灾害造成的生命和财产损失的风险，满足其为用户、媒体、公众、政策制定者和决策者提供服务的需求。

GCW 从构建全球冰冻圈观测站网开始，最终建成成熟的 GCW，将包括观测、监测、评估、产品研发、预测和科学研究等诸多内容。构建地基标准化核心观测网络（CryoNet）是 GCW 的当务之急。为了实现建立强大环境观测台站的目标，GCW 基于现有冰冻圈观测项目，鼓励各国满足 CryoNet 最低观测需求的台站加入该网络，通过统一格式、共享数据，建立全球冰冻圈共享数据库。WMO 现已批准全球 105 个 CryoNet 站（中国有 10 个）和 48个 GCW 贡献站（中国 5 个）。此外，由于针对冰冻圈要素的观测仪器和观测标准尚未实现全球统一，这给冰冻圈数据的使用带来极大不便，也给冰冻

---

① WMO. ，"Global Cryosphere Watch Implementation Plan version 1. 6，" 2015.

圈变化的对比和评估带来很大的不确定性。GCW 的另一职责是制定冰冻圈要素的观测规范，最终实现冰冻圈观测台站现有设施的标准化，达到统一的全球观测标准。

WMO 呼吁各成员国保证获批入网的站点，全面执行并拓展观测内容，尤其在数据较缺乏的地区，以支持依赖冰冻圈信息的应用领域的发展，并且对由其他组织（非国家气象和水文服务部门）操作的综合台站给予优先发展权。根据中国现状，冰冻圈观测研究是以中国科学院为主，入选 CryoNet 的台站也全部来自中国科学院。WMO 执委会这一决议为中国在冰冻圈科学领域开展局院合作带来新契机，并全面推动反映冰冻圈作用区地气特征的气候综合要素的观测，为冰冻圈科学和地球系统科学的发展带来新机遇。为达到 WMO 全球综合观测的要求，中国气象局在观测空间范围方面需要扩大。重新审视和构建中国气象观测网，尤其是中国西部观测站网刻不容缓。

（二）全球冰冻圈观测、研究、服务三位一体战略

随着全球变暖加剧，北极的放大效应凸显，北极夏季海冰锐减，北半球春季积雪范围明显缩小，全球冰冻圈退缩，全球水循环和碳循环发生改变，等等。随之而来的是水资源、环境、自然灾害、温室气体排放等一系列影响，引发贫困、健康、食物安全、社会可持续发展等社会问题。WMO 认识到冰冻圈在地球系统中的重要性，意识到不仅是极地地区，而且高山和中高纬地区都会面临由冰冻圈变化所带来的一系列新的社会问题，决定将此前成立的"极地观测、研究与服务执委会小组"扩展到高山区，成为"极地与高山观测、研究与服务执委会小组"（EC－PHORS），协助执委会监管WMO 的极地活动。至此，WMO 建立健全了领导、监管和实施冰冻圈战略的机制，完成了冰冻圈观测、研究和服务三位一体的布局。

2015 年 WMO 将"极地与高山观测、研究和服务"列为 2016～2019 年七大核心计划之一。为推进全球冰冻圈战略的实施，EC－PHORS 在 WMO 极地与高山区优先行动中，继续推进下列五项关键举措：①南极观测网络；②极地区域气候中心和极地区域展望论坛；③GCW；④高山区行动；⑤全

球综合极地预测系统，包括极地预测计划和极地预测年，以及世界气候研究计划、气候与冰冻圈计划的极地气候可预报性倡议。在建立 GCW 并整合冰冻圈资源的同时，加大科学研究业务化，根据气候新常态下冰冻圈地区，尤其是北极和高山地区原住民的需求，拓展服务范围，提高服务质量。

GCW 由各国冰冻圈领域的专家组成，设有管理组、工作组和秘书组，重点是解决冰冻圈气候服务中存在的问题和困难。根据路线图，GCW 将于 2020 年进入业务试运行，2024 年进入全面业务化。据此，GCW 需要大力发展观测、监测、评估、预测和研究等工作，真正实现包括 GCW 地面观测网在内的数据共享。在观测网建设方面，GCW 的发展有赖于各成员国在 WMO 全球综合观测系统（WIGOS）框架下开展冰冻圈要素的观测，尤其是数据缺乏区域，应当制定与冰冻圈相关的国家计划，解决出现在气候、水和自然灾害等领域的新问题。目前，中国正在申请建立二区协的区域 WIGOS 中心。中国气象局已经建成了较完善的气象观测网，但在西部高山区的气象和下垫面观测方面仍很薄弱，而这里恰恰是冰冻圈作用区。在区域 WIGOS 中心框架下大力加强冰冻圈观测，既可以满足 WMO 冰冻圈发展战略的需求，也可以进一步提高气候系统观测能力，完善我国气象现代化观测体系，推进和扩大中国气象服务领域和区域，给予人民更多福祉。

GCW 推进建设极地区域气候中心，并通过这个平台整合冰冻圈研究等资源，引导其向冰冻圈产品、气候影响评估等业务转化，最终成为 WMO 麾下的全球冰冻圈区域社会发展和服务中心。

三　极地区域气候中心实现冰冻圈服务

（一）北极和南极区域气候中心

WMO 区域气候中心的服务虽然基本覆盖全球，但在南极、北极地区，观测、监测、预测和业务服务能力均较薄弱。以北极为例，在全球变暖的今天，北极冰冻圈区域遇到了最为严重的天气、气候和生态环境恶化的挑战，北极圈内的 400 多万居民急需 WMO 提供气候服务，北极地区的变化影响到世界许多国家和地区，那里也需要 WMO 提供服务。因此，建立极地区域气候中心，为极地和高海拔地区社会经济发展服务，为全球提供服务，是 WMO 全球冰冻圈战略的落脚点。

GCW 建设初期，WMO 成员就强调冰冻圈及其变化对区域和全球的影响。GCW 要在 2020 年进入业务试运行，必须有业务服务的具体内容。2008 年 WMO 执行理事会第 60 次会议（EC - 60）决定成立 EC - PORS 时，就考虑将极地区域气候中心建设列入全球气候服务框架之内。在 EC - PORS/PHORS 的监督和指导下，10 年来，GCW、各区协、技术委员会、国际组织、合作伙伴等探索北极区域气候中心的建立模式，2017 年 WMO 执行理事会第 69 次会议（EC - 69）批准建立北极区域气候中心网络节点，并授权 WMO 主席代表执行理事会监督有关各方的承诺，要求有关各方按照北极区域气候中心网络实施方案定义的功能做出贡献。

极地区域气候中心须遵照 WMO 区域气候中心的规定任务来设计和实施，在服务内容上与现有区域气候中心互补，共同提供全球气候服务。北极区域气候中心网络的服务范围为整个北极地区，与 WMO 的 3 个区协有交叉，包括亚洲的二区协、北美的四区协和欧洲的六区协。因此北极区域气候中心网络由 3 个以地理区域划分的多功能节点和几个相关的节点间活动共同组成，即北美节点（加拿大牵头，包括美国）、北欧和格陵兰节点（挪威牵头，包括丹麦、芬兰、冰岛、挪威、瑞典及其他感兴趣的欧洲国家）、欧亚节点（俄罗斯牵头），在前 3 年里，挪威领导和协调所有节点[①]。北极区域气候中心网络的每个节点将独立完成该节点所辖空间范围的区域气候中心的全部规定动作，并尽可能地完成额外任务。这种设计的缺点是有可能导致交叉地区出现服务能力不强的情况，北极区域气候中心网络须加强节点间联系，以保障规定动作顺利完成。为此提出，加拿大领导全北极长期预报业

---

① WMO.，"Arctic Polar Regional Climate Center Network Implementation Plan，version 3. 1，" 2018.

务，俄罗斯协调全北极气候监测业务和服务，挪威主持数据业务服务，等等。

我国虽然不是北极领土国家，却是受北极气候系统严重影响的国家。中国在北极设有黄河科学考察站，中国科学院在阿拉斯加也建有若干野外观测研究站。鉴于北极区域气候中心网络框架已基本形成，中国应当找准契机，在《中国的北极政策》白皮书①框架下，积极参与北极区域气候中心网络并做出贡献。

EC-69在认可北极区域气候中心网络实施方案的同时，将南极和第三极区域气候中心的建设提上了日程。在南极，中国目前已建有长城站、中山站、昆仑站、泰山站和罗斯海新站5个科学考察站，中国气象局在南极气象领域亦有多年的积累，目前已有3个自动气象站纳入了南极观测网络，即长城站、中山站和熊猫站，应当继续关注并参与南极观测网络，以彰显中国的实力和潜力。

（二）第三极区域气候中心

WMO非常关注对高山区的业务和服务。2017年EC-69给出高山区的科学定义，即季节性或常年发育冰冻圈的地区，且该区域社会经济面临潜在的或严重的与水资源短缺和灾后恢复有关的气候风险。为此，WMO执行理事会第70次会议（EC-70）决定将大力发展WMO在高山区的活动策略，包括在2020~2023年发起类似于极地年的活动。即将于2019年2月组织召开的WMO高山峰会，将讨论制定WMO高山规划，旨在帮助原住民提升防灾减灾能力，适应和应对气候变化，支持联合国2030年可持续发展目标中消除贫困、人类健康、食物安全、洁净饮水、清洁能源、气候行动等任务。

中国响应WMO号召，于2017年3月向EC-PHORS提交了建立"亚洲高山区区域气候中心"概念性文件，并在多个国际场合与WMO相关部门、GCW指导组或二区协国家磋商，最终促成了2018年3月第三极区域气候中

---

① 中华人民共和国国务院新闻办公室：《中国的北极政策》白皮书，2018年1月。

心网络（TPRCC Network）实施方案规划会的召开。会议取得了一系列实质性进展，包括确定了 TPRCC Network 的组织结构，建立了 TPRCC Network 的建设任务组，领导实施方案的规划等，得到 EC－70 的批准。TPRCC Network 将由北部节点（中国牵头，包括蒙古国、尼泊尔、不丹和巴基斯坦）、西部节点（巴基斯坦牵头，包括塔吉克斯坦、乌兹别克斯坦、阿富汗和中国）和南部节点（印度牵头，包括尼泊尔、不丹、孟加拉国、缅甸）共同组成，中国负责协调，确保实施方案的规划能够体现第三极区域的特殊需求，满足该区域国家和地区的气候服务需求。

我国是北半球中纬度高山区面积最大的国家，西部地区的发展与高山区冰冻圈及其变化及冰冻圈未来服务能力息息相关。丝绸之路经济带圈定的13 个省份，包括新疆、重庆、陕西、甘肃、宁夏、青海、云南、西藏等众多西部省份，均在第三极区域气候中心网络的服务范围之内。以第三极（喜马拉雅山脉和青藏高原）为代表的中国西部高山区，其气候和生态环境变化不仅影响我国经济发展和人民福祉，给周边国家灾害防治、适应和应对气候变化带来新的挑战。第三极区域气候中心网络中国节点，将与 WMO 区域气候中心之一的北京气候中心服务内容互补，实现对包括中国西部在内的第三极周边高山区的气候、生态、环境监测、预测和综合评估。

本着共同建设、成果共享的原则，中国将积极参与并协调第三极区域气候中心网络建设，这有利于加强"一带一路"沿线国家的气象合作，推动沿线国家气象工作优势互补、互学互鉴、友好合作、互利共赢。

此外，随着气候变化和北极变暖，海冰退缩，北极航道在夏季已经开通。目前，中俄两国提出共建的"冰上丝绸之路"就是指北极航道的"东北航道"，即从东北亚出发，由东向西跨越太平洋的白令海，经北冰洋南部的楚科奇海、东西伯利亚海、拉普捷夫海、喀拉海、巴伦支海和挪威海，直达北欧，大大缩短了中国到欧洲的距离，社会经济价值很高，带来的环境、地缘问题等不可忽视。因此，中国应当关注和加盟北极区域气候中心网络，做出贡献，加强合作，同时也享受该网络提供的天气、气候和冰冻圈服务。

G.21
气候贫困的影响机制及应对策略

孟慧新 郑艳*

摘 要： 气候变化与贫困是 21 世纪人类社会面临的重大挑战。应对气候贫困、提升气候安全对于中国应对气候变化具有战略意义。在中国社会经济转型的宏观大背景下，引发和加剧农村贫困的原因非常复杂，现有国内研究还缺少从"气候贫困"的概念和视角进行的全面、系统的分析。本文概述了国内外研究进展，指出了在气候变化下应对贫困的机遇和挑战，重点分析了气候变化对中国农村地区的贫困效应，气候贫困的地域、行业、群体性分布特征，提出了中国气候贫困的主要类型，提出了中国应对气候贫困的理念和政策机制设计。

关键词： 气候变化 贫困 气候贫困 应对策略

一 应对气候贫困问题的现状与挑战

农业是对气候变化最敏感的产业，全球有 2/3 的贫困人口生活在农村地区并以农业为生。我国贫困地区社会文化条件差，贫困程度深，极易遭受气

* 孟慧新，中国保险协会、《中国保险研究》编辑、副研究员，研究领域为气候变化与社会政策；郑艳，中国社会科学院城市发展与环境研究所副研究员，研究领域为适应气候变化、气候贫困与气候移民等。

候变化和灾害损失。随着气候变化引发和加剧的贫困现象日益突出，在国际社会的推动下，"气候贫困"议题已经引起国内学界的讨论与关注。

（一）气候贫困日益受到关注

从国内外文献来看，气候贫困是指气候或气候变化因素引发或加剧贫困的现象，既与自然生态环境有关，也受到社会经济等多重脆弱性的影响。2014 年 IPCC 最新的第五次科学评估报告中专门设计一章论述"生计和贫困"，指出气候变化将削弱许多国家减小贫困、实现可持续发展的能力，成为贫困群体不得不承受的一项额外负担①。世界银行报告《大冲击：管理气候变化对贫困的影响》指出：气候变化、灾害、健康和贫困之间具有关联效应，气候变化已经成为减小贫困的主要威胁。

气候变化对贫困的影响具有双重效应，一是加剧现有贫困人口的贫困程度，二是增加了新的贫困人口数量（包括大量的城市新贫民）。以农业和自然资源为主要谋生手段的地区，是气候变化影响下的高脆弱地区，也是全球气候贫困的高发群体。根据世界银行的预测，到 2030 年，如果采用有利于减贫的气候适应政策，则气候变化引发的新增贫困人口约为 300 万 ~ 1600 万；否则未来新增气候贫困人口将高达 3500 万 ~ 1.22 亿人口②。随着对气候贫困的认识和研究逐渐深入，国内对气候贫困的关注度也在逐渐提升。例如，致力于扶贫的乐施会自 2009 年以来发布了一系列报告，如《气候变化

① Olsson, L., M. Opondo, P. Tschakert, A. Agrawal, S. H. Eriksen, S. Ma, L. N. Perch, and S. A. Zakieldeen, "Livelihoods and poverty," In: "Climate Change 2014: Impacts, Adaptation, and Vulnerability," Part A: Global and Sectoral Aspects. Contribution of Working Group II to t heFift h Assessment Report of t heIntergovernmentalPanel on Climate Change〔Field, C. B., V. R. Barros, D. J. Dokken, K. J. Mach, M. D. Mastrandrea, T. E. Bilir, M. Chatterjee, K. L. Ebi, Y. O. Estrada, R. C. Genova, B. Girma, E. S. Kissel, A. N. Levy, S. MacCracken, P. R. Mastrandrea, and L. L. White（eds.）〕. Cambridge University Press, Cambridge, United Kingdom and New York, NY, USA, (2014) pp. 793 – 832.

② WB. （2016）. Hallegatte, Stephane; Bangalore, Mook; Bonzanigo, Laura; Fay, Marianne; Kane, Tamaro; Narloch, Ulf; Rozenberg, Julie; Treguer, David; Vogt-Schilb, Adrien, "Shock Waves: Managing the Impacts of Climate Change on Poverty," Climate Change and Development; . Washington, DC: World Bank, 2016.

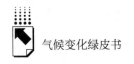

与贫困——中国案例研究》《气候变化与精准扶贫》等，揭示气候变化与贫困的关联。2015 年中国气象局发布的《中国极端气候事件、灾害风险管理和适应气候变化国家评估报告》中，建议协同关注中国农村地区的减贫、适应与减灾等可持续发展目标[①]。

（二）应对气候贫困的挑战

减少贫困是联合国千年发展目标中的首要目标，中国在减少贫困人口方面的成就举世瞩目。国家"八七扶贫攻坚计划"有力地推进了贫困地区的发展，解决了 2 亿多贫困人口的温饱问题。过去三十多年来，中国帮助 7 亿多乡村人口实现脱贫，党的十八大以来，脱贫攻坚战帮助六千多万贫困人口稳定脱贫，2010 ~ 2017 年，贫困人口发生率从 2010 年的 17.2%（1.66 亿农村贫困人口）下降到 2017 年底的 3.1%（3046 万人）[②]。然而，我国贫困人口最集中的老少边穷连片贫困地区也是生态环境脆弱、气候灾害频发的地区。中国气象局的《中国极端天气气候事件和灾害风险管理与适应国家评估报告》指出，21 世纪中国的高温、洪涝、干旱等主要灾害风险加大，需要密切关注气候灾害风险对中国西部连片贫困地区的潜在影响，加强对气候安全和农业安全的重视。

目前我国农村地区的基础设施和科技力量均比较薄弱，面对自然灾害的抵抗力较弱，迫切需要加强气候防护基础设施投入，提升适应能力，包括：社会保障、医疗保险、教育和扶贫投入，贫困及高风险地区的基础设施建设和风险预警水平。从国际经验来看，消除地区之间经济发展水平的差距是非常困难的，而通过恰当的政策手段逐步缩小地区间居民的生活福利水平的差距却是比较现实的。然而，目前我国普适性的扶贫政策的体系

① 秦大河、张建云、闪淳昌主编《中国极端天气气候事件和灾害风险管理与适应国家评估报告》，科学出版社，2015。
② 《2017 年末全国农村贫困人口减至 3046 万人》，人民网，http：//society. people. cn/n1/2018/0202/c1008 – 29802293. html。

比较庞大，而专门性政策的数量相对较少①，尤其是对于气候变化引发或加剧的致贫返贫现象，尚未有足够的认识及考虑。例如，民政部主导的防灾减灾工作、国务院扶贫办主导的精准扶贫、国家发改委主导的适应气候变化等相关工作，各自为政，未能针对气候贫困议题开展进一步的协同规划和行动。

二 气候贫困的发生机理

气候变化通过对不同生计资本的负面影响削弱了生计能力，导致了气候贫困现象。除此以外，社会文化、制度背景、政策设计等因素也是制造气候贫困的原因之一。

（一）气候变化对生计的影响

随着气候变化和极端天气气候事件的趋强、趋多，由气候引起贫困群体的生计风险成为焦点之一。生计是在 20 世纪 90 年代以后，伴随解决农村发展领域中的扶贫等问题而出现的②，被广泛视为减少贫困方法的基础。生计是一种谋生方式，农户生计包含了农户为了生存和发展所需要的能力，用于支持生计的资本和从事的活动，其中家庭资产或资本的存量流量和组合是重要的生计内容，一是由于它能极大地降低脆弱性，二是能提高家庭收入以及其他产出③。按照英国国际发展部（DFID）提出的可持续生计框架（Sustainable Livelihoods Framework）中的五大生计资本来分析其主要内容（见表1）。

---

① 《老少边穷：仅靠市场力量是不够的——关于促进老少边穷地区发展的政策选择》，《经济日报》2004 年 2 月 11 日，http：//finance. sina. com. cn/roll/20040211/0815625809. shtml。
② 李斌、李小云、左停：《农村发展中的生计途径研究与实践》《农业技术经济》2004 年第 4 期，第 10～16 页。
③ McKay, A.：《资产与长期贫困》，李春光主编《国际减分理论与前沿问题》，中国农业出版社，2011。

表 1　生计资本一览

资本	各种资本的组成部分
自然资本	土地、水资源、森林、草地、土壤、粮食、生物多样性等
人力资本	教育水平、教育制度、个人或家庭的健康状况、诊所或医院、入学率、贫困发生率、劳动力数量和质量、年龄、营养状况、出生率等
金融资本	现金、存款、股票、珠宝等贵重物品、信用工具、用于出售的禽畜等
社会资本	当地政府的政策支持、服务机构、政府决策、亲戚朋友的帮助、性别、社会关系网络、信任与互惠和交换的关系等
物质资本	行业设施、家畜、果园、住房条件、储水设施、农业基础设施、水利设施等

在不破坏自然资源的前提下，当生计可以应对其所受到的胁迫或冲击，并能从中恢复以维持自身目前的能力和资本，甚至可以加强未来的能力和资本时，即称生计是可持续发展的，反之生计不可持续[①]。气候变化一方面导致生态系统的生产力下降，另一方面通过气候灾害削弱了农业人口的生计资本，例如人员伤亡、房屋倒塌等，导致依靠自然资源谋生的农业家庭受到很大影响、生计难以持续。周力、郑旭媛特别考察了消费型资产，发现最贫困户倾向于采取变卖消费型资产以规避灾害风险；中等富裕户采取风险应对行为，倾向于增加生产型和固定型资产投资；而最富裕户往往是非农收入最高的群体，对农业领域气候灾害的反应不敏感，各类资产变化不显著。当面临连续的、高威胁的气象灾害时，如果贫困农户将消费型资产全部变卖，则其必将陷入"贫困陷阱"[②]。

（二）社会脆弱性加剧气候贫困

贫困是多重脆弱性和不平等因素相互交织的结果。社会脆弱性是研究气候贫困问题的一个重要概念，强调影响脆弱性的社会结构，即强调经济、社会制度在灾害应对中的重要作用。针对气候变化的影响群体进行社会脆弱性

---

① 武艳娟、李玉娥：《气候变化对生计影响的研究进展》，《中国农业气象》2009 年第 1 期，第 8 ~ 13 页。

② 周力、郑旭媛：《气候变化与中国农村贫困陷阱》，《财经研究》2014 年第 1 期。

评估，区分不同贫困家庭的收入多样性设计指标，可以体现不同生计来源的气候敏感性及贫困群体对自然资源的依赖性。

赵惠燕等[1]指出国内已有研究往往缺乏参与式理念和社会性别的视角，或仅局限在生计层面评估气候变化的脆弱性。基于持续发展生计分析框架建立评价体系，选择陕西省3个不同气候脆弱区7个县的7个村庄开展农村气候变化脆弱性和适应能力评估，研究发现：农户的气候脆弱性高，适应策略和收入来源多样化有助于提升适应能力，主要需求包括获得相应的气候和天气资料、加强灾害管理、增加水源、改善农业支持系统、加强适应能力建设等，对此需加强政策干预、加大政府对农户的适应投入。张倩[2]通过对内蒙古锡林郭勒盟荒漠草原的一个嘎查的实地调研，分析了草原双承包制度和草原保护政策对于牧民适应气候变化及其气候贫困的影响。在内蒙古牧区的研究则发现，自然灾害背景下贫富急剧分化，即气候贫困是结构性和长期性的[3]。

（三）气候政策和行动对减轻贫困的影响

"低碳农业"是中国推动低碳发展的主要内容。一些地方政府和非政府组织结合社区生态保护、造林和再造林、可再生能源、农村新能源改造、低碳旅游、有机农业、农业碳汇项目等，积极探索农业地区低碳发展的模式，促进贫困地区的社会经济发展。例如，在清洁发展机制（CDM）项目的支持下，6个广西社区通过参与式的植树造林项目及社区自然资源管理，打包设计27个村庄4000公顷的退化土地的CDM项目，提高了土地的集约利用效率及经济收益，其中55%的土地通过再造林获得了碳汇收益，项目实施对于小规模低收入的参与农户带来了更多的生计改善机会。

适应气候变化与消除贫困和资源、环境、社会的可持续发展密切相关。

① Zhao Huiyan, Hu Zuqing, Hu Xiangshun, et al, "Investigation and Analysis about the Adaptation on Climate Changes in Rural Area," *Climate Change Research Letters*, 04 (3)：160 – 170.

② 张倩：《贫困陷阱与精英捕获：气候变化影响下内蒙古牧区的贫富分化》，《学海》2014年第5期，第132~142页。

③ 达林太、郑易生：《牧区与市场：牧民经济学》，社会科学文献出版社，2010。

比如，气候变化加剧了环境问题，会引发更多和更大范围的人口迁移，形成
"气候移民"，政府主导的移民项目可以作为有效适应手段之一。① 在中国许
多贫困地区，由于降水减少和干旱使得农业生产、生活难以为继，自发的移
民现象和政府主导的移民安置成为包括内蒙古、宁夏、新疆、青海、云南等
地的选择。

三 中国气候贫困的类型及分布特征

我国气候贫困分布在不同的地域、行业、群体间具有显著差异性，表现
为以下三种分布特征。

（一）地域性气候贫困

我国贫困人口的分布具有显著的地域性和集中分布特征。首先，贫困地
区的分布与生态与环境脆弱区具有较高的地理空间分布上的一致性——地理
耦合②。2005 年全国绝对贫困人口 2365 万，其中 95% 以上分布在生态环境
极度脆弱的老少边穷地区③。其次，贫困人口在区域分布上呈现点（14.8 万
个贫困村）、片（特殊贫困片区）、带（沿边境贫困带）并存的空间格局。
中国 11 个老少边穷连片特困区是气候贫困高发区域，在国家扶贫开发重点
县，贫困人口大多分布在自然条件恶劣、生态破坏严重、土地生产率低下的
山区、黄土高原区、偏远荒漠地区、地方病高发区，以及自然灾害频发区。
由于人口众多、经济欠发达、区域经济发展不平衡，防灾减灾基础设施脆
弱，承受和防御灾害的能力较差，中国自然灾害所造成的人员伤亡和经济损
失大部分来自农村地区、中西部地区和贫困地区，成为中国部分地区发展相
对滞后、农村人口贫困和返贫的重要原因。

---

① 潘家华、郑艳：《气候移民概念辨析及政策含义——兼论宁夏生态移民政策》，《中国软科
学》2014 年第 1 期。
② 刘燕华、李秀彬：《脆弱生态环境与可持续发展》，商务印书馆，2001。
③ 参见 2008 年国家环境保护部印发《全国生态脆弱区保护规划纲要》。

我国中西部地区自然生态环境脆弱，甘肃、云南、广西、重庆、宁夏、贵州、青海、安徽、西藏、广西、四川等省份是连片贫困集中地区，也是中国气候变化脆弱性最高的地区。研究表明，气候变化对西部地区的福利影响更大[1]。乐施会《气候变化与精准扶贫》研究报告指出：中国 11 个连片特困区与生态脆弱区和气候敏感带高度耦合。11 个连片特困区的致贫因素有以下共性：生态环境极其脆弱，总体适应能力有限；贫困户居住分散；基础设施严重落后，发展支撑能力极弱；基本公共服务滞后，民生保障压力过重。其中，最脆弱区域集中于农林农牧交错区域，森林与沙漠、石漠化过渡地带，森林与农地交错地带等生态脆弱区域。贫困程度高的乌蒙山区、滇桂黔石漠化区、滇西边境山区、六盘山区、吕梁山区、秦巴山区、武陵山区等地区，属于气候适应能力最低的地区。气候贫困高风险地区包括：西北高寒地区、西部山区、干旱半干旱草原、沙漠绿洲农业、沿江沿海湿地等。[2] 我国西部地区未来的气候暖干化趋势、荒漠化、冰川融化、极端天气气候事件引发各种极端灾害或次生灾害，如泥石流，洪涝，山体滑坡等，将进一步加大这些地区的生态环境压力和因灾致贫风险。

（二）行业性气候贫困

中国的农业（包括农林牧渔等的广义农业）生产者面临经济开放与自然风险的双重考验，总体来看，农村居民更多地从事对气候风险比较敏感且具有比较劣势的土地密集型农作物生产。广大农村由于人口众多、经济欠发达、区域经济发展不平衡，防灾减灾基础设施脆弱，承受和防御灾害的能力较差，中国自然灾害所造成的人员伤亡和经济损失大部分来自农村地区，成为中国部分地区发展相对滞后、农村人口贫困和返贫的重要原因。各行业按照气候贫困的风险由大到小排序，依次为：畜牧业 > 林业 > 渔业 > 经济作物 > 种植业 > 其他农业行业（如农村小工商业，手工业、务工等）。

---

① 郑艳、潘家华、谢欣露、周亚敏、刘昌义：《基于气候变化脆弱性的适应规划——一个福利经济学分析》，《经济研究》2016 年第 2 期。

② 乐施会：《气候变化与精准扶贫》，2015，乐施会。

（三）群体性气候贫困

研究表明，对气候变化高度敏感的脆弱群体主要包括小农户、女性为主的单亲家庭、身心疾病和残疾家庭、老年家庭、原住民等资源及能力不足的群体①。胡玉坤②分析了性别的权力关系如何使得农村妇女更容易受到气候变化冲击，陷入气候贫困。基于对我国典型农村地区的调研考察，极端贫困家庭、少数民族妇女、文盲半文盲（缺乏教育、技能和就业渠道）、因病返贫家庭、子女教育负担重、疾病老弱等低保群体等，是气候贫困的高发群体。

此外，城市低收入阶层、因灾致贫后进入城市打工的农村务工群体也是未来潜在的气候贫困人群。农民工进入城镇务工弥补家庭收入差距，已经成为国内外发展中国家农村群体应对贫困的重要途径。然而，城市低收入阶层、因灾被迫离开家乡进城务工的、缺乏农业技术的年轻农村劳动力（新市民阶层）等，往往因粮食价格及市场波动（在粮食和猪肉等生产要素价格上升、相对收入下降）的影响下，成为城市的气候贫困群体、在应对极端气候变化的情形下，适应和减缓能力更弱③。

四 中国应对气候贫困的理念与策略

农业、农村、农民问题是我国社会经济生活中的重大基本问题。解决好

---

① Olsson, L., M. Opondo, P. Tschakert, A. Agrawal, S. H. Eriksen, S. Ma, L. N. Perch, and S. A. Zakieldeen, "Livelihoods and poverty," In: "Climate Change 2014: Impacts, Adaptation, and Vulnerability," Part A: Global andSectoral Aspects. Contribution of Working Group II to t heFift h Assessment Report of t heIntergovernmentalPanel on Climate Change [Field, C. B., V. R. Barros, D. J. Dokken, K. J. Mach, M. D. Mastrandrea, T. E. Bilir, M. Chatterjee, K. L. Ebi, Y. O. Estrada, R. C. Genova, B. Girma, E. S. Kissel, A. N. Levy, S. MacCracken, P. R. Mastrandrea, and L. L. White (eds.)]. Cambridge University Press, Cambridge, United Kingdom and New York, NY, USA, 2014, pp. 793 – 832.
② 胡玉坤：《气候变化阴影里的中国农村妇女》，《世界环境》2010 年第 4 期，第 25 ~ 28 页。
③ 郑艳、石尚柏、孟慧新：《气候变化对农村地区的影响、认知与启示》，乐施会，2017.

三农问题，是保证国家粮食安全的迫切需要，也是确保社会稳定、国家长治久安的迫切需要，有助于实现全面建设小康社会宏伟目标。基于中国国情，适应气候变化，是中国生态文明建设和经济社会发展规划的基本要求。十八大报告明确提出应对全球气候变化，构建科学合理的城市化格局、农业发展格局、生态安全格局。国内外对气候变化和扶贫发展这两个全球问题给予了高度重视，但两者之间的相互作用和联系却还没有得到足够的重视。长期以来，在扶贫发展规划中很少考虑气候变化的影响，在应对气候变化工作的政策设计和推进中也较少真正覆盖到农村，尤其是贫困农村中的弱势小农的利益。

（一）应对气候贫困的理念设计

应对气候贫困的政策建议，既要积极学习和借鉴其他国家的先进经验，也要充分考虑我国的国情及发展阶段特点。未来 30~50 年是中国城镇化提升的关键时期，1 亿多农村人口将实现非农化。在气候变化背景下应对气候灾害风险、减少气候贫困，既是我国城镇化进程中面对的一项新的发展挑战，也是保护和巩固社会主义建设成果的必然诉求，是践行"创新、协调、绿色、开放、共享"五大发展理念的切实需要。应对气候贫困的政策机制设计，需要体现以下理念和原则。

（1）在治理理念上，必须实现发展模式与政府决策理念的转型，以人与自然和谐的绿色发展理念作为价值取向，从竭泽而渔、征服自然的工业文明模式，转向尊重和顺应自然规律的生态文明理念，建设城乡协同发展的新型城镇化，改变气候灾害"三分天灾、七分人祸"的现象。

（2）在指导原则上，兼顾公平和效率原则，同时体现社会主义公平原则，在建立和完善全覆盖、普遍性的社会福利体系防护网的同时，加大对气候贫困地区和人口的能力建设和科技教育扶贫投入，理性决策，算经济账，优先支持高风险地区和脆弱群体的风险防护投入，避免因灾返贫导致社会贫富差距加大，防范农业和农村地区受灾导致农产品市场不稳定、贫困化加剧和流动人口增多，引发一系列灾害链效应。

（3）在实践层面，积极学习借鉴国内外的先进经验，将适应气候变化、防灾减灾战略纳入国家减贫战略目标，尤其是注重老少边穷、生态重点地区的减贫、防灾减灾、生态保护与适应气候变化的协同设计，构建绿色发展指标体系，将减贫、防灾减灾目标纳入地方政府官员绩效考核体系，加强政府监管和社会监督。

（二）气候贫困的应对策略

在许多以农林牧业为主的地区，气候变化往往是加剧生态退化、生计恶化、灾害影响的主要驱动因素，《中国农村扶贫开发纲要（2011～2020）》、"国民经济十二五规划"中指出了全国 11 个特困连片地区，此外还包括实施特殊发展扶持政策的西藏、四省份的藏区、新疆南疆三地州等扶贫攻坚区域，共 14 个连片特困地区。这些地区也是气候变化的敏感地区，尤其需要关注这些具有多重脆弱性的欠发达地区，推动发展型适应。例如，关注西部农村地区气候变化和极端灾害引发的贫困加剧问题，尤其是集中连片和少数民族贫困地区的极端灾害风险防范与适应问题。

气候扶贫战略应当在此基础上侧重于两类气候贫困现象，一是长期的气候暖干化趋势引发的大范围环境恶化及贫困陷阱加剧现象，二是极端天气气候灾害引发的因灾致贫或返贫现象。结合这一战略思路，考虑到我国气候贫困的地区性、群体性、行业性特点及其差异性特征，建议着重实施以下措施：①基于气候变化脆弱性，制定国家适应区划，加大财政对气候贫困高发地区的政策扶植力度；②重视贫困地区的气候变化科普培训，增强气候贫困群体的风险防范意识和能力；③加强对气候贫困地区的防灾减灾科技投入，研发农业抗逆技术和农作物产品；④加大产业扶贫力度，鼓励发达地区在气候贫困地区的绿色低碳农产品开发投资项目，吸纳一定比例贫困人口就业的企业给予资金、金融、税收等方面的优惠和支持。加大对农村地区的发展型适应投入，制定基于发展型适应的气候扶贫战略，减小中国气候贫困的数量和规模。

五　结论及展望

　　农村、农业和农民是关系国计民生的重要领域。应对气候贫困对于确保国家气候安全具有重要的战略意义。研究气候变化对贫困的影响机理、表现特征及应对策略，有助于推动我国地方政府深入落实精准扶贫战略。下一步应当积极推动气候贫困的理论和实践研究，针对以下中国气候贫困研究存在的不足之处，弥补研究空白，例如，针对气候变化对中国贫困地区、贫困群体的影响开展深入、具体的案例研究，深入了解气候变化引发生计贫困的作用机理和影响机制；研究气候变化对不同农业生态系统、生产方式下的生计影响，如青藏高原、黄土高原、南方丘陵地区、江河流域、农牧混合地区等不同农业地区的气候贫困发生及演变特征；分析气候贫困在不同地区和社会群体的差异性特征，如老少边穷地区、农村女性群体、城市务工群体等；结合国内的精准扶贫实践，发掘、提炼中国应对贫困和气候变化的案例与实践经验等；将最新研究成果纳入应对气候变化、防灾减灾和发展实践之中。

G.22
极端气候事件对城市"三生"系统的
影响及其适应策略探讨

李国庆　陈琭　袁媛*

摘　要： 全球气候变化加剧了暴雨洪涝、高温热浪、重度雾霾等极端气候灾害发生的频率和强度，对城市的生态、经济和社会体系产生不同程度的影响，妨碍城市功能的正常运转。城市对气候变化的适应不仅包括生态、生产、生活三个系统内部各要素的相应与调整，还包括三个系统之间的相互整合与协同应对。本文从城市社会、经济、生态等基本要素入手，分析生态优先、绿色生产、智慧生活对适应气候变化的迫切需求，探索城市应对极端天气和气候的"三生"适应途径与应对举措，指出以增大城市适应气候变化能力为目的、建立智能城市绿色技术体系与智慧城市防灾减灾社会管理体系，是城市应对气候变化下的极端气候事件的有效途径。

关键词： 极端气候事件　城市适应　"三生"系统　适应模式

　　当今中国正处于长期气候暖干化与极端气候事件频发的气候变化敏感

---

* 李国庆，社会学博士，中国社会科学院城市发展与环境研究所可持续发展经济学研究室主任、研究员、博士生导师，主要研究方向为可持续发展经济学、城市社会学、日本社会论；陈琭，管理学硕士，中国社会科学院研究生院城市发展与环境系博士生，主要研究方向为可持续发展经济学；袁媛，文学硕士，中国社会科学院研究生院城市发展与环境系博士生，主要研究方向为可持续发展经济学、日本社会论。

期。中国城市和城市群经历了 40 年的高速发展之后,城市化率达到 57%,人口和产业在大城市与城市群高度集中。人口集中和产业集聚带来了城市热岛效应、雨岛效应、雾岛效应等气候环境变化,反过来气候变化又给城市居民带来灾害风险与健康危害,城市的气候变化适应问题成为城市面临的重要课题之一。研究气候变化特别是极端气候事件对城市经济体系、社会体系与生态系统的影响机理,将适应气候变化纳入城市经济社会发展规划和城市社会管理体系建设,按照气候风险管理的要求考虑城市适应气候变化面临的主要风险、优先领域和重点措施,是城市研究和气候研究的共同课题。气候变化影响城市的经济、社会与生态系统,在现实生活中与生产、生活和生态即"三生"领域相对应。本文的研究目的是研究城市的气候变化及极端气候事件对城市"三生"造成的影响,科学分析城市适应气候变化的社会、经济、生态基本要素,探析城市应对极端天气气候"三生"途径。

一 概念界定

1. 气候变化影响下的极端气候事件

20 世纪以来,全球温度不断升高,气候变化趋势明显。根据 IPCC 第五次评估报告,1951 年至 2012 年全球平均地表温度的升温速率为 0.12℃/10a,几乎是 1880 年以来升温速率的两倍。① 气候变化导致的冰川融合、海平面上升,气候暖干化、干旱化趋势等显著上升。气候变化改变大尺度环流格局,使得不同区域的极端天气气候事件的发生规律产生变化。气候变化对城市地区的影响主要体现在极端气候事件上。极端气候事件是指气候异常事件中最为极端的事件,属于统计意义上的小概率事件,通常将 1% 或 5% 的事件发生概率称为极端值,发生概率小于或等于极端值的事件

---

① 秦大河、Thomas Stocker:《IPCC 第五次评估报告第一工作组报告的亮点结论》,《气候变化研究进展》2014 年第 1 期,第 1~6 页。

被认为是极端事件。① 1950 年以来，全球极端高温事件增加，极端低温事件减少，热浪、强降水事件数量增加的区域比数量减少的区域多，而在中国，由极端气候事件所引发的灾害占中国总体自然灾害的 70% 以上。② 全球气候变化和极端气候事件对生产、生活、生态"三生"可持续发展造成严重威胁。根据德国非政府组织"德国观察"发布的《2017 全球气候风险指数报告》，1996 年至 2015 年，全球发生的极端气候事件接近 11000 起，所造成的死亡人数达 52.8 万人，经济损失共计 3.08 万亿美元。其中，中国因极端气候事件导致的年均死亡人数达 1354.9 人，居全球第 4 位，经济损失共计 328.47 亿美元，居全球第 2 位。③

2. 城市"三生"系统（生态、生产、生活）

人与自然组成的世界系统由三个子系统构成，即人的生产子系统、物质生产子系统、环境生产子系统④，生活、生产、生态分别代表这三个子系统的主要特征⑤。社会—经济—环境是城市可持续发展的"三大支柱"。2002年 9 月《约翰内斯堡可持续发展宣言》强调，要在地方、国家、区域和全球各个层面加强社会发展、经济发展、环境保护这三个相互依存的可持续发展支柱。构成城市区域系统的生活—生产—生态"三生系统"与支撑和维持城市可持续发展的社会—经济—环境"三大支柱"相对应。生活、生产、生态三者之间相互作用、相互影响。生活是人们各种行为的主要目的，保证人的生存和繁衍；生产是为了满足人的生活需要，提供生活所需的产品和服

① 张德二：《全球变暖和极端气候事件之我见》，《自然杂志》2010 年第 4 期，第 213 ~ 216 页。
② 蔡文香：《中国极端气候事件的趋势特征与极值分布》，对外经济贸易大学，博士学位论文，2016。
③ 中国气象局：《"马拉喀什回声"第三期 德国观察发布 <2017 全球气候风险指数报告>》，http：//www.cma.gov.cn/2011xzt/2016zt/20161102/2015112704/201611/t20161114_341766.html。
④ 叶文虎、陈国谦：《三种生产论：可持续发展的基本理论》，《中国人口·资源与环境》1997 年第 1 期，第 14 ~ 18 页。
⑤ 田大庆、王奇、叶文虎：《三生共赢：可持续发展的根本目标与行为准则》，《中国人口·资源与环境》2004 年第 2 期，第 8 ~ 11 页。

务；生态是人们进行生产、生活活动的基础，提供生产、生活所需资源，消纳生产、生活产生的废物。[1]

城市是人类社会与自然环境相互作用最为频繁的区域。[2] 城市人口密度大，产业集中，生态环境脆弱，使得生活、生产和生态之间的相互作用关系变得更加复杂。一旦极端气候事件发生将牵一发而动全身，带来严重的社会经济损失和生态环境的破坏。因此，在气候变化的背景下，如何提高城市"三生"对气候变化的适应能力成为决定和维持城市可持续发展的一个重要课题。

二　极端天气和气候事件对城市"三生"的影响

气候长期变化伴随着极端天气的发生增多，暴雨、台风、强风暴潮、干旱、暴雪、高温等发生的频次和强度增强。极端天气和气候事件除了会直接对城市的生态环境产生影响，还会通过对城市的"水电路气房讯"系统的影响，对城市的生产、生活产生冲击。我国的大部分内陆城市，都会面临暴雨洪涝、高温热浪、重度雾霾灾害对城市生产、生活、生态冲击的局面。

1.暴雨洪涝对城市"三生"的影响

我国是暴雨多发国家，逢大雨必涝已成为城市的通病。近年来，暴雨是造成京津冀地区损失最严重的灾害性天气之一。2012 年的北京"7·21"暴雨造成的严重损失波及北京、河北地区，造成两地 112 人死亡，21 人失踪，直接经济损失达 239 亿元。[3] 部分城区内涝，城市交通、水利、电力等基础设施受损，通讯中断。

（1）暴雨洪涝对生产的影响

暴雨洪涝灾害对水、电、路、气、房、讯等城市基础设施带来不同程度

---

① 田大庆、王奇、叶文虎：《三生共赢：可持续发展的根本目标与行为准则》，《中国人口·资源与环境》2004 年第 2 期，第 8～11 页。

② 李广东、方创琳：《城市生态—生产—生活空间功能定量识别与分析》，《地理学报》2016 年第 1 期，第 49～65 页。

③ 秦大河等：《中国极端天气气候事件和灾害风险管理与适应国家评估报告》，科学出版社，2015。

的破坏，影响城市正常运转。

城市的正常运转对能源的依赖极大，能源从生产、传输到消费等各个环节都不同程度地受到暴雨洪涝灾害的威胁。目前我国大部分地区的远距离输电均采用架空线路，具有区域分布广、线路长等特点，暴露度增加导致暴雨对中国电网物理构成的损害增大，暴雨影响的范围高达80％。[①] 此外，暴雨洪涝也会对变电站、核电厂的安全生产造成影响。暴雨洪涝对能源造成的影响将向多个行业扩展，影响社会各行各业的正常运转。暴雨洪涝对交通设施的危害极大，表现形式主要有冲垮桥梁、冲毁路基、淹没钢轨、淹没路面、水漫路基等，影响公路与铁路的正常运行。由于暴雨伴随雷电、大风，能见度降低、机场跑道湿滑，造成航班延误。暴雨洪涝还将破坏输电设备造成能源短缺，破坏通信设备，破坏水利设施，当高蓄水水位超出工程设计库容时，将增加库区运行风险。

（2）暴雨洪涝对生活的影响

暴雨洪涝灾害威胁居民的生命财产安全。2015年7月16日至17日，北京城区出现大到暴雨，暴雨中心位于房山区河北镇，转移人口613户1634人；7月27日暴雨导致多辆汽车被淹。[②] 暴雨洪涝可能引发疫病流行。虽然城市建有灾后卫生防疫体系，然而由于城市化进程中排水系统建设标准普遍偏低、建设滞后，使得城市内涝频发。特别是一些外来弱势群体居住在低洼易涝的棚户区，在暴雨洪涝过后的疫病中暴露度较高。暴雨洪涝导致能源供应紧张、交通瘫痪，间接造成城市物资短缺，物价上涨。

（3）暴雨洪涝对生态的影响

由于暴雨的短时流量大，积水将土壤中空气挤走，使得陆生植物生长受到抑制，对动植物的生存形成威胁。城市的绿地植被种类单一，暴雨洪涝气候事件下风险增大。暴雨洪涝形成的冲击力可能导致山洪、泥石流、滑坡等地质灾害。暴雨洪涝还会引起海平面上升，造成海平面沿岸的水源盐化。

---

① 王昊昊、罗建裕、徐泰山、李海峰、李碧君、朱寰、薛禹胜：《中国电网自然灾害防御技术现状调查与分析》，《电力系统自动化》2010年第23期，第5～10页。

② 中国气象局：《中国气象灾害年鉴2016》，气象出版社，2016。

2. 高温热浪对城市"三生"的影响

1961～2013 年，我国平均高温日数量总体上呈增多趋势，地表年平均最高气温上升，区域性高温事件显著增多。有资料显示城镇化对中国大陆年平均的日最高气温变化贡献约为 0.023℃/10a[1]。近 50 年来，京津冀地区年平均气温上升明显，高温酷暑天气增多。相关数据显示，京津冀地区热浪灾害以上升趋势为主，1980～2010 年间北京市的夏季极端高温天气呈现增多趋势。[2]

（1）高温热浪对城市生产的影响

高温热浪使能源需求量增加，持续的高温热浪往往还伴随着干旱，导致溪河断流，减少水力发电量，出现更大的能源缺口。高温热浪导致城市用水量激增，而由于城市能源紧张造成的突然断电可能造成水厂管网压力突变，引起水管爆裂，造成大面积停水事件，对于城市的供水系统是极大的考验。高温加剧干旱，常使得库塘干涸，饮用水供给受到威胁。高温热浪会提高道路损坏、交通运输工具故障的概率。一些需要工作人员进行室外操作的行业，也会受到高温热浪影响，生产效率下降。

（2）高温热浪对生活的影响

热岛效应使城市白天酷热，夜晚由于城市建筑持续放热使气温保持高温，昼夜持续的高温会加剧对人体健康的损害。高温是造成夏季呼吸道疾病和心血管疾病等慢性病死亡增加的重要影响因素。高温热浪会增大火灾事故的发生概率，特别是在城市中一些线路老化、私搭乱建的棚户区，极易发生火灾，是城市中威胁公共安全的重要隐患。

（3）高温热浪对生态的影响

高温热浪往往伴随着干旱少雨和用水量的激增，会使得溪河断流、库塘干涸，可用水资源减少，严重影响地下水水位。持续的高温热浪可引发大面

---

[1] 秦大河等：《中国极端天气气候事件和灾害风险管理与适应国家评估报告》，科学出版社，2015。

[2] 李双双、杨赛霓、刘焱序、张东海、刘宪锋：《1960～2013 年京津冀地区干旱－暴雨－热浪灾害时空聚类特征》，《地理科学》2016 年第 1 期，第 149～156 页。

积蓝藻发生，导致水质恶化，造成鱼类死亡。城市的植被在超高温下，生长可能被抑制甚至死亡。高温干旱也会导致虫害增加，水生系统的动植物死亡，破坏城市绿化系统的水分循环，破坏城市氧平衡。持续的城市高温天气可能导致城市生态环境变异，导致局部地区发生干旱灾害，诱发山体滑坡、泥石流、道路塌陷、土地干裂、河床暴露、水源枯竭等灾害。

3. 重度雾霾对城市"三生"的影响

1961～2013 年我国的雾日和霾日天数整体呈上升趋势，到 2013 年达到历史最大值。雾霾影响最严重的地区主要是京津冀、长三角、珠三角和西南地区。①

（1）重度雾霾对生产的影响

雾霾的湿润与颗粒污染物会影响输变电设备的外绝缘特性，极易造成的雾闪现象，可造成线路大面积停电，严重威胁供电的安全性。由于雾霾会导致能见度的下降，因此对交通的影响较大。除了造成交通拥堵现象，高速路在能见度低于 50 米就将道路封闭，低于 100 米实行交通管制。2016年 12 月 31 日，京哈、京台、京港澳、京昆、京津等多条位于北京境内的高速由于重度雾霾临时封闭。雾霾所造成的雾闪现象引起的断电会导致铁路运行中断。2013 年 1 月 11 日出现过北京至武汉的动车 D2031、高铁G525 途经信阳段，因严重雾霾引发的雾闪导致动车断电。2013 年 1 月 30日，京广高铁在信阳东站发生雾闪，多趟京广高速动车组被迫晚点。重度雾霾导致能见度降低，也会影响航班的正常起降。2016 年 12 月 19 日 12个省份严重雾霾，仅天津滨海国际机场就因雾霾导致 59 个航班延误，181个航班被取消。

重度雾霾所带来的环境规制影响工业企业的投资偏好，工业企业在决策时或是选择降低污染的绿色技术，或是选择在一定程度上脱离实体经济，投资类金融产业。

---

① 王腾飞、苏布达、姜彤：《气候变化背景下的雾霾变化趋势与对策》，《环境影响评价》2014 年第 1 期，第 15～17 页。

（2）重度雾霾对生活的影响

大量的流行病学研究证实，雾霾的细颗粒物污染对呼吸系统和心血管系统均有负面的影响，无论是短期还是长期暴露于高浓度颗粒物环境中，均可提高人群中呼吸系统疾病和心血管系统疾病的发病率和死亡率。雾霾的细颗粒污染物中的多个成分具有致癌性或促癌性，在进入母体后，可能产生一系列的不良生殖结局。

研究表明，类似重度雾霾这样的极端气候灾害会造成群体性心理恐慌，这种恐慌心理放大重度雾霾气候的风险，容易激化公众的不满情绪，甚至使公众对政府公信力产生怀疑。

（3）重度雾霾对生态的影响

重度雾霾导致能见度降低，降低光照强度与日光照时长，阻碍植被的光合作用，还会产生降温效应，引发冷冻害，增加病虫害。有研究表明，雾霾还可能导致酸雨的形成，酸雨会导致土壤中营养元素流失，土壤变得贫瘠。

三 城市"三生"适应的基本要素

城市"三生"适应气候变化的可持续发展目标是生态优先、绿色发展、智慧生活，分析城市生活、生产、生态适应气候变化的基本要素，目的是最大限度地减少极端气候事件对城市"三生"带来的不利影响和破坏。

1. 城市适应的科学内涵

IPCC第五次评估报告第二工作组报告认为，适应是指自然和人类系统对实际发生或预测的气候变化及其影响做出调整的过程。在人类系统中，适应旨在缓和或避免气候变化带来的危害，或者利用气候变化带来的有利机遇；在一些自然系统中，适应可以通过人为干预来调整预期的气候和影响。[1] 这种

---

[1] Field C B, Barros V R, Mach K, et al. "Climate change 2014: impacts, adaptation, and vulnerability," Contribution of Working Group II to the Third Assessment Report, 2014, 19 (2): 81-111.

调整包括自然生态系统的自发反应和人类的主动行为。① Smit、Wandel 从多尺度视角出发将自然和人类系统分为家庭、社区、群体、区域、国家五个不同尺度系统，将适应性定义为不同尺度系统在面临气候风险或机遇时对自身系统进行的管理或调整。②

气候变化背景下的城市适应是指城市生态系统、生产系统和生活系统面临气候变化尤其是极端气候事件时在系统内部以及各个系统之间进行的管理或调整。生态系统是由大气、水、土壤、动植物、微生物及其他各种资源、能源等要素构成的系统；经济系统是由工农业、交通运输、贸易、金融、建筑、通信、科技等要素构成的子系统；社会系统是由居住、饮食、医疗、旅游、服务、文化教育、宗教、艺术、法律等要素构成的子系统。③ 城市"三生"针对高温热浪、暴雨洪涝、重度雾霾的适应要素主要包括构成生态、经济、社会系统的各要素中迫切需要适应的要素。

2. 城市"三生"适应气候变化的基本要素

（1）生态优先

生态系统是人们生产和生活活动得以正常进行的基础和前提条件，必须坚持生态优先的原则。中共十九大强调"山水林田湖草生命共同体"理念，统筹山水林田湖草系统治理，实施重要生态系统保护和修复重大工程，构建生态廊道和生物多样性保护网络。

城市生态系统的气候适应要素主要包括绿色植被、湖泊和湿地，扩大绿色植被和湖泊覆盖面积将有效降低极端气候事件为动植物、土壤、河道、水质等带来的不利影响。绿色植被和湖泊能够降低地面高温，缓解城市热岛效应对高温热浪的放大效应，减少高温热浪带来的灾害。京津冀地区是高温热浪、暴雨洪涝多发地，2018 年 4 月出台的《河北雄安新区规划纲要》强调

① 崔胜辉、李旋旗、李扬等：《全球变化背景下的适应性研究综述》，《地理科学进展》2011年第9期，第 1088～1098 页。

② Smit B, Wandel J., "Adaptation, adaptive capacity and vul-nerability," *Global Environmental Change*, 2006, 16 (3): 282-292.

③ 刘耀林、刘艳芳、梁勤欧：《城市环境分析》，武汉大学出版社，2001，第 5～8 页。

淀、水、林、田、草生命共同体理念,提出要注重对白洋淀湿地、林地的保护及修复,将蓝绿空间占比稳定在70%,这意味着生产、生活空间占比将控制在30%。李延明、李芙蓉等认为城市绿色植被覆盖面积与地面高温之间存在负相关关系。[1][2] 吴耀兴的研究表明不同类型的绿色植被的降温效果和增湿效应依次为:乔木林 > 乔灌林 > 灌丛 > 草地。[3] 同时,绿色植被能够涵养水源、固定土壤,保持水土,可以有效防止暴雨洪涝引起的滑坡、泥石流等次生灾害的发生。

(2)绿色生产

绿色发展是我国社会经济发展的重要理念之一。高投入、高消耗、高污染的传统生产方式导致温室气体排放增加,全球气候变暖。因此,坚持绿色生产的原则,积极主动地推进清洁、低碳的生产方式是减缓和适应气候变化的重要举措。

城市生产系统的气候适应要素主要包括能源、运输、基础设施、供水、旅游业、冶炼和采矿等需室外作业的特殊行业。提高各产业部门尤其是工业部门的能源利用率是减少废气、废物、废水排放,促进节能减排的一个重要环节。提高电力、交通、建筑、冶金、化工、石化等工业部门能源利用效率,实现绿色生产;完善城市公共交通运输系统,实现慢行交通系统与公共交通系统之间的换乘衔接;建筑排热是引起城市高温的因素之一,因此要开发绿色建筑,减少城市中心区商业建筑和办公建筑的废热排放。[4] 电和水是保证城市生产和生活系统正常运行的基础和前提。供电、供水部门要定期对设施进行检修和维护,确保极端气候事件下城市用电用

---

① 李芙蓉、毛德强、李丽萍:《广义相加模型在气温对人群死亡率影响研究中的应用》,《环境与健康杂志》2009 年第 8 期,第 704 ~ 707 页。

② 李延明、郭佳、冯久莹:《城市绿色空间及对城市热岛效应的影响》,《城市环境与城市生态》2004 年第 1 期,第 1 ~ 4 页。

③ 吴耀兴:《长沙市城区热岛成因及绿地系统缓解热岛效应研究》,中南林业科技大学,博士学位论文,2010。

④ 王伟武、张圣武、汪琴等:《城市热浪对城市的影响及防控缓解对策研究》,《建筑与文化》2016 年第 4 期,第 129 ~ 131 页。

水高峰时段的水电供应。[①] 此外，建筑工地等露天作业部门、纺织印染厂和煤矿厂等高温高湿作业部门、冶金工业车间等高温作业部门需及时关注气象灾害信息和预警信息，调整作业时间，确保高温作业工人的生命健康安全。

（3）智慧生活

随着信息通信技术的发展，互联网技术成为解决城市面临的社会经济问题的高新技术手段，并融入城市生活系统的方方面面。智慧城市就是高新技术与城市建设、管理与服务相结合的一种城市可持续发展模式，反映在生活系统中是将大数据、互联网信息技术运用到与居民生活密切相关的各个领域。

城市生产系统的气候适应要素主要包括居民生命健康、公共安全、生活成本。提高气候风险认知、建立灾害预警系统、提高个人适应性，是城市应对极端气候事件的重要措施。Janis、Sims 和 Perry 认为风险认知是居民个体适应气候变化的一个重要心理因素，较高程度的风险认知将促进个体采取积极的应对和防护措施来减少气候变化带来的不利影响。[②③④] 利用大数据和互联网信息技术建立气候风险预警系统，及时向公众发布高温、洪涝、雾霾实时状况的有关信息，使公众及时得到气候灾害预警，提前采取防范和保护措施，能够减少因灾前预警信息的滞后引起的经济损失和生命财产危害。[⑤⑥⑦]在居民个体适应方面，补充水分、开窗通风、减少活动量、做好降温防晒措

① 张可慧、李正涛、刘剑锋等：《河北地区高温热浪时空特征及其对工业、交通的影响研究》，《地理与地理信息科学》2011 年第 6 期，第 90～95 页。

② JANIS I L. , *Psychological effects of warnings. In*：*man and society in disaster*，New York：Basic Books，1962：84－86.

③ SIMS J H, BAUMANN D D. , " Educational programs and human response to natural hazards," *Environment and Behavior*,1983，15：165－189.

④ PERRY R W, LINDELL M K. , " Aged citizens in the warning phaseof disasters；re－examining the evidence,"*Int J Aging HumDev*，1997，44：257－267.

⑤ 汪庆庆、李永红、丁震等：《南京市高温热浪与健康风险早期预警系统试运行效果评估》，《环境与健康杂志》2014 年第 5 期，第 382～384 页。

⑥ 杨丹、宋英华、洪志坤等：《洪涝灾害数据可视化预警系统研究》，《中国安全科学学报》2016 年第 5 期，第 158～163 页。

⑦ 蒋爱鑫：《京津冀雾霾防治联合预警和应急制度研究》，中国地质大学，硕士学位论文，2017。

施、使用空调和风扇等成为居民适应高温热浪的选择。[1] 而在雾霾天气中，关注雾霾相关信息，购买口罩、空气净化器和减少出行成为居民适应雾霾的选择。[2]

城市对气候变化的适应不仅包括生态、生产、生活三个系统面对气候变化时对系统内部各要素的调整，还包括三个系统之间的相互调整和管理。绿色植被和湖泊涵养水源、固定土壤、保持水土的作用是生态系统的自发反应，而城市中绿色植被和湖泊布局主要依赖于人基于自身社会经济系统的空间布局需要进行的城市规划，因此，在处理"三生"系统之间的关系时，需始终坚持生态优先、绿色发展、智慧生活原则，促进生态系统对气候变化的自发反应，反过来又将促进生产、生活系统对气候变化的适应。

四 "三生"适应途径探析

联合国减灾署提出"韧性城市"概念，减缓城市面临的灾害风险，措施包括基础设施升级、保障能源安全与能源的效率提高、旧城改造等。联合国提出针对自然灾害的减灾政策目标是使我们的社会在面对自然灾害时更有韧性，同时确保社会的发展建设不会加剧面对灾害时的脆弱性。

传统的减灾计划主要关注物质系统抵御灾害的力量，但面对未来气候变化下极端气候事件增多的趋势，还需要构建能抵御灾害的社区，以整合的方式去关注社会的联系，而不仅仅只是关注建筑的结构完整性。

（1）增强城市规划科学性

城市的脆弱之处包括从基础设施系统、建筑物、电信、交通到能源供应线等。通过科学的城市规划，可以增强城市系统的稳定性。道路、公共设施

---

[1] 何志辉、许燕君、宋秀玲等：《广东省居民应对热浪的适应行为及其相关因素研究》，《华南预防医学》2013 年第 1 期。

[2] 代豪：《雾霾天气下公众风险认知与应对行为研究》，华东师范大学，硕士学位论文，2014。

和其他支撑设施设计要保障在面临极端气候灾害时还能继续运作。

城市建设留有冗余。稳健性的城市系统，需要有"空闲容量"，随时为城市提供应急服务，以吸收各种冲击。灵活的城市系统允许个人、家庭、企业、社区、政府调整行为和行动计划，以对紧急事件迅速做出反应。极端天气事件对城市的基础设施、能源系统、水利系统都会有所冲击，例如出现高温热浪时，城市的电力需求激增，这时需要保证城市居民的正常生活用电，协调生产与生活的能源消耗。日本秋叶原的智慧能源系统通过调整波峰波谷时电价水平，使得居民与企业能灵活调整生产与生活行动，提高城市应对极端气候的能力。

（2）加强防灾减灾社会管理体系建设

注重灾害预警系统建设。灾害预警系统建设对于城市应对极端气候极为重要。政府、非政府和私营组织能够通过灾害预警系统及时更新灾害脆弱性和灾害资源信息，与交流网络相联通，各方协同作业应对极端气候影响。北京"7·21"暴雨期间灾害预警系统起到了重要作用，北京市气象局在19日就发布了"21日夜间到22日白天有大到暴雨"的预报，通过电视、广播、短信等多种方式，预警信息及时发送给了市民与灾害管理人员。预警信息的及时性与广泛覆盖使灾害管理人员能迅速及时投入到应急抢险中，群众能主动配合避险转移工作。

发动社会力量应对极端气候灾害效果显著。深度利用灾害预警系统，将预警信息与能源消费终端连接，让生产终端的工厂、办公楼宇、商厦以及属于生活终端的居民能够根据信息状况，利用价格调节机制，及时调节对水、电等能源的消费，减少能源供应在特殊时期的压力；工厂自发调节生产安排，居民自发改变出行方式减少排放。对于在灾害中更易受到影响的脆弱群体，如老人、孩子等，通过医院、学校、社区等建立专门的信息档案，在灾害前有针对性地提出避险建议，在灾害中重点防护，降低气候风险带来的人员伤亡与财产损失。

（3）应对暴雨洪涝影响

首先要提高城市排水工程的建设标准，改造老旧城区，提高供电、交通、信息通信等生命线系统的设计标准，通过海绵城市恢复城市本身的生态能力等来缓解城市内涝问题。其次，在防灾减灾社会管理体系的建设上，注重风险防范与监测预警系统的进一步完善，以及信息对公众，特别是在高脆弱性人群的有效传递，提高防灾减灾意识，形成自救互救合力，减少暴雨洪涝造成的生命财产损失。

（4）缓解城市热岛效应

高度注重生态保护，科学规划城市绿地系统，打通城市通风廊道。针对由高温热浪带来的能源、水资源供给紧张问题，借鉴国内外经验建设智能区域能源、水资源管理体系，采用市场手段，通过终端企业、家庭水电用户的参与，削平用电、用水高峰，实现节水节电，以"智慧生活"降低能源、水资源消耗，减轻自然环境的负担。高温热浪伴随用水紧张，城市地下水枯竭问题同样可以通过海绵城市建设得以缓解，全面建设节水型城市，提高自然生态系统对水资源的调蓄能力，加强城市再生水利用以及备用水源建设。针对高温热浪灾害对健康的影响，需要关注低收入人群、呼吸道和心血管等慢性病患者、老年人等特殊人群，提供重点防护措施。

（5）从"三生"视角应对雾霾问题

以绿色生产为导向选择更环保的生产技术、更环保的产业，是解决雾霾问题的根本路径。在城市规划中留出通风廊道、增加植被的覆盖面，合理规划工业企业的聚集度等措施，防范气候灾害的形成，降低灾害的强度。通过气象监测预报预警服务与政府各部门、工厂企业、民众的信息沟通机制，鼓励工厂企业、民众在重度雾霾气候期间合理安排生产与选择绿色出行工具，降低排放，缓解雾霾灾害的强度。对于重度雾霾对城市交通造成的影响，通过气象部门与交通部门间的信息共享，向公众及时传递路况信息，使民众及时获得交通信息。重度雾霾会对人体健康产生不利影响，针对呼吸道和心血管系统慢性病患者、老人、青少年等脆弱人群，要加强人群的风险防范意识，建立有针对性的信息预警系统，使人们在重度雾霾来临时能保护自己。

一个城市要应对极端气候，首先需要在城市的规划与建设中考虑对极端

气候的适应，制定科学合理的城市规划，做好前瞻性布局，在建设中采用各种适应极端气候的技术支持体系。与此同时还需要建立政府、公众、企业共同协作的适应模式，综合多方利益，调动多方积极性，构建"政府—市场—社会"框架下的应对模式，构建以智能城市绿色技术体系与智慧城市防灾减灾社会管理体系为核心的适应模式。

新疆地区人群对气候变化的感知及适应性对策分析[*]

赵 琳　王长科　王 铁　李元鹏　韩雪云[**]

摘　要： 气候变化导致的极端天气和极端气候事件越来越频繁，对气候变化的认知及适应能力具有地区和群体差异。本文采用问卷调查方法，抽取495名新疆维吾尔自治区18周岁以上居民作为调查对象，从气候变化认知和适应两方面展开问卷设计，区分了城乡、性别、年龄、学历和职业等特征，从而了解新疆居民对气候变化趋势及地方主要气象灾害影响的认知差异。调查结果表明，新疆地区居民对当地气候变化程度的感知较为准确，不同人群在应对气候变化的方式选择上存在一定差异。在气象灾害预警方面，有14.7%的受访者表示收不到气象灾害预警信息，说明新疆还需充分发挥新闻媒体和手机短信的作用，加强基层预警信息接收传递。在干旱缺水的应对措施上，基础设施建设类的措施（如修建水库）更容易得到新疆地区居民的认可。

关键词： 气候变化　气象灾害　认知　适应对策　新疆地区

---

[*] 本文受到科技基础资源调查专项（2017FY101204）和中国气象局气候变化专项（CCSF201718）的支持。

[**] 赵琳，国家气候中心工程师，研究领域为气象灾害应急管理；王长科，国家气候中心高级工程师，研究领域为气候变化与健康；王铁，新疆气候中心高级工程师，研究领域为气候变化应对；李元鹏，新疆气候中心高级工程师，研究领域为气候信息分析；韩雪云，新疆气候中心工程师，研究领域为气象灾害。

近年来，全球气候变化已经成为各国关注的热点问题，持续的气候变化使得热浪、强降水、干旱等极端天气气候事件不断加剧，给社会经济和人类生活带来了严重影响，应对气候变化已经成为人类可持续发展必须面对和应对的重大挑战①。

20世纪90年代开始，对公众气候变化认知问题的研究逐渐兴起，研究发现，美国、欧洲、日本等发达国家的公众已经意识到气候变化问题并且持续关注其影响；21世纪初，欧洲、美国、日本等发达国家开展了很多关于农村居民气候变化认知的相关研究，Molua等研究了不同国家、不同地区农业人口应对气候变化的认知特征，发现不同地区的农民对气候变化影响的认知和适应策略有明显差异②。我国也开展了很多公众气候变化的认知和适应分析，田青等人通过问卷调查，分析了吉林省敦化市乡村人群对气候变化趋势和极端冷暖年的感知偏差及人群分异③；沈兴菊在对青藏高原居民开展问卷调查，对农牧民气候变化及灾害的认知能力及适应行为进行了研究④；陈涛等人通过调查问卷的结果，对大学生应对气候变化行动意愿的影响因素进行了分析⑤；崔维军基于中国天气网的调查数据，在分析政府应对气候变化行动支持度的基础上，分析了公众气候变化认知与政府应对气候变化行动支持度之间的关系⑥。综观当前对我国公众气候变化认知和适应的分析成果，发现我国对此的研究起步晚于发达国家，且成果较少，尤其是针对新疆等西

---

① 马建堂、郑国光：《气候变化应对与生态文明建设》，国家行政学院出版社，2017，第49页。

② Molua E. L. , "Climate variability, vulnerability and effectiveness of farm-level adaptation options: the challenges and implications for food security in Southwestern Cameroon," *Environment and Development Economics* (3) 2002: 529.

③ 田青、姚冬萍、苏桂武、刘健、谢今范：《吉林省敦化市乡村人群气候变化感知的偏差及群体分异研究》，《气候变化研究进展》2011年第3期，第217～223页。

④ 沈兴菊：《青藏高原农牧民对气候变化和灾害的认知及适应对策研究》，《云南民族大学学报》（哲学社会科学版）2013年第6期，第15～19页。

⑤ 陈涛、谢宏佐：《大学生应对气候变化行动意愿影响因素分析——基于6643份问卷的调查》，《中国科技论坛》2012年第1期，第138～142页。

⑥ 崔维军、向焱：《公众气候变化认知对政府应对行动支持度的影响——基于中国天气网网民的调查》，《中国人口科学》2014年第1期，第117～126页。

部欠发达地区的调查和分析更少[1]。

新疆地区高温热浪频发，对当地居民的健康影响极大，并且持续的气候变化使得热浪、强降水、干旱等极端天气气候事件将会不断加剧。本研究针对新疆地区居民对气候变化的认知与适应行为开展调查分析，以期为相关应对措施的制定提供科学依据。

一　调查区气候概况

新疆远离海洋，气候属于温带大陆性气候。1961 年以来，新疆年平均气温呈显著上升趋势，平均每 10 年升高 0.30℃；新疆年降水量也呈显著增加趋势，平均每 10 年增加 9.47 毫米。

我国一般把日最高气温达到或超过 35℃时称为高温，连续 3 天以上的高温天气过程称之为高温热浪[2]。新疆是一个高温热浪高发区，高温日数南疆多于北疆。20 世纪 60 年代是新疆高温日数相对较多的年代，年平均有 102.4 天，几乎包含了整个夏季；70~90 年代高温日数有所降低，均在 100 天以下；进入 21 世纪，高温天气越来越多，年平均高温日数达 108.6 天。

21 世纪新疆气温将进一步上升，新疆增温幅度在各个时期都高于同期整个中国地区增温幅度。整体上新疆未来降水呈现增加的趋势。未来 20 年，新疆大部分地区年降水量将继续增加，南疆地区小雨日数将会增加，同时平均气温将会升高，导致蒸发量加大。因此，新疆干旱气候的格局不会发生根本改变。

二　研究方法

在新疆当地气象专业人员的协助下，形成《新疆公众高温和气候变化

---

① 邓茂芝、张洪广、毛炜峄、王英巍：《乌鲁木齐河流域普通民众对冰冻圈变化的感知及适应性对策选择》，《气候变化研究进展》2011 年第 1 期，第 65~72 页。

② 谈建国、陆晨、陈正洪：《高温热浪与人体健康》，气象出版社，2009，第 3 页。

认知和适应能力调查问卷》。采用面对面调查的方式，在乌鲁木齐市天山区、新源县、富蕴县、清河县和伊宁县进行入户问卷调查。利用 2010 年新疆人口普查年龄构成比，对调查人数进行控制。

问卷调查资料经核对整理后，采用 EpiData 软件录入建立数据库，使用 SPSS 22.0 软件进行统计分析。

本研究对象为新疆维吾尔自治区 18 周岁以上居民。问卷调查抽取乌鲁木齐市 117 人、富蕴县 91 人、清河县 105 人、新源县 121 人、伊宁县 105 人，共发放调查问卷 539 份，回收有效问卷 495 份，有效应答率 92%。以下统计分析全部基于 495 份有效问卷。

调查样本涉及了城乡、不同性别、不同年龄、不同学历和不同职业的调查对象，保证了样本选取的随机性和多样性。调查中受访对象以城镇人口为主，占 79.6%，乡村人口占 20.4%；性别方面男性（52.7%）略多于女性（47.3%）；年龄方面，调查对象的年龄主要集中在 18～59 岁；学历方面，高中及以上学历的受访者比例略高于初中及以下学历的受访者，分别为 54.9% 和 45.1%；职业方面，主要是农业人员与政府干部，其中政府干部占 34.3%（见图 1）。

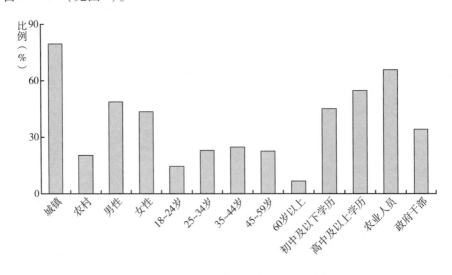

图 1　问卷调查样本基本概况

三 研究结果

（一）对气候变化及其影响的感知分析

通过对新疆地区 495 份有效问卷的分析，初步得到当地居民对气候变化程度和气象灾害趋势的感知。超过 6 成的受访者（64.2%）已经认识到"气候变化明显"，22.3% 的受访者认为"气候变化不明显"，8.5% 的居民不清楚气候变化是否明显（见图 2 - a）。有近半数（46.4%）的受访者已经意识到气候变化将会带来的影响，认为当地未来气象灾害有增加趋势，但仍有 31.7% 的受访者没有意识到未来气象灾害会增加，还有 16.9% 的受访者表示不清楚是否有增加趋势（见图 2 - b）。

1. 不同群体对气候变化的感知程度分析

新疆地区不同人群对气候变化程度的感知程度基本一致，城乡、不同性别、不同年龄、不同学历和不同职业的人群中，认为居住地发生明显气候变化的比例均大于五成，其中城镇人口（65.3%）＞乡村人口、女性

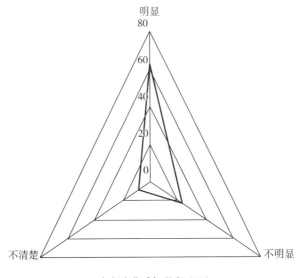

a 气候变化感知程度（%）

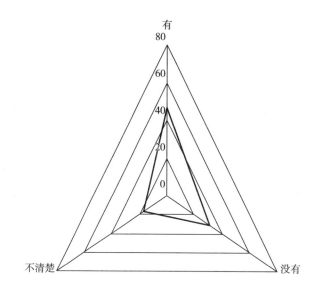

b 气象灾害未来增加趋势感知（%）

图 2　新疆地区公众对气候变化（a）及其影响（b）的感知

（68.8%）＞男性、18～24岁的人群（72.2%）在所有年龄段中比例最高、大专及以上的人群（71.8%）在所有学历人群中比例最高、政府干部（71.2%）＞农村人员（见图3）。

2. 不同群体对居住地气象灾害未来增加趋势的认知分析

首先，新疆地区不同人群对居住地气象灾害未来增加趋势的感知程度基本一致，城乡、不同性别、不同年龄、不同学历和不同职业的人群中，认为居住地发生明显气候变化的比例均大于四成，其中乡村人口（59.1%）＞城镇人口、女性（49.6%）＞男性、60岁以上的人群（57.9%）在所有年龄段中比例最高、大专及以上的人群（49.2%）在所有学历人群中比例最高、政府干部（48.8%）＞农村人员（见图4）。

（二）对气候变化适应方式的分析

1. 气象灾害预警信息接收情况分析

气象灾害预警信息发布在防灾减灾中具有重要意义，第一时间发布及时

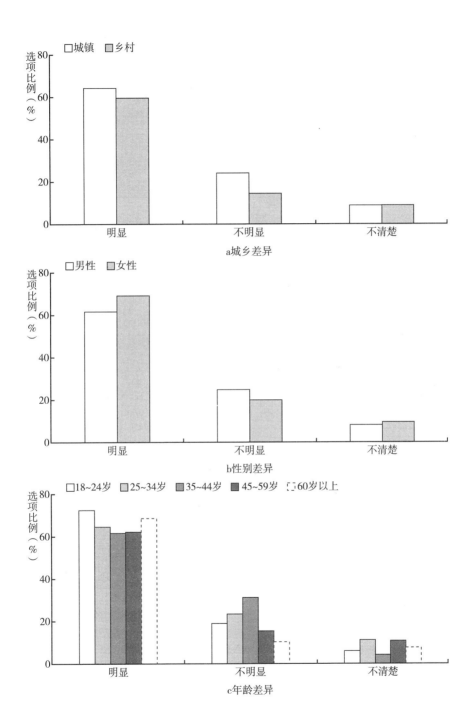

a城乡差异

b性别差异

c年龄差异

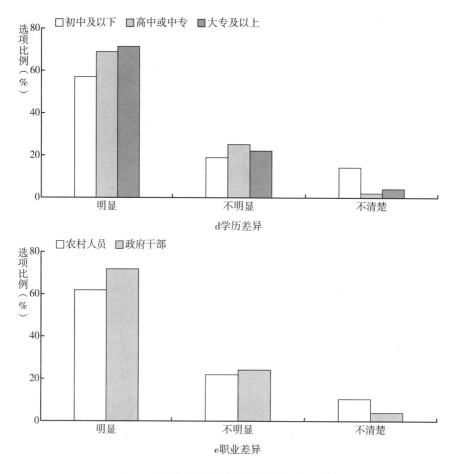

图3　不同人群对气候变化程度的感知差异

准确的灾害预警信息，是防范各类气象灾害的首要环节，也是有效减轻气象灾害损失的关键措施[①]。因此，及时收到准确的灾害预警信息是公众适应气候变化、减轻灾害损失的重要途径之一。通过分析问卷结果，发现近8成（77%）的受访者表示能收到气象灾害预警信息，其中经常能收到的占60.5%，有时能收到的占16.5%（见图5）。

2.经历极端灾害天气后的应对举措分析

通过调查发现，在经历过极端灾害性天气后，有超过半数（50.1%）的受访者表示愿意通过调整生活方式来适应气候变化，包括使用环保产品、

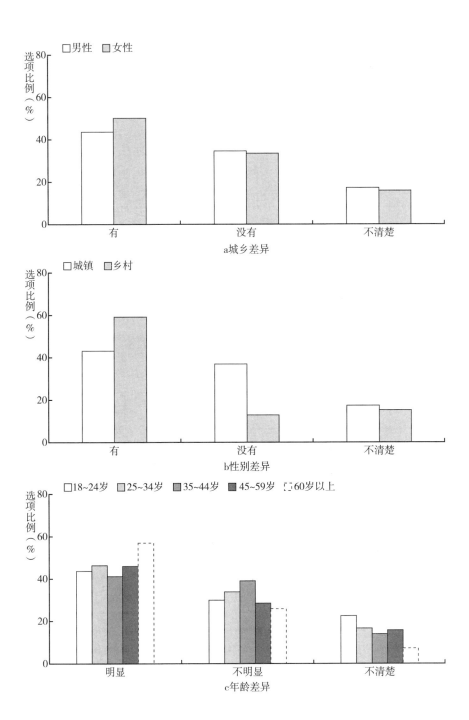

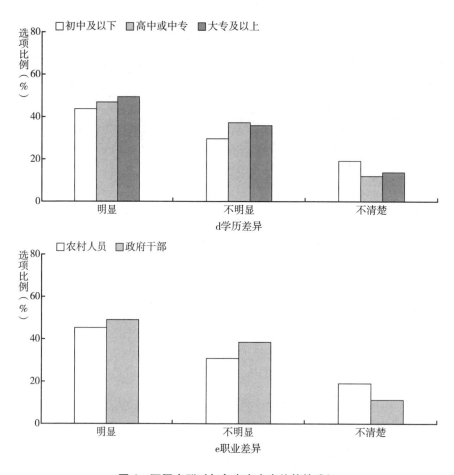

图4 不同人群对气象灾害未来趋势的感知

多走路、少坐车、少开车等；而选择转换谋生方式的受访者最少，仅占27.3%（见图6）。

由图7-a可以看出，在经历极端灾害性天气后，城镇人口和农村人口的适应气候变化方式选择倾向有较大的差异，城镇居民对各项方式的选择率平均达27.3%，而农村人口的选择率仅为5.6%；城镇人口认为调整生活方最重要，而农村人口认为调整种植品种最重要。由图7-b看出，在经历极端灾害性天气后，男性和女性的适应气候变化方式选择倾向有差异不大，男女对各项措施的平均选择率分别为16.1%和15.5%；男性认为调整种植品

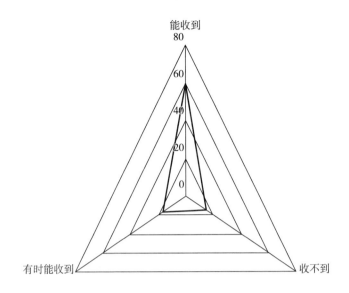

图 5　新疆地区气象预警信息接收情况

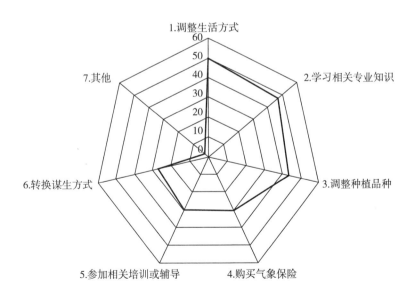

图 6　经历极端灾害性天气后应对气候变化的方式选择

种最重要，而女性认为参加政府或相关部门提供的相关培训或辅导最重要。由图 7 - c 看出，在经历极端灾害性天气后，不同年龄人群的适应气候变化方式选择倾向有较大的差异，25～34 岁和 35～44 岁人群的平均选择率并列最高，均为 8.9%，60 岁以上人群的仅为 2.1%；34 岁以下的两组人群认为调整种植品种最重要，35～59 岁的两组人群认为参加政府或相关部门提供的相关培训或辅导最重要，60 岁以上的人群则认为调整生活方式最重要。由图 7 - d 看出，在经历极端灾害性天气后，不同学历人群的适应气候变化方式选择倾向有所差异，大专及以上学历的人群平均选择率最高，为 13.6%，而高中或中专学历的人群平均选择率仅为 5.7%。初中及以下学历的人群认为调整生活方式最重要，而高中学历以上的两组人群都认为调整种植品种最重要。由图 7 - e 看出，在经历极端灾害性天气后，不同职业的人群适应气候变化方式选择倾向有较大的差异，农业人员的平均选择率达 18.8%，而政府干部仅为 12.2%；农业人员认为调整生活方式最重要，而政府干部认为调整种植品种最重要。

3. 应对高温的适应举措分析

新疆是一个高温热浪高发区，尤其进入 21 世纪以来高温天气更是频发。因此，公众接收到高温热浪预警信息后能及时采取措施规避风险是适应气候变化的重要方法，而使用空调是降低热浪对人体影响的主要途径。通过问卷调查发现，有一半以上的受访者表示家里没有空调（58.6%），有近 2 成（19.1%）的受访者表示家里有空调但是高温天气没使用，仅有 16.9% 的受访者表示遇到高温天气会使用空调，表明调查地区空调使用比例较低（见图 8）。

4. 干旱缺水适应措施的统计分析

在新疆，水资源是制约当地绿洲经济发展关键的自然资源。近半个世纪以来，新疆地区除喀什地区受旱面积呈减小趋势，其他各地区受旱面积均呈增加趋势①。因此在新疆的经济发展中，需要重点考虑科学开发利用水资源

---

① 孙鹏、张强、刘剑宇、邓晓宇、白云岗、张江辉：《新疆近半个世纪以来季节性干旱变化特征及其影响研究》，《地理科学》2014 年第 11 期，第 1377～1384 页。

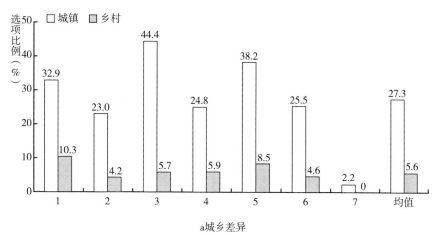

a 城乡差异

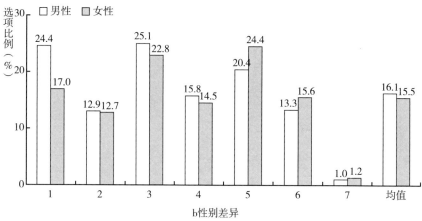

b 性别差异

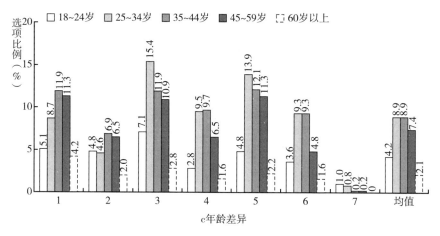

c 年龄差异

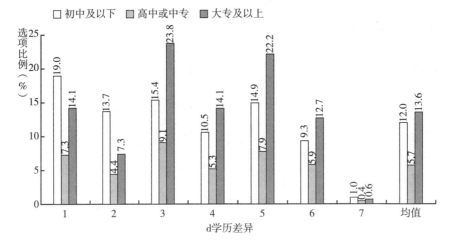

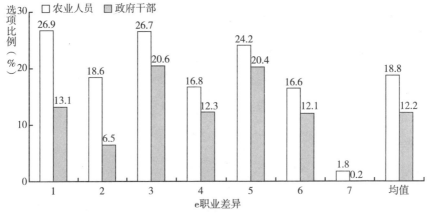

图7 经历极端灾害性天气后不同人群应对气候变化方式选择的比较

的问题，为分析当地群众对气候变化背景下水资源适应方式的认可程度，本问卷设计了7种适应措施供选择，该题目为多选题，受访者可以根据自己的观点选择其中任意多项。选择结果见表1。

首先，选择比例超过4成的3种措施分别为修水库，推广喷灌、滴灌等节水技术和减少生活用水。修水库是以政府为主体的基础设施建设的实施措施，虽然实施起来耗时长、耗资多，但从长远来看效果最为显著，能有效地保证当地农业用水；推广喷灌、滴灌等节水技术和减少生活用水都是需要政府开展积极宣传推广并且需要公众直接参与的适应措施，实施的关键在于通

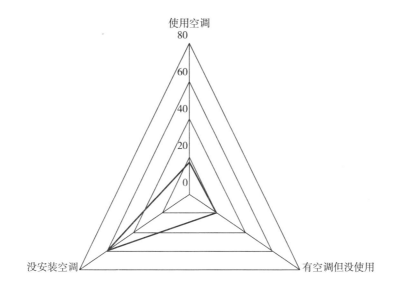

图 8　高温天使用空调情况

表 1　新疆地区公众对干旱缺水的适应措施选择统计

适应措施选项（可多选）	选择次数	所占比例（%）	比例排序
A. 修水库	228	46.1	1
B. 开采地下水	162	32.7	4
C. 减少生活用水	211	42.6	3
D. 进行污水处理和再利用	148	29.9	5
E. 推广喷灌、滴灌等节水技术	216	43.6	2
F. 开发抗旱新品种	103	20.8	7
G. 地膜覆盖和耕作保墒	112	22.6	6

过宣传以提高公众的节水意识。其次，选择比例介于 3~4 成之间的选项为开采地下水，新疆地区地下水开采潜力有限，实施该项措施需要考虑到生态环境的脆弱性。再次，进行污水处理和再利用、地膜覆盖和耕作保墒、开发抗旱新品种这三种措施的选择比例都低于 3 成，进行污水处理和再利用的效果直接且迅速，但是综合成本高，处理技术也需要不断提高；地膜覆盖和耕作保墒、开发抗旱新品种都是提高农业水资源利用率的有效措施，需要政府积极引导和投入资金用于农业新技术的研究与开发。

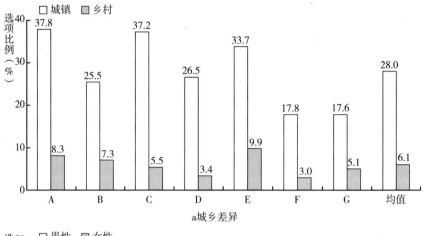

a城乡差异

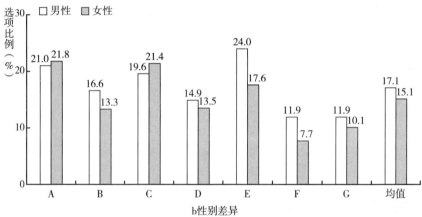

b性别差异

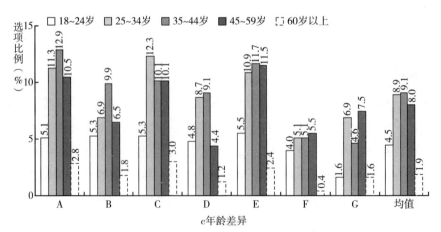

c年龄差异

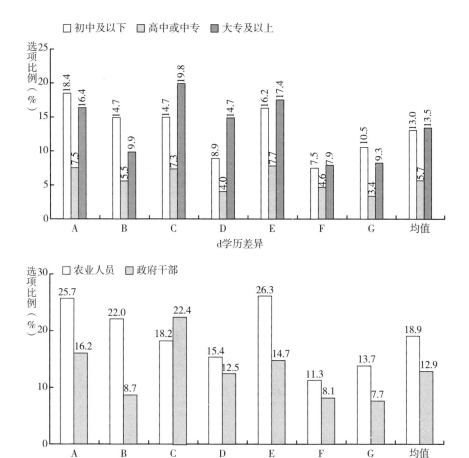

图9 不同人群对干旱缺水适应措施选择的比较

由图9-a可以看出，城镇人群和农村人群对干旱缺水适应措施的选择倾向有较大的差异，城镇人群认为修水库这项适应措施最重要，而农村人群认为推广喷灌、滴灌等节水技术最重要。由图9-b看出，男性和女性对干旱缺水适应措施的选择倾向差异较小，对各项措施的平均选择率分别为17.1%和15.1%；男性认为推广喷灌、滴灌等节水技术最重要，而女性则认为修水库最重要。由图9-c看出，不同年龄段人群对干旱缺水适应措施的选择倾向有较大的差异，18~24岁和45~59岁的人群都认为推广喷灌、

滴灌等节水技术最重要，25～34岁和60岁以上的人群认为减少生活用水最重要，35～44岁的人群认为修水库最重要。由图9-d看出，不同学历人群对干旱缺水适应措施的选择倾向有较大的差异，初中及以下学历人群认为修水库最为重要，高中或中专学历人群认为推广喷灌、滴灌等节水技术最重要，大专及以上学历人群认为减少生活用水最重要。由图9-e看出，不同职业人群对干旱缺水适应措施的选择倾向有较大的差异，农业人员认为推广喷灌、滴灌等节水技术最重要，而政府干部认为减少生活用水最重要。

四 结论

（1）新疆地区居民对当地的气候变化程度的感知较为准确，大部分受访者认为当地气候变化明显，且有近一半的受访者已经意识到气候变化将会带来的影响，认为当地未来气象灾害有增加趋势。

（2）近8成的受访者表示能收到气象灾害预警信息，但其中有16.5%的受访者表示仅有时能收到。有14.7%的受访者表示收不到气象灾害预警信息。新疆既要充分发挥新闻媒体和手机短信的作用，也要加强基层预警信息接收传递。

（3）在经历过极端灾害性天气后，有超过半数的受访者表示愿意通过调整生活方式来适应气候变化，选择转换谋生方式的受访者最少。除男性和女性人群在适应气候变化方式上选择的倾向差异较小外，其他不同人群之间的差异均较大。

（4）在适应气候变化引起的干旱缺水方面，修水库等基础设施建设更容易得到新疆地区居民的认可，其次为提高农业水资源利用效率型的措施，而开发抗旱新品种这种通过降低农作物自身对水资源的脆弱性来适应干旱缺水的措施，在新疆居民中认可率最低。

附 录

Appendix

G.24

世界各国与中国社会经济、
能源及碳排放数据

朱守先*

表1 世界主要国家或地区人类发展指数（2010～2017年）

2017年位次	国家/地区	2010年	2011年	2012年	2013年	2014年	2015年	2016年	2017年
1	挪威	0.942	0.943	0.942	0.946	0.946	0.948	0.951	0.953
2	瑞士	0.932	0.932	0.935	0.938	0.939	0.942	0.943	0.944
3	澳大利亚	0.923	0.925	0.929	0.931	0.933	0.936	0.938	0.939
4	爱尔兰	0.909	0.895	0.902	0.911	0.921	0.929	0.934	0.938
5	德国	0.921	0.926	0.928	0.928	0.93	0.933	0.934	0.936
6	冰岛	0.891	0.901	0.909	0.920	0.925	0.927	0.933	0.935
7	中国香港	0.901	0.904	0.911	0.915	0.923	0.927	0.93	0.933

* 朱守先，博士，中国社会科学院城市发展与环境研究所副研究员，研究领域为资源环境与区域发展。

续表

2017 年位次	国家/地区	2010 年	2011 年	2012 年	2013 年	2014 年	2015 年	2016 年	2017 年
7	瑞典	0.905	0.906	0.908	0.912	0.920	0.929	0.932	0.933
9	新加坡	0.909	0.914	0.920	0.923	0.928	0.929	0.930	0.932
10	荷兰	0.910	0.921	0.921	0.923	0.924	0.926	0.928	0.931
11	丹麦	0.910	0.922	0.924	0.931	0.928	0.926	0.928	0.929
12	加拿大	0.902	0.905	0.908	0.911	0.918	0.920	0.922	0.926
13	美国	0.914	0.917	0.918	0.916	0.918	0.920	0.922	0.924
14	英国	0.905	0.899	0.898	0.915	0.919	0.918	0.920	0.922
15	芬兰	0.903	0.907	0.908	0.912	0.914	0.915	0.918	0.920
16	新西兰	0.899	0.902	0.905	0.907	0.910	0.914	0.915	0.917
17	比利时	0.903	0.904	0.905	0.908	0.909	0.913	0.915	0.916
17	列支敦士登	0.904	0.909	0.913	0.912	0.911	0.912	0.915	0.916
19	日本	0.885	0.890	0.895	0.899	0.903	0.905	0.907	0.909
20	奥地利	0.895	0.897	0.899	0.897	0.901	0.903	0.906	0.908
21	卢森堡	0.889	0.892	0.892	0.892	0.895	0.899	0.904	0.904
22	以色列	0.887	0.892	0.893	0.895	0.899	0.901	0.902	0.903
22	韩国	0.884	0.888	0.890	0.893	0.896	0.898	0.900	0.903
24	法国	0.882	0.884	0.886	0.889	0.894	0.898	0.899	0.901
25	斯洛文尼亚	0.882	0.884	0.877	0.885	0.887	0.889	0.894	0.896
26	西班牙	0.865	0.870	0.873	0.875	0.880	0.885	0.889	0.891
27	捷克的	0.862	0.865	0.865	0.874	0.879	0.882	0.885	0.888
28	意大利	0.870	0.875	0.874	0.876	0.874	0.876	0.878	0.880
29	马耳他	0.843	0.843	0.849	0.856	0.862	0.871	0.875	0.878
30	爱沙尼亚	0.845	0.853	0.859	0.862	0.864	0.866	0.868	0.871
31	希腊	0.856	0.852	0.854	0.856	0.864	0.866	0.868	0.870
32	塞浦路斯	0.850	0.853	0.852	0.853	0.856	0.860	0.867	0.869
33	波兰	0.835	0.839	0.836	0.850	0.842	0.855	0.860	0.865
34	阿拉伯联合酋长国	0.836	0.841	0.846	0.851	0.855	0.860	0.862	0.863
35	安道尔	0.828	0.827	0.849	0.850	0.853	0.854	0.856	0.858
35	立陶宛	0.824	0.828	0.831	0.836	0.851	0.852	0.855	0.858
37	卡塔尔	0.825	0.836	0.844	0.854	0.853	0.854	0.855	0.856
38	斯洛伐克	0.829	0.837	0.842	0.844	0.845	0.851	0.853	0.855
39	文莱	0.842	0.846	0.852	0.853	0.853	0.852	0.852	0.853
39	沙特阿拉伯	0.808	0.823	0.835	0.844	0.852	0.854	0.854	0.853

续表

2017 年位次	国家/地区	2010 年	2011 年	2012 年	2013 年	2014 年	2015 年	2016 年	2017 年
41	拉脱维亚	0.816	0.821	0.824	0.833	0.838	0.841	0.844	0.847
41	葡萄牙	0.822	0.826	0.829	0.837	0.839	0.842	0.845	0.847
43	巴林	0.796	0.798	0.800	0.807	0.810	0.832	0.846	0.846
44	智利	0.808	0.814	0.819	0.828	0.833	0.840	0.842	0.843
45	匈牙利	0.823	0.827	0.830	0.835	0.833	0.834	0.835	0.838
46	克罗地亚	0.808	0.815	0.816	0.821	0.824	0.827	0.828	0.831
47	阿根廷	0.813	0.819	0.818	0.820	0.820	0.822	0.822	0.825
48	阿曼	0.793	0.795	0.804	0.812	0.815	0.822	0.822	0.821
49	俄罗斯联邦	0.780	0.789	0.798	0.804	0.807	0.813	0.815	0.816
50	黑山	0.793	0.798	0.800	0.803	0.805	0.809	0.810	0.814
51	保加利亚	0.779	0.782	0.786	0.792	0.797	0.807	0.810	0.813
52	罗马尼亚	0.797	0.798	0.795	0.800	0.802	0.805	0.807	0.811
53	白俄罗斯	0.792	0.798	0.803	0.804	0.807	0.805	0.805	0.808
54	巴哈马	0.789	0.793	0.807	0.807	0.807	0.807	0.806	0.807
55	乌拉圭	0.773	0.782	0.790	0.797	0.801	0.800	0.802	0.804
56	科威特	0.792	0.794	0.796	0.795	0.799	0.802	0.804	0.803
57	马来西亚	0.772	0.778	0.781	0.785	0.790	0.795	0.799	0.802
58	巴巴多斯	0.782	0.787	0.795	0.796	0.796	0.797	0.799	0.800
58	哈萨克斯坦	0.765	0.772	0.781	0.788	0.793	0.797	0.797	0.800
60	伊朗	0.755	0.766	0.781	0.784	0.788	0.789	0.796	0.798
60	帕劳	0.769	0.775	0.778	0.780	0.786	0.793	0.798	0.798
62	塞舌尔	0.747	0.741	0.770	0.779	0.786	0.791	0.793	0.797
63	哥斯达黎加	0.754	0.760	0.772	0.776	0.780	0.788	0.791	0.794
64	土耳其	0.734	0.753	0.760	0.771	0.778	0.783	0.787	0.791
65	毛里求斯	0.749	0.758	0.767	0.772	0.782	0.782	0.788	0.790
66	巴拿马	0.758	0.764	0.771	0.776	0.781	0.781	0.785	0.789
67	塞尔维亚	0.759	0.769	0.768	0.771	0.775	0.780	0.785	0.787
68	阿尔巴尼亚	0.741	0.752	0.767	0.771	0.773	0.776	0.782	0.785
69	特立尼达和多巴哥	0.775	0.773	0.774	0.779	0.779	0.783	0.785	0.784
70	安提瓜和巴布达	0.766	0.762	0.765	0.768	0.770	0.775	0.778	0.780
70	格鲁吉亚	0.735	0.741	0.750	0.757	0.765	0.771	0.776	0.780

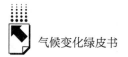
续表

2017年位次	国家/地区	2010年	2011年	2012年	2013年	2014年	2015年	2016年	2017年
72	圣基茨和尼维斯	0.745	0.751	0.756	0.763	0.770	0.773	0.774	0.778
73	古巴	0.779	0.778	0.767	0.765	0.768	0.772	0.774	0.777
74	墨西哥	0.743	0.751	0.757	0.756	0.761	0.767	0.772	0.774
75	格林纳达	0.743	0.747	0.749	0.754	0.761	0.767	0.770	0.772
76	斯里兰卡	0.745	0.751	0.757	0.759	0.763	0.766	0.768	0.770
77	波斯尼亚和黑塞哥维那	0.713	0.721	0.739	0.747	0.754	0.755	0.766	0.768
78	委内瑞拉	0.759	0.771	0.774	0.776	0.778	0.775	0.766	0.761
79	巴西	0.727	0.731	0.736	0.748	0.752	0.757	0.758	0.759
80	阿塞拜疆	0.740	0.741	0.745	0.752	0.758	0.758	0.757	0.757
80	黎巴嫩	0.758	0.760	0.751	0.751	0.751	0.752	0.753	0.757
80	马其顿	0.735	0.738	0.740	0.743	0.747	0.754	0.756	0.757
83	亚美尼亚	0.728	0.731	0.737	0.742	0.745	0.748	0.749	0.755
83	泰国	0.724	0.727	0.731	0.728	0.735	0.741	0.748	0.755
85	阿尔及利亚	0.729	0.736	0.740	0.745	0.747	0.749	0.753	0.754
86	中国	0.706	0.714	0.722	0.729	0.738	0.743	0.748	0.752
86	厄瓜多尔	0.715	0.721	0.726	0.734	0.742	0.743	0.749	0.752
88	乌克兰	0.733	0.738	0.743	0.745	0.748	0.743	0.746	0.751
89	秘鲁	0.717	0.729	0.729	0.736	0.746	0.745	0.748	0.750
90	哥伦比亚	0.719	0.725	0.725	0.735	0.738	0.742	0.747	0.747
90	圣卢西亚	0.731	0.734	0.730	0.733	0.737	0.744	0.745	0.747
92	斐济	0.711	0.717	0.719	0.727	0.730	0.738	0.738	0.741
92	蒙古	0.697	0.711	0.720	0.729	0.734	0.737	0.743	0.741
94	多米尼加	0.703	0.706	0.710	0.713	0.718	0.729	0.733	0.736
95	约旦	0.728	0.726	0.726	0.727	0.730	0.733	0.735	0.735
95	突尼斯	0.716	0.718	0.719	0.723	0.725	0.728	0.732	0.735
97	牙买加	0.712	0.715	0.721	0.726	0.728	0.730	0.732	0.732
98	汤加	0.712	0.716	0.717	0.716	0.717	0.721	0.724	0.726
99	圣文森特和格林纳丁斯	0.715	0.717	0.718	0.721	0.720	0.720	0.721	0.723
100	苏里南	0.703	0.706	0.711	0.715	0.718	0.722	0.719	0.720
101	博茨瓦纳	0.660	0.673	0.683	0.693	0.701	0.706	0.712	0.717
101	马尔代夫	0.671	0.682	0.688	0.696	0.705	0.710	0.712	0.717

续表

2017 年位次	国家/地区	2010 年	2011 年	2012 年	2013 年	2014 年	2015 年	2016 年	2017 年
103	多米尼克	0.722	0.722	0.721	0.721	0.724	0.721	0.718	0.715
104	萨摩亚	0.693	0.697	0.697	0.700	0.703	0.706	0.711	0.713
105	乌兹别克斯坦	0.666	0.674	0.683	0.690	0.695	0.698	0.703	0.710
106	伯利兹	0.699	0.702	0.706	0.705	0.706	0.709	0.709	0.708
106	马绍尔群岛								0.708
108	利比亚	0.755	0.707	0.741	0.707	0.695	0.694	0.693	0.706
108	土库曼斯坦	0.673	0.680	0.686	0.692	0.697	0.701	0.705	0.706
110	加蓬	0.665	0.670	0.678	0.687	0.693	0.694	0.698	0.702
110	巴拉圭	0.675	0.680	0.680	0.695	0.698	0.702	0.702	0.702
112	摩尔多瓦	0.670	0.677	0.684	0.693	0.696	0.693	0.697	0.700
113	菲律宾	0.665	0.670	0.677	0.685	0.689	0.693	0.696	0.699
113	南非	0.649	0.657	0.664	0.675	0.685	0.692	0.696	0.699
115	埃及	0.665	0.668	0.675	0.680	0.683	0.691	0.694	0.696
116	印度尼西亚	0.661	0.669	0.675	0.681	0.683	0.686	0.691	0.694
116	越南	0.654	0.664	0.670	0.675	0.678	0.684	0.689	0.694
118	玻利维亚	0.649	0.655	0.662	0.668	0.675	0.681	0.689	0.693
119	巴勒斯坦	0.672	0.677	0.687	0.679	0.679	0.687	0.689	0.686
120	伊拉克	0.649	0.656	0.659	0.666	0.666	0.668	0.672	0.685
121	萨尔瓦多	0.671	0.666	0.670	0.671	0.670	0.674	0.679	0.674
122	吉尔吉斯斯坦	0.636	0.639	0.649	0.658	0.663	0.666	0.669	0.672
123	摩洛哥	0.616	0.626	0.635	0.645	0.650	0.655	0.662	0.667
124	尼加拉瓜	0.621	0.627	0.633	0.639	0.649	0.652	0.657	0.658
125	佛得角	0.629	0.635	0.636	0.642	0.644	0.647	0.652	0.654
125	圭亚那	0.630	0.639	0.642	0.645	0.648	0.651	0.652	0.654
127	危地马拉	0.611	0.619	0.613	0.616	0.643	0.645	0.649	0.650
127	塔吉克斯坦	0.634	0.637	0.642	0.646	0.645	0.645	0.647	0.650
129	纳米比亚	0.594	0.607	0.617	0.628	0.636	0.642	0.645	0.647
130	印度	0.581	0.591	0.600	0.607	0.618	0.627	0.636	0.640
131	密克罗尼西亚	0.608	0.613	0.616	0.619	0.618	0.627	0.627	0.627
132	东帝汶	0.619	0.624	0.599	0.614	0.610	0.630	0.631	0.625
133	洪都拉斯	0.596	0.598	0.597	0.600	0.603	0.609	0.614	0.617
134	不丹	0.566	0.575	0.585	0.589	0.599	0.603	0.609	0.612
134	基里巴斯	0.590	0.590	0.598	0.609	0.616	0.621	0.610	0.612
136	孟加拉国	0.545	0.557	0.567	0.575	0.583	0.592	0.597	0.608

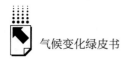
续表

2017年位次	国家/地区	2010年	2011年	2012年	2013年	2014年	2015年	2016年	2017年
137	刚果	0.557	0.560	0.573	0.582	0.595	0.613	0.612	0.606
138	瓦努阿图	0.591	0.592	0.592	0.597	0.598	0.599	0.600	0.603
139	老挝	0.546	0.558	0.569	0.579	0.586	0.593	0.598	0.601
140	加纳	0.554	0.563	0.570	0.577	0.576	0.585	0.588	0.592
141	赤道几内亚	0.581	0.584	0.589	0.590	0.590	0.593	0.593	0.591
142	肯尼亚	0.543	0.552	0.559	0.566	0.572	0.578	0.585	0.590
143	圣多美和普林西比	0.542	0.548	0.551	0.560	0.567	0.580	0.584	0.589
144	斯威士兰	0.538	0.550	0.561	0.572	0.580	0.584	0.586	0.588
144	赞比亚	0.544	0.556	0.569	0.574	0.580	0.583	0.586	0.588
146	柬埔寨	0.537	0.546	0.553	0.560	0.566	0.571	0.576	0.582
147	安哥拉	0.520	0.535	0.543	0.554	0.564	0.572	0.577	0.581
148	缅甸	0.530	0.540	0.549	0.558	0.564	0.569	0.574	0.578
149	尼泊尔	0.529	0.535	0.548	0.554	0.560	0.566	0.569	0.574
150	巴基斯坦	0.526	0.530	0.535	0.538	0.548	0.551	0.560	0.562
151	喀麦隆	0.506	0.515	0.526	0.535	0.543	0.548	0.553	0.556
152	所罗门群岛	0.507	0.514	0.529	0.539	0.539	0.546	0.543	0.546
153	巴布亚新几内亚	0.520	0.529	0.530	0.534	0.536	0.542	0.543	0.544
154	坦桑尼亚	0.493	0.499	0.506	0.507	0.515	0.528	0.533	0.538
155	叙利亚	0.644	0.642	0.631	0.572	0.550	0.538	0.536	0.536
156	津巴布韦	0.467	0.478	0.505	0.516	0.525	0.529	0.532	0.535
157	尼日利亚	0.484	0.494	0.512	0.519	0.524	0.527	0.530	0.532
158	卢旺达	0.485	0.493	0.500	0.503	0.509	0.510	0.520	0.524
159	莱索托	0.493	0.498	0.505	0.505	0.509	0.511	0.516	0.520
159	毛里塔尼亚	0.487	0.490	0.499	0.508	0.514	0.514	0.516	0.520
161	马达加斯加	0.504	0.504	0.507	0.509	0.512	0.514	0.517	0.519
162	乌干达	0.486	0.490	0.492	0.496	0.500	0.505	0.508	0.516
163	贝宁	0.473	0.479	0.489	0.500	0.505	0.508	0.512	0.515
164	塞内加尔	0.456	0.467	0.476	0.481	0.486	0.492	0.499	0.505
165	科摩罗	0.482	0.487	0.493	0.499	0.501	0.502	0.502	0.503
165	多哥	0.456	0.463	0.466	0.472	0.481	0.495	0.500	0.503
167	苏丹	0.470	0.474	0.485	0.475	0.492	0.497	0.499	0.502
168	阿富汗	0.463	0.471	0.482	0.487	0.491	0.493	0.494	0.498

续表

2017 年位次	国家/地区	2010 年	2011 年	2012 年	2013 年	2014 年	2015 年	2016 年	2017 年
168	海地	0.470	0.477	0.481	0.486	0.490	0.493	0.496	0.498
170	科特迪瓦	0.442	0.445	0.454	0.462	0.465	0.478	0.486	0.492
171	马拉维	0.441	0.450	0.455	0.461	0.468	0.470	0.474	0.477
172	吉布提	0.449	0.454	0.459	0.463	0.467	0.470	0.474	0.476
173	埃塞俄比亚	0.412	0.423	0.430	0.438	0.445	0.451	0.457	0.463
174	冈比亚	0.441	0.440	0.445	0.453	0.454	0.457	0.457	0.460
175	几内亚	0.404	0.418	0.428	0.435	0.440	0.443	0.449	0.459
176	民主刚果	0.407	0.415	0.420	0.426	0.436	0.444	0.452	0.457
177	几内亚比绍	0.426	0.435	0.437	0.440	0.445	0.449	0.453	0.455
178	也门	0.498	0.499	0.505	0.507	0.505	0.483	0.462	0.452
179	厄立特里亚	0.416	0.417	0.422	0.425	0.428	0.433	0.436	0.440
180	莫桑比克	0.403	0.407	0.412	0.423	0.427	0.432	0.435	0.437
181	利比里亚	0.407	0.417	0.420	0.429	0.431	0.432	0.432	0.435
182	马里	0.403	0.408	0.408	0.408	0.414	0.418	0.421	0.427
183	布基纳法索	0.375	0.385	0.394	0.401	0.405	0.412	0.420	0.423
184	塞拉利昂	0.385	0.392	0.407	0.419	0.423	0.413	0.413	0.419
185	布隆迪	0.395	0.403	0.408	0.414	0.421	0.418	0.418	0.417
186	乍得	0.371	0.382	0.391	0.397	0.403	0.407	0.405	0.404
187	南苏丹	0.413	0.416	0.388	0.392	0.397	0.399	0.394	0.388
188	中非	0.351	0.358	0.365	0.344	0.349	0.357	0.362	0.367
189	尼日尔	0.318	0.325	0.336	0.340	0.345	0.347	0.351	0.354

数据来源："Human Development Data（1990 – 2017），" in "Human Development Reports," http：//hdr. undp. org/en/data。

表 2　世界各国及地区生产总值（GDP）数据（2017 年）

位次	国家/地区	GDP（百万美元）	位次	国家/地区	GDP（百万美元，PPP）
1	美国	19390604	1	中国	23300783
2	中国	12237700	2	美国	19390604
3	日本	4872137	3	印度	9448659
4	德国	3677439	4	日本	5562822
5	英国	2622434	5	德国	4193923
6	印度	2597491	6	俄罗斯联邦	3749284

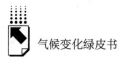
位次	国家/地区	GDP（百万美元）	位次	国家/地区	GDP（百万美元，PPP）
7	法国	2582501	7	印度尼西亚	3242769
8	巴西	2055506	8	巴西	3240524
9	意大利	1934798	9	英国	2896833
10	加拿大	1653043	10	法国	2871264
11	俄罗斯联邦	1577524[1]	11	意大利	2410985
12	韩国	1530751	12	墨西哥	2344197
13	澳大利亚	1323421	13	土耳其	2254114
14	西班牙	1311320	14	韩国	1969106
15	墨西哥	1149919	15	西班牙	1773972
16	印度尼西亚	1015539	16	沙特阿拉伯	1773549
17	土耳其	851102	17	加拿大	1702435
18	荷兰	826200	18	伊朗	1700356
19	沙特阿拉伯	683827	19	泰国	1233736
20	瑞士	678887	20	澳大利亚	1157298
21	阿根廷	637590[2]	21	埃及	1129919
22	瑞典	538040	22	尼日利亚	1118755
23	波兰	524510	23	波兰	1112364
24	比利时	492681	24	巴基斯坦	1088982
25	泰国	455221	25	马来西亚	930749
26	伊朗	439514	26	阿根廷	920248[8]
27	奥地利	416596	27	荷兰	907033
28	挪威	398832	28	菲律宾	875311
29	阿联酋	382575	29	南非	765567
30	尼日利亚	375771	30	哥伦比亚	714003
31	以色列	350851	31	阿联酋	694468
32	南非	349419	32	伊拉克	658200
33	中国香港	341449	33	越南	647368
34	爱尔兰	333731	34	孟加拉国	637078
35	丹麦	324872	35	阿尔及利亚	631150
36	新加坡	323907	36	瑞士	550346
37	马来西亚	314500	37	比利时	540867
38	菲律宾	313595	38	新加坡	527021
39	哥伦比亚	309191	39	罗马尼亚	506133
40	巴基斯坦	304952	40	瑞典	504088
41	智利	277076	41	哈萨克斯坦	476366

位次	国家/地区	GDP（百万美元）	位次	国家/地区	GDP（百万美元，PPP）
42	芬兰	251885	42	奥地利	462990
43	孟加拉国	249724	43	中国香港	454886
44	埃及	235369	44	智利	434848
45	越南	223864	45	秘鲁	432115
46	葡萄牙	217571	46	捷克	390989
47	捷克	215726	47	乌克兰	368217
48	罗马尼亚	211803	48	爱尔兰	367301
49	秘鲁	211389	49	卡塔尔	338817
50	新西兰	205853	50	以色列	334667
51	希腊	200288	51	葡萄牙	331446
52	伊拉克	197716	52	缅甸	327629
53	阿尔及利亚	170371	53	挪威	322101
54	卡塔尔	167605	54	希腊	299241
55	哈萨克斯坦	159407	55	摩洛哥	298230[3]
56	匈牙利	139135	56	科威特	297594
57	安哥拉	124209	57	丹麦	291600
58	科威特	120126	58	匈牙利	277543
59	苏丹	117488	59	斯里兰卡	274718
60	乌克兰	112154[1]	60	芬兰	249065
61	摩洛哥	109139[3]	61	乌兹别克斯坦	222338[8]
62	波多黎各	105035	62	埃塞俄比亚	199336
63	厄瓜多尔	103057	63	苏丹	198758
64	斯洛伐克	95769	64	新西兰	196152
65	斯里兰卡	87175	65	阿曼	193218
66	古巴	87133	66	厄瓜多尔	193138
67	埃塞俄比亚	80561	67	安哥拉	190290
68	多米尼加	75932	68	白俄罗斯	179204
69	危地马拉	75620	69	斯洛伐克	174678
70	肯尼亚	74938	70	多米尼加	172591
71	阿曼	72643	71	阿塞拜疆	171588
72	缅甸	69322	72	坦桑尼亚	163886[4]
73	卢森堡	62404	73	肯尼亚	163309
74	巴拿马	61838	74	保加利亚	143850
75	哥斯达黎加	57057	75	危地马拉	137849
76	保加利亚	56832	76	突尼斯	137359

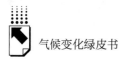
位次	国家/地区	GDP（百万美元）	位次	国家/地区	GDP（百万美元,PPP）
77	乌拉圭	56157	77	加纳	133826
78	克罗地亚	54849	78	波多黎各	128746
79	白俄罗斯	54442	79	利比亚	125142
80	坦桑尼亚	52090[4]	80	塞尔维亚	105966
81	黎巴嫩	51844	81	克罗地亚	104233
82	利比亚	50984	82	土库曼斯坦	103604[8]
83	中国澳门	50361	83	巴拿马	100194
84	斯洛文尼亚	48770	84	科特迪瓦	96046
85	乌兹别克斯坦	48718	85	立陶宛	90749
86	加纳	47330	86	黎巴嫩	89263[8]
87	立陶宛	47168	87	喀麦隆	88859
88	土库曼斯坦	42355	88	约旦	88809
89	塞尔维亚	41432	89	哥斯达黎加	83615
90	阿塞拜疆	40748	90	玻利维亚	83546
91	科特迪瓦	40389	91	乌干达	79889
92	突尼斯	40257	92	尼泊尔	78591
93	约旦	40068	93	乌拉圭	77993
94	玻利维亚	37509	94	民主刚果	72166
95	民主刚果	37241	95	斯洛文尼亚	71926
96	巴林	35307	96	中国澳门	71672
97	喀麦隆	34799	97	巴林	70938
98	拉脱维亚	30264	98	阿富汗	70368[8]
99	巴拉圭	29735	99	赞比亚	69236
100	爱沙尼亚	25921	100	巴拉圭	66007
101	乌干达	25891	101	柬埔寨	64050
102	赞比亚	25809	102	卢森堡	62140
103	萨尔瓦多	24805	103	拉脱维亚	53561
104	尼泊尔	24472	104	萨尔瓦多	51061
105	冰岛	23909	105	老挝	48167
106	洪都拉斯	22979	106	洪都拉斯	46198
107	柬埔寨	22158	107	波斯尼亚和黑塞哥维那	45156
108	特立尼达和多巴哥	22105	108	也门	44002
109	塞浦路斯	21652[5]	109	特立尼达和多巴哥	43234
110	巴布亚新几内亚	21089	110	塞内加尔	42992
111	阿富汗	20815	111	爱沙尼亚	41619

位次	国家/地区	GDP （百万美元）	位次	国家/地区	GDP （百万美元，PPP）
112	也门	*18213*	112	马里	41004
113	波斯尼亚和黑塞哥维那	18169	113	蒙古	39982
114	津巴布韦	17846	114	博茨瓦纳	39770
115	博茨瓦纳	17407	115	格鲁吉亚	39768[6]
116	老挝	16853	116	马达加斯加	39764
117	塞内加尔	16375	117	莫桑比克	37005
118	马里	15288	118	加蓬	36823
119	格鲁吉亚	15159[6]	119	尼加拉瓜	36324
120	牙买加	14768	120	布基纳法索	35887
121	加蓬	14623	121	巴布亚新几内亚	34633[8]
122	约旦河西岸和加沙	14498	122	阿尔巴尼亚	34541
123	尼加拉瓜	13814	123	津巴布韦	34476
124	毛里求斯	13338	124	文莱	33797
125	纳米比亚	13245	125	马其顿	31729
126	阿尔巴尼亚	13039	126	赤道几内亚	31460
127	布基纳法索	12873	127	塞浦路斯	29606[5]
128	马耳他	12538	128	几内亚	29056
129	赤道几内亚	12487	129	乍得	28924
130	莫桑比克	12334	130	塔吉克斯坦	28373
131	巴哈马	12162	131	亚美尼亚	28271
132	文莱	12128	132	刚果共和国	28193
133	亚美尼亚	11537	133	毛里求斯	28174
134	马达加斯加	11500	134	纳米比亚	26543
135	蒙古	11488	135	牙买加	25999
136	马其顿	11338	136	贝宁	25327
137	几内亚	10491	137	卢旺达	24852
138	乍得	9981	138	吉尔吉斯	23104
139	贝宁	9274	139	约旦河西岸和加沙	22887
140	卢旺达	9137	140	马拉维	22387
141	刚果	8723	141	尼日尔	21834
142	海地	8408	142	南苏丹	*20707*[8]
143	摩尔多瓦	8128[7]	143	摩尔多瓦	20226[7]
144	尼日尔	8120	144	海地	19930
145	吉尔吉斯共和国	7565	145	科索沃	19688[8]
146	索马里	7369	146	马耳他	18395

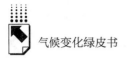
续表

位次	国家/地区	GDP（百万美元）	位次	国家/地区	GDP（百万美元，PPP）
147	塔吉克斯坦	7146	147	冰岛	18265
148	科索沃	7129	148	毛里塔尼亚	17458
149	马恩岛	6792	149	多哥	12240
150	马拉维	6303	150	巴哈马	12031
151	列支敦士登	6289	151	黑山	11681
152	关岛	5793	152	斯威士兰	11617
153	斐济	5061	153	塞拉利昂	11535
154	毛里塔尼亚	5025	154	东帝汶	9350[8]
155	多哥	4813	155	斐济	8652
156	巴巴多斯	4797	156	苏里南	8515
157	黑山	4774	157	布隆迪	8376
158	马尔代夫	4597	158	不丹	7721
159	斯威士兰	4409	159	马尔代夫	7273
160	塞拉利昂	3774	160	莱索托	6991
161	美属维尔京群岛	3765	161	圭亚那	6349[8]
162	圭亚那	3676	162	巴巴多斯	5326
163	布隆迪	3478	163	利比里亚	3911
164	苏里南	3324	164	佛得角	3733
165	安道尔	3013	165	冈比亚	3602
166	东帝汶	2955	166	中非	3382
167	南苏丹	2904	167	伯利兹	3219
168	格陵兰	2706	168	几内亚比绍	3165
169	莱索托	2639	169	塞舌尔	2776
170	不丹	2512	170	圣卢西亚	2543
171	法罗群岛	2477	171	安提瓜和巴布达	2407
172	利比里亚	2158	172	圣马力诺	2085
173	中非共和国	1949	173	格林纳达	1609
174	吉布提	1845	174	圣基茨和尼维斯	1498
175	伯利兹	1838	175	所罗门群岛	1481[8]
176	佛得角	1754	176	萨摩亚	1299[8]
177	圣卢西亚	1712	177	圣文森特和格林纳丁斯	1294
178	圣马力诺	1659	178	科摩罗	1263
179	安提瓜和巴布达	1532	179	瓦努阿图	886[8]
180	塞舌尔	1486	180	多米尼克	785
181	几内亚比绍	1347	181	圣多美和普林西比	685

续表

位次	国家/地区	GDP（百万美元）	位次	国家/地区	GDP（百万美元，PPP）
182	所罗门群岛	1303	182	汤加	643[8]
183	北马里亚纳群岛	*1242*	183	密克罗尼西亚	382[8]
184	格林纳达	1119	184	帕劳	316[8]
185	冈比亚	1015	185	基里巴斯	253[8]
186	圣基茨和尼维斯	946	186	马绍尔群岛	223[8]
187	瓦努阿图	863	187	瑙鲁	193
188	萨摩亚	857	188	图瓦卢	44[8]
189	圣文森特和格林纳丁斯	790			
190	美属萨摩亚	*658*			
191	科摩罗	649			
192	多米尼加	563			
193	汤加	426			
194	圣多美和普林西比	391			
195	密克罗尼西亚	336			
196	帕劳	292			
197	马绍尔群岛	199			
198	基里巴斯	196			
199	瑙鲁	114			
200	图瓦卢	40			
	世界	80683787		世界	127723794
	东亚与太平洋地区	23999251		东亚与太平洋地区	42018646
	欧洲与中亚地区	21438519		欧洲与中亚地区	30011723
	拉丁美洲与加勒比海地区	5954671		拉丁美洲与加勒比海地区	10136264
	中东和北非	3265747		中东和北非	8840512
	北美	21049975		北美	21096980
	南亚	3291738		南亚	11613391
	撒哈拉以南非洲	1648714		撒哈拉以南非洲	4039700
	低收入	549654		低收入	1519829
	中低收入	6504155		中低收入	21379601
	中高收入	22168419		中高收入	45823017
	高收入	51475414		高收入	59205923

注：斜体数字为 2016 年或 2015 年数据，排名为近似值；［1］根据乌克兰和俄罗斯联邦官方统计数据得到；［2］根据阿根廷国家统计和普查研究所正式报告数据得到；［3］包括西撒哈拉地区；［4］仅涵盖坦桑尼亚大陆；［5］数据适用于塞浦路斯政府控制地区；［6］不包括阿布哈兹和南奥塞梯；［7］不包括德涅斯特河沿岸地区；［8］基于回归计算。

数据来源：实际 GDP 数据，http：//data.worldbank.org/data－catalog/world－development－indicators；GDP 预测数据，http：//data.worldbank.org/data－catalog/global－economic－prospects。

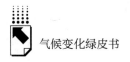

表3　世界各国及地区人均收入（GNI）数据（2017年）

位次	国家/地区	人均收入（Atlas,美元）	位次	国家/地区	人均收入（PPP,国际元）
1	马恩岛	82650[1]	1	卡塔尔	128060
2	瑞士	80560	2	中国澳门	96570[1]
3	挪威	75990	3	新加坡	90570
4	卢森堡	70260	4	文莱达鲁萨兰国	83760
5	中国澳门	65130[1]	5	科威特	83310
6	卡塔尔	61070	6	阿联酋	74410
7	冰岛	60830	7	卢森堡	72640
8	美国	58270	8	瑞士	65910
9	爱尔兰	55290	9	中国香港	64100
10	丹麦	55220	10	挪威	63530
11	新加坡	54530	11	爱尔兰	62440
12	瑞典	52590	12	美国	60200
13	澳大利亚	51360	13	沙特阿拉伯	54770
14	中国香港	46310	14	冰岛	53640
15	荷兰	46180	15	奥地利	52660
16	奥地利	45440	16	荷兰	52640
17	芬兰	44580	17	德国	51760
18	德国	43490	18	丹麦	51560
19	加拿大	42870	19	瑞典	50840
20	比利时	41790	20	比利时	47960
21	英国	40530	21	澳大利亚	45780
22	阿联酋	39130	22	加拿大	45750
23	新西兰	38970	23	芬兰	45730
24	日本	38550	24	日本	45470
25	法国	37970	25	法国	43720
26	以色列	37270	26	英国	43160
27	科威特	31430	27	巴林	42930
28	意大利	31020	28	阿曼	40240
29	文莱	29600	29	意大利	40030
30	巴哈马	29170	30	新西兰	39560
31	韩国	28380	31	韩国	38260
32	西班牙	27180	32	西班牙	38090
33	马耳他	23810	33	以色列	38060
34	塞浦路斯	23719[2]	34	马耳他	36740

续表

位次	国家/地区	人均收入 （Atlas，美元）	位次	国家/地区	人均收入 （PPP，国际元）
35	斯洛文尼亚	22000	35	捷克	35010
36	巴林	20240	36	斯洛文尼亚	33910
37	沙特阿拉伯	20080	37	塞浦路斯	33609[2]
38	葡萄牙	19820	38	葡萄牙	31490
39	波多黎各	19460	39	斯洛伐克	31360
40	爱沙尼亚	18190	40	立陶宛	31030
41	捷克	18160	41	爱沙尼亚	31000
42	希腊	18090	42	特立尼达和多巴哥	30520
43	斯洛伐克	16610	43	巴哈马	29790
44	圣基茨和尼维斯	16030	44	马来西亚	28650
45	巴巴多斯	15540	45	波兰	28170
46	特立尼达和多巴哥	15350	46	希腊	27820
47	乌拉圭	15250	47	土耳其	27550
48	立陶宛	15200	48	拉脱维亚	27400
49	拉脱维亚	14740	49	匈牙利	27220
50	阿曼	14440	50	塞舌尔	26860
51	塞舌尔	14180	51	圣基茨和尼维斯	26300
52	安提瓜和巴布达	14170	52	波多黎各	25240[1]
53	智利	13610	53	罗马尼亚	25150
54	巴拿马	13100	54	俄罗斯联邦	24893
55	阿根廷	13040[4]	55	克罗地亚	24700
56	匈牙利	12870	56	哈萨克斯坦	23440
57	波兰	12710	57	智利	23150
58	帕劳	12530	58	安提瓜和巴布达	22980
59	克罗地亚	12430	59	毛里求斯	22570
60	哥斯达黎加	11040	60	巴拿马	21890
61	土耳其	10930	61	乌拉圭	21870
62	秘鲁	10220	62	伊朗	21010
63	毛里求斯	10140	63	保加利亚	20500
64	罗马尼亚	9970	64	阿根廷	20270[3]
65	格林纳达	9650	65	利比亚	19940
66	马来西亚	9650	66	赤道几内亚	19380
67	马尔代夫	9570	67	黑山	19150
68	俄罗斯联邦	9232[5]	68	白俄罗斯	18140

续表

位次	国家/地区	人均收入 （Atlas，美元）	位次	国家/地区	人均收入 （PPP，国际元）
69	圣卢西亚	8780	69	瑙鲁	17960
70	中国	8690	70	巴巴多斯	17830
71	墨西哥	8610	71	墨西哥	17740
72	巴西	8580	72	土库曼斯坦	17320[3]
73	黎巴嫩	8310	73	泰国	17090
74	哈萨克斯坦	7890	74	加蓬	17010
75	保加利亚	7760	75	伊拉克	17010
76	黑山	7350	76	博茨瓦纳	16990
77	赤道几内亚	7060	77	中国	16760
78	多米尼加	6990	78	阿塞拜疆	16650
79	圣文森特和格林纳丁斯	6990	79	哥斯达黎加	16100
80	博茨瓦纳	6820	80	马尔代夫	15350
81	土库曼斯坦	6650	81	多米尼加	15290
82	多米尼加	6630	82	巴西	15160
83	加蓬	6610	83	阿尔及利亚	15050
84	利比亚	6540[10]	84	黎巴嫩	14690[3]
85	苏里南	6020	85	马其顿	14590
86	秘鲁	5970	86	格林纳达	14410
87	泰国	5960	87	苏里南	14290
88	厄瓜多尔	5890	88	哥伦比亚	14170
89	哥伦比亚	5830	89	塞尔维亚	14040
90	南非	5430	90	帕劳	13950[3]
91	伊朗	5400	91	圣卢西亚	13230
92	白俄罗斯	5280	92	南非	13090
93	塞尔维亚	5180	93	秘鲁	12890
94	斐济	4970	94	波斯尼亚和黑塞哥维那	12880
95	图瓦卢	4970	95	斯里兰卡	12470
96	波斯尼亚和黑塞哥维那	4940	96	阿尔巴尼亚	12120
97	马其顿	4880	97	印度尼西亚	11900
98	马绍尔群岛	4800	98	圣文森特和格林纳丁斯	11770
99	伊拉克	4770	99	突尼斯	11490
100	牙买加	4750	100	埃及	11360
101	纳米比亚	4600	101	厄瓜多尔	11350
102	圭亚那	4460	102	蒙古	11170

位次	国家/地区	人均收入（Atlas，美元）	位次	国家/地区	人均收入（PPP，国际元）
103	伯利兹	4390	103	科索沃	11050[3]
104	阿尔巴尼亚	4320	104	纳米比亚	10320
105	萨摩亚	4100	105	多米尼加	10170
106	阿塞拜疆	4080	106	格鲁吉亚	10120[6]
107	危地马拉	4060	107	亚美尼亚	10060
108	汤加	4010	108	菲律宾	10030
109	亚美尼亚	4000	109	巴拉圭	9180
110	约旦	3980	110	约旦	9110
111	阿尔及利亚	3960	111	斐	9090
112	巴拉圭	3920	112	乌克兰	8900
113	科索沃	3890	113	不丹	8850
114	斯里兰卡	3840	114	牙买加	8690
115	格鲁吉亚	3790[6]	115	斯威士兰	8520
116	菲律宾	3660	116	圭亚那	8120[3]
117	密克罗尼西亚	3590	117	摩洛哥	8063[7]
118	萨尔瓦多	3560	118	危地马拉	8000
119	印度尼西亚	3540	119	伯利兹	7890
120	突尼斯	3500	120	萨尔瓦多	7540
121	安哥拉	3330	121	玻利维亚	7330
122	蒙古	3290	122	乌兹别克斯坦	7130[3]
123	约旦河西岸和加沙	3180	123	印度	7060
124	玻利维亚	3130	124	老挝	6650
125	埃及	3010	125	佛得角	6570
126	佛得角	2990	126	越南	6450
127	斯威士兰	2960	127	萨摩亚	6390[3]
128	瓦努阿图	2920	128	东帝汶	6330[3]
129	摩洛哥	2863[7]	129	安哥拉	6060
130	基里巴斯	2780	130	摩尔多瓦	6060[8]
131	不丹	2720	131	汤加	6050[3]
132	巴布亚新几内亚	2410[11]	132	缅甸	5830[3]
133	乌克兰	2388[5]	133	巴基斯坦	5830
134	苏丹	2379	134	图瓦卢	5780[3]
135	老挝	2270	135	尼加拉瓜	5680
136	洪都拉斯	2250	136	尼日利亚	5680

续表

位次	国家/地区	人均收入 （Atlas, 美元）	位次	国家/地区	人均收入 （PPP, 国际元）
137	摩尔多瓦	2180[8]	137	马绍尔群岛	5560
138	越南	2170	138	约旦河西岸和加沙	5560
139	尼加拉瓜	2130	139	刚果共和国	4880
140	尼日利亚	2080	140	洪都拉斯	4630
141	乌兹别克斯坦	1980	141	加纳	4490
142	所罗门群岛	1920	142	苏丹	4482
143	吉布提	1880[11]	143	密克罗尼西亚	4210[3]
144	印度	1820	144	孟加拉国	4040
145	东帝汶	1790	145	巴布亚新几内亚	4040[3]
146	圣多美和普林西比	1770	146	赞比亚	3920
147	巴基斯坦	1580	147	毛里塔尼亚	3900
148	科特迪瓦	1540	148	基里巴斯	3850[3]
149	加纳	1490	149	科特迪瓦	3820
150	孟加拉国	1470	150	柬埔寨	3760
151	肯尼亚	1440	151	塔吉克斯坦	3670
152	喀麦隆	1360	152	喀麦隆	3640
153	刚果共和国	1360	153	吉尔吉斯	3620
154	赞比亚	1300	154	莱索托	3510
155	莱索托	1280	155	圣多美和普林西比	3370
156	柬埔寨	1230	156	肯尼亚	3250
157	缅甸	1190	157	瓦努阿图	3170[3]
158	吉尔吉斯	1130	158	坦桑尼亚	2916[9]
159	毛里塔尼亚	1100	159	尼泊尔	2710
160	也门	1030[1]	160	塞内加尔	2620
161	塔吉克斯坦	990	161	也门	2380
162	塞内加尔	950	162	几内亚	2270
163	津巴布韦	910	163	所罗门群岛	2270
164	坦桑尼亚	905[9]	164	贝宁	2260
165	几内亚	820	165	马里	2160
166	贝宁	800	166	阿富汗	2000
167	尼泊尔	790	167	卢旺达	1990
168	马里	770	168	乍得	1920
169	科摩罗	760	169	埃塞俄比亚	1890
170	海地	760	170	津巴布韦	1850
171	埃塞俄比亚	740	171	海地	1830

续表

位次	国家/地区	人均收入 （Atlas，美元）	位次	国家/地区	人均收入 （PPP，国际元）
172	卢旺达	720	172	乌干达	1820
173	几内亚比绍	660	173	布基纳法索	1810
174	乍得	630	174	几内亚比绍	1700
175	布基纳法索	610	175	冈比亚	1670
176	多哥	610	176	多哥	1620
177	乌干达	600	177	科摩罗	1570
178	阿富汗	570	178	马达加斯加	1510
179	塞拉利昂	510	179	塞拉利昂	1480
180	民主刚果	450	180	南苏丹	*1440*[1]
181	冈比亚	450	181	莫桑比克	1200
182	莫桑比克	420	182	马拉维	1180
183	马达加斯加	400	183	尼日尔	990
184	中非	390	184	民主刚果	870
185	南苏丹	*390*[1]	185	布隆迪	770
186	利比里亚	380	186	中非	730
187	尼日尔	360	187	利比里亚	710
188	马拉维	320			
189	布隆迪	290			
	世界	10366		世界	16927
	东亚与太平洋地区	10170		东亚与太平洋地区	18184
	欧洲与中亚地区	22651		欧洲与中亚地区	32541
	拉丁美洲与加勒比海地区	8200		拉丁美洲与加勒比海地区	15273
	中东和北非	7246		中东和北非	20007
	北美	56722		北美	58737
	南亚	1743		南亚	6538
	撒哈拉以南非洲	1454		撒哈拉以南非洲	3683
	低收入	744		低收入	2088
	中低收入	2118		中低收入	7191
	中高收入	8192		中高收入	17559
	高收入	40136		高收入	47657

注：斜体数字为 2016 年或 2015 年数据；[1] 2017 年数据不详，排名为近似值；[2] 数据适用于塞浦路斯政府控制地区；[3] 基于回归分析计算；[4] 根据阿根廷国家统计和普查研究所正式报告数据得到；[5] 根据乌克兰和俄罗斯联邦官方统计数据得到；[6] 不包括阿布哈兹和南奥塞梯；[7] 包括西撒哈拉地区；[8] 不包括德涅斯特河沿岸；[9] 仅涵盖坦桑尼亚大陆；[10] 估计为中高收入（3896 美元至 12055 美元）；[11] 估计为中低收入（996 美元至 3895 美元）。

数据来源：http：//data. worldbank. org/data – catalog/world – development – indicators。

表4　世界各国及地区人口数据（2017年）

位次	国家/地区	总人口（千人）	位次	国家/地区	总人口（千人）
1	中国	1386395	35	苏丹	40533
2	印度	1339180	36	伊拉克	38275
3	美国	325719	37	波兰	37976
4	印度尼西亚	263991	38	加拿大	36708
5	巴西	209288	39	摩洛哥	35740
6	巴基斯坦	197016	40	阿富汗	35530
7	尼日利亚	190886	41	沙特阿拉伯	32938
8	孟加拉国	164670	42	乌兹别克斯坦	32387
9	俄罗斯联邦	144495	43	秘鲁	32165
10	墨西哥	129163	44	委内瑞拉	31977
11	日本	126786	45	马来西亚	31624
12	埃塞俄比亚	104957	46	安哥拉	29784
13	菲律宾	104918	47	莫桑比克	29669
14	埃及	97553	48	尼泊尔	29305
15	越南	95541	49	加纳	28834
16	德国	82695	50	也门	28250
17	民主刚果	81340	51	马达加斯加	25571
18	伊朗	81163	52	朝鲜	25491
19	土耳其	80745	53	澳大利亚	24599
20	泰国	69038	54	科特迪瓦	24295
21	法国	67119	55	喀麦隆	24054
22	英国	66022	56	尼日尔	21477
23	意大利	60551	57	斯里兰卡	21444
24	坦桑尼亚	57310	58	罗马尼亚	19587
25	南非	56717	59	布基纳法索	19193
26	缅甸	53371	60	马拉维	18622
27	韩国	51466	61	马里	18542
28	肯尼亚	49700	62	叙利亚	18270
29	哥伦比亚	49066	63	智利	18055
30	西班牙	46572	64	哈萨克斯坦	18038
31	乌克兰	44831	65	荷兰	17133
32	阿根廷	44271	66	赞比亚	17094
33	乌干达	42863	67	危地马拉	16914
34	阿尔及利亚	41318	68	厄瓜多尔	16625

续表

位次	国家/地区	总人口 （千人）	位次	国家/地区	总人口 （千人）
69	津巴布韦	16530	103	保加利亚	7076
70	柬埔寨	16005	104	塞尔维亚	7022
71	塞内加尔	15851	105	老挝	6858
72	乍得	14900	106	巴拉圭	6811
73	索马里	14743	107	萨尔瓦多	6378
74	几内亚	12717	108	利比亚	6375
75	南苏丹	12576	109	尼加拉瓜	6218
76	卢旺达	12208	110	吉尔吉斯	6202
77	突尼斯	11532	111	黎巴嫩	6082
78	古巴	11485	112	丹麦	5770
79	比利时	11372	113	土库曼斯坦	5758
80	贝宁	11176	114	新加坡	5612
81	玻利维亚	11052	115	芬兰	5511
82	海地	10981	116	斯洛伐克	5440
83	布隆迪	10864	117	挪威	5282
84	多米尼加	10767	118	刚果共和国	5261
85	希腊	10760	119	哥斯达黎加	4906
86	捷克共和国	10591	120	爱尔兰	4814
87	葡萄牙	10294	121	新西兰	4794
88	瑞典	10068	122	利比里亚	4732
89	阿塞拜疆	9862	123	约旦河西岸和加沙	4685
90	匈牙利	9781	124	中非	4659
91	约旦	9702	125	阿曼	4636
92	白俄罗斯	9508	126	毛里塔尼亚	4420
93	阿联酋	9400	127	科威特	4137
94	洪都拉斯	9265	128	克罗地亚	4126
95	塔吉克斯坦	8921	129	巴拿马	4099
96	奥地利	8809	130	格鲁吉亚	3717[1]
97	以色列	8712	131	摩尔多瓦	3550[2]
98	瑞士	8466	132	波斯尼亚和黑塞哥维那	3507
99	巴布亚新几内亚	8251	133	乌拉圭	3457
100	多哥	7798	134	波多黎各	3337
101	塞拉利昂	7557	135	蒙古	3076
102	中国香港	7392	136	亚美尼亚	2930

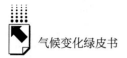
续表

位次	国家/地区	总人口 （千人）	位次	国家/地区	总人口 （千人）
137	牙买加	2890	171	马尔代夫	436
138	阿尔巴尼亚	2873	172	文莱	429
139	立陶宛	2828	173	巴哈马	395
140	卡塔尔	2639	174	伯利兹	375
141	纳米比亚	2534	175	冰岛	341
142	博茨瓦纳	2292	176	巴巴多斯	286
143	莱索托	2233	177	法属波利尼西亚	283
144	冈比亚	2101	178	新喀里多尼亚	280
145	马其顿	2083	179	瓦努阿图	276
146	斯洛文尼亚	2067	180	圣多美和普林西比	204
147	加蓬	2025	181	萨摩亚	196
148	拉脱维亚	1941	182	圣卢西亚	179
149	几内亚比绍	1861	183	海峡群岛	165
150	科索沃	1831	184	关岛	164
151	巴林	1493	185	库拉索	161
152	特立尼达和多巴哥	1369	186	基里巴斯	116
153	斯威士兰	1367	187	圣文森特和格林纳丁斯	110
154	爱沙尼亚	1315	188	汤加	108
155	东帝汶	1296	189	格林纳达	108
156	赤道几内亚	1268	190	美属维尔京群岛	107
157	毛里求斯	1265	191	密克罗尼西亚	106
158	塞浦路斯	1180	192	阿鲁巴	105
159	吉布提	957	193	安提瓜和巴布达	102
160	斐济	906	194	塞舌尔	96
161	科摩罗	814	195	马恩岛	84
162	不丹	808	196	安道尔	77
163	圭亚那	778	197	多米尼加	74
164	中国澳门	623	198	百慕大	65
165	黑山	622	199	开曼群岛	62
166	所罗门群岛	611	200	格陵兰	56
167	卢森堡	599	201	美属萨摩亚	56
168	苏里南	563	202	圣基茨和尼维斯	55
169	佛得角	546	203	北马里亚纳群岛	55
170	马耳他	465	204	马绍尔群岛	53

续表

位次	国家/地区	总人口（千人）	位次	国家/地区	总人口（千人）
205	法罗群岛	49		世界	7530360
206	荷属圣马丁	41		东亚与太平洋地区	2314365
207	摩纳哥	39		欧洲与中亚地区	915546
208	列支敦士登	38		拉丁美洲与加勒比海地区	644138
209	特克斯和凯科斯群岛	35		中东和北非	444322
210	直布罗陀	35		北美	362493
211	圣马力诺	33		南亚	1788389
212	法属圣马丁	32		撒哈拉以南非洲	1061108
213	英属维尔京群岛	31		低收入	732449
214	帕劳	22		中低收入	2972643
215	瑙鲁	14		中高收入	2576203
216	图瓦卢	11		高收入	1249066

注：[1] 不包括阿布哈兹和南奥塞梯；[2] 不包括德涅斯特河沿岸。

数据来源：http：//data. worldbank. org/data – catalog/world – development – indicators

表5　世界各国及地区城市化率（2017 年）

单位：%

位次	国家/地区	城市化率	位次	国家/地区	城市化率
1	百慕大	100	16	关岛	94.67
1	开曼群岛	100	17	冰岛	94.32
1	直布罗陀	100	18	日本	94.32
1	中国香港	100	19	圣马力诺	94.24
1	中国澳门	100	20	波多黎各	93.54
1	摩纳哥	100	21	特克斯和凯科斯群岛	92.80
1	瑙鲁	100	22	以色列	92.27
1	新加坡	100	23	阿根廷	92.03
1	荷属圣马丁	100	24	荷兰	91.52
10	卡塔尔	99.38	25	卢森堡	90.69
11	科威特	98.37	26	智利	89.86
12	比利时	97.93	27	澳大利亚	89.68
13	马耳他	95.64	28	北马里亚纳群岛	89.19
14	乌拉圭	95.60	29	库拉索	89.16
15	美属维尔京群岛	95.58	30	委内瑞拉	89.10

位次	国家/地区	城市化率	位次	国家/地区	城市化率
31	巴林	88.90	66	马来西亚	76.01
32	帕劳	88.15	67	德国	75.72
33	黎巴嫩	88.04	68	约旦河西岸和加沙	75.71
34	丹麦	88.02	69	保加利亚	74.58
35	加蓬	87.55	70	伊朗	74.37
36	格陵兰	87.16	71	土耳其	74.36
37	美属萨摩亚	87.10	72	俄罗斯联邦	74.20
38	新西兰	86.37	73	瑞士	74.08
39	巴西	86.17	74	蒙古	73.57
40	瑞典	86.11	75	马绍尔群岛	73.19
41	阿联酋	86.06	76	捷克	72.98
42	芬兰	84.50	77	匈牙利	72.11
43	安道尔	84.13	78	阿尔及利亚	71.86
44	约旦	84.13	79	新喀里多尼亚	71.25
45	沙特阿拉伯	83.53	80	乌克兰	70.14
46	英国	83.07	81	多米尼加	70.10
47	巴哈马	83.03	82	伊拉克	69.72
48	韩国	82.71	83	玻利维亚	69.30
49	加拿大	82.18	84	意大利	69.28
50	美国	81.96	85	萨尔瓦多	67.64
51	挪威	80.99	86	爱沙尼亚	67.42
52	多米尼加	80.65	87	拉脱维亚	67.36
53	西班牙	80.02	88	突尼斯	67.26
54	法国	79.98	89	巴拿马	67.20
55	墨西哥	79.78	90	佛得角	66.82
56	秘鲁	79.23	91	塞浦路斯	66.77
57	利比亚	78.96	92	立陶宛	66.53
58	希腊	78.64	93	刚果	66.21
59	阿曼	78.52	94	圣多美和普林西比	66.17
60	哥斯达黎加	78.48	95	奥地利	66.11
61	文莱达鲁萨兰国	77.80	96	苏里南	66.00
62	吉布提	77.52	97	南非	65.78
63	白俄罗斯	77.42	98	葡萄牙	64.56
64	古巴	77.30	99	黑山	64.42
65	哥伦比亚	76.98	100	厄瓜多尔	64.22

续表

位次	国家/地区	城市化率	位次	国家/地区	城市化率
101	爱尔兰	63.83	136	圣文森特和格林纳丁斯	51.25
102	亚美尼亚	62.47	137	几内亚比绍	50.83
103	图瓦卢	61.49	138	土库曼斯坦	50.77
104	朝鲜	61.24	139	利比里亚	50.51
105	摩洛哥	61.17	140	斯洛文尼亚	49.63
106	毛里塔尼亚	61.02	141	尼日利亚	49.40
107	海地	60.88	142	纳米比亚	48.57
108	冈比亚	60.79	143	马尔代夫	47.51
109	波兰	60.55	144	英属维尔京群岛	46.82
110	巴拉圭	60.19	145	安哥拉	45.58
111	克罗地亚	59.61	146	摩尔多瓦	45.21
112	尼加拉瓜	59.44	147	贝宁	44.85
113	阿尔巴尼亚	59.32	148	基里巴斯	44.60
114	叙利亚	58.47	149	塞内加尔	44.42
115	博茨瓦纳	57.98	150	菲律宾	44.24
116	中国	57.90	151	伯利兹	43.74
117	马其顿	57.33	152	民主刚果	43.54
118	洪都拉斯	55.89	153	埃及	43.33
119	塞尔维亚	55.80	154	法罗群岛	42.42
120	法属波利尼西亚	55.74	155	赞比亚	41.84
121	科特迪瓦	55.55	156	马里	41.44
122	喀麦隆	55.49	157	阿鲁巴	41.11
123	加纳	55.31	158	多哥	40.97
124	牙买加	55.28	159	塞拉利昂	40.71
125	阿塞拜疆	55.18	160	老挝	40.67
126	印度尼西亚	55.18	161	中非	40.65
127	罗马尼亚	54.95	162	索马里	40.52
128	塞舌尔	54.54	163	赤道几内亚	40.30
129	斐济	54.47	164	波斯尼亚和黑塞哥维那	40.14
130	格鲁吉亚	54.03	165	不丹	40.10
131	斯洛伐克	53.37	166	巴基斯坦	39.70
132	哈萨克斯坦	53.24	167	毛里求斯	39.45
133	泰国	52.67	168	几内亚	38.15
134	危地马拉	52.49	169	乌兹别克斯坦	36.62
135	马恩岛	52.37	170	马达加斯加	36.38

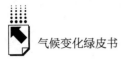

续表

位次	国家/地区	城市化率	位次	国家/地区	城市化率
171	吉尔吉斯	36.01	197	安提瓜和巴布达	23.05
172	孟加拉国	35.79	198	乍得	22.78
173	也门	35.77	199	密克罗尼西亚	22.55
174	格林纳达	35.66	200	斯威士兰	21.34
175	缅甸	35.21	201	柬埔寨	21.18
176	越南	34.88	202	埃塞俄比亚	20.38
177	苏丹	34.23	203	尼泊尔	19.38
178	东帝汶	34.02	204	尼日尔	19.30
179	印度	33.54	205	南苏丹	19.27
180	坦桑尼亚	33.02	206	萨摩亚	18.83
181	莫桑比克	32.82	207	圣卢西亚	18.59
182	圣基茨和尼维斯	32.28	208	斯里兰卡	18.48
183	津巴布韦	32.21	209	乌干达	16.79
184	海峡群岛	31.70	210	马拉维	16.65
185	布基纳法索	31.51	211	列支敦士登	14.29
186	巴巴多斯	31.37	212	巴布亚新几内亚	13.09
187	卢旺达	30.73	213	布隆迪	12.67
188	圭亚那	28.78	214	特立尼达和多巴哥	8.27
189	科摩罗	28.54		世界	54.74
190	莱索托	28.37		高收入	81.88
191	阿富汗	27.57		中高收入	65.36
192	塔吉克斯坦	27.02		中等收入	51.69
193	瓦努阿图	26.75		低和中等收入	49.44
194	肯尼亚	26.49		中低收入	39.84
195	汤加	23.90		低收入	32.39
196	所罗门群岛	23.23			

数据来源：http：//databank. worldbank. org/data/reports. aspx？ source＝2&series＝SP. URB. TOTL. IN. ZS。

表6 世界各国及地区能源和碳排放数据（2017年）

国家/地区	二氧化碳排放（百万吨 CO_2）	一次能源消费总量(百万吨标准油)	一次能源消费结构(%)					
			石油	天然气	煤炭	核能	水电	其他可再生能源
美国	5087.7	2234.9	40.87	28.45	14.86	8.58	3.00	4.24
加拿大	560.0	348.7	31.14	28.54	5.33	6.28	25.76	2.96
墨西哥	473.4	189.3	45.85	39.80	6.92	1.30	3.79	2.34
北美洲总计	6121.1	2772.8	39.98	29.24	13.12	7.79	5.92	3.95

续表

国家/地区	二氧化碳排放（百万吨CO$_2$）	一次能源消费总量（百万吨标准油）	一次能源消费结构（%）					
			石油	天然气	煤炭	核能	水电	其他可再生能源
阿根廷	183.7	85.9	36.84	48.52	1.24	1.65	10.96	0.79
巴西	466.8	294.4	46.05	11.20	5.62	1.21	28.40	7.53
智利	92.3	38.3	47.87	13.46	17.54	0.00	13.19	7.95
哥伦比亚	84.7	42.6	39.18	20.18	9.26	0.00	30.43	0.94
厄瓜多尔	34.0	16.5	68.46	3.18	0.00	0.00	27.58	0.78
秘鲁	50.9	25.9	46.60	22.39	3.77	0.00	25.10	2.14
特立尼达和多巴哥	23.8	18.1	12.21	87.78	0.00	0.00	0.00	0.01
委内瑞拉	147.0	74.2	32.62	43.63	0.35	0.00	23.39	0.00
拉丁美洲其他地区	226.6	104.7	63.80	5.87	3.07	0.00	21.87	5.39
拉丁美洲总计	1309.8	700.6	45.51	21.29	4.67	0.71	23.17	4.66
奥地利	64.2	35.9	37.21	21.54	8.76	0.00	24.61	7.87
比利时	122.1	62.3	51.69	22.62	4.66	15.33	0.10	5.60
捷克	103.9	41.6	23.55	17.30	38.53	15.40	1.02	4.20
芬兰	45.0	27.6	35.11	5.73	14.94	18.64	12.14	13.43
法国	320.3	237.9	33.51	16.17	3.81	37.88	4.68	3.94
德国	763.8	335.1	35.77	23.13	21.27	5.13	1.33	13.37
希腊	74.9	27.6	56.05	15.00	17.61	0.00	3.30	8.03
匈牙利	47.7	23.2	34.20	36.82	9.89	15.70	0.22	3.17
意大利	344.0	156.0	38.81	39.74	6.28	0.00	5.26	9.91
荷兰	209.1	86.1	47.39	36.01	10.59	1.40	0.02	4.60
挪威	35.3	47.5	21.26	8.20	1.63	0.00	67.43	1.49
波兰	308.6	102.1	30.97	16.12	47.65	0.00	0.57	4.69
葡萄牙	59.8	26.4	47.53	20.06	13.31	0.00	4.94	14.17
罗马尼亚	74.1	33.9	29.37	30.15	16.74	7.68	9.54	6.51
瑞士	38.4	26.4	41.39	10.26	0.43	17.32	27.46	3.13
西班牙	301.9	138.8	46.67	19.82	9.69	9.47	3.01	11.34
瑞典	48.0	54.4	28.61	1.25	3.53	27.30	26.91	12.41
土耳其	410.9	157.7	30.95	28.17	28.28	0.00	8.39	4.21
英国	398.2	191.3	39.89	35.40	4.70	8.32	0.70	10.99
其他欧洲地区	125.6	157.6	38.84	16.46	22.91	5.16	9.62	7.00
欧洲总计	4152.2	1969.5	37.13	23.21	15.05	9.77	6.62	8.22
阿塞拜疆	32.2	13.9	31.61	65.32	0.00	0.00	2.84	0.23
白俄罗斯	53.8	23.2	29.08	66.74	3.70	0.00	0.22	0.26

续表

国家/地区	二氧化碳排放（百万吨CO_2）	一次能源消费总量（百万吨标准油）	一次能源消费结构（%）					
			石油	天然气	煤炭	核能	水电	其他可再生能源
哈萨克斯坦	218.5	67.4	21.72	20.77	53.63	0.00	3.75	0.13
俄罗斯联邦	1525.3	698.3	21.91	52.31	13.22	6.58	5.94	0.04
土库曼斯坦	79.1	31.7	22.99	77.01	0.00	0.00	0.00	0.00
乌克兰	179.4	81.9	12.17	31.27	30.03	23.65	2.39	0.48
乌兹别克斯坦	95.3	43.0	7.62	83.24	2.80	0.00	6.34	0.00
其他独联体国家	29.8	18.6	22.05	23.92	10.08	3.19	40.72	0.04
独联体总计	2213.3	978.0	20.80	50.52	16.06	6.74	5.80	0.09
伊朗	633.7	275.4	30.73	66.96	0.34	0.58	1.35	0.05
伊拉克	140.8	49.2	78.09	20.89	0.00	0.00	1.00	0.03
以色列	71.4	25.8	45.20	32.98	20.25	0.00	0.02	1.54
科威特	99.4	39.3	51.03	48.53	0.40	0.00	0.00	0.03
阿曼	70.5	29.4	31.53	68.08	0.39	0.00	0.00	0.00
卡塔尔	114.8	54.1	24.65	75.26	0.00	0.00	0.00	0.09
沙特阿拉伯	594.7	268.3	64.24	35.71	0.04	0.00	0.00	0.01
阿联酋	267.3	108.7	41.38	57.07	1.44	0.00	0.00	0.11
其他中东地区	119.7	46.9	53.76	43.44	0.86	0.00	0.68	1.26
中东地区总计	2112.3	897.2	46.81	51.41	0.95	0.18	0.50	0.15
阿尔及利亚	128.1	53.2	36.76	62.90	0.09	0.00	0.02	0.22
埃及	217.3	91.6	43.32	52.53	0.18	0.00	3.30	0.67
摩洛哥	58.5	19.6	66.88	5.00	22.75	0.00	1.37	3.99
南非	415.6	120.6	23.91	3.20	68.14	2.96	0.16	1.64
其他非洲地区	385.3	164.5	57.86	21.58	3.76	0.00	15.54	1.25
非洲总计	1204.9	449.5	43.68	27.12	20.70	0.79	6.47	1.23
澳大利亚	406.0	139.4	37.56	25.81	30.32	0.00	2.22	4.08
孟加拉国	82.8	33.0	22.69	69.30	7.09	0.00	0.71	0.22
中国	9232.6	3132.2	19.42	6.60	60.42	1.79	8.35	3.41
中国香港	99.0	30.9	70.85	8.78	20.30	0.00	0.00	0.08
印度	2344.2	753.7	29.47	6.18	56.25	1.12	4.07	2.89
印度尼西亚	511.5	175.2	44.10	19.22	32.63	0.00	2.37	1.68
日本	1176.6	456.4	41.26	22.06	26.41	1.44	3.93	4.90
马来西亚	255.8	99.6	36.99	36.96	20.08	0.00	5.63	0.35
新西兰	37.0	22.1	38.57	18.91	5.66	0.00	25.84	11.02
巴基斯坦	189.2	80.9	36.07	43.28	8.77	2.26	8.62	1.00

续表

国家/地区	二氧化碳排放（百万吨 CO_2）	一次能源消费总量（百万吨标准油）	一次能源消费结构（%）					
			石油	天然气	煤炭	核能	水电	其他可再生能源
菲律宾	119.9	43.3	50.16	7.50	30.20	0.00	5.03	7.10
新加坡	226.7	86.5	87.03	12.22	0.46	0.00	0.00	0.29
韩国	679.7	295.9	43.69	14.34	29.16	11.35	0.23	1.23
斯里兰卡	21.4	7.7	68.65	0.00	17.85	0.00	11.76	1.73
中国台湾	284.5	115.1	42.71	16.55	34.25	4.41	1.07	1.02
泰国	298.8	129.7	49.28	33.19	14.13	0.00	0.82	2.59
越南	196.0	75.3	30.56	10.79	37.43	0.00	21.10	0.12
其他亚太地区	168.7	66.5	35.02	14.99	29.13	0.00	20.64	0.21
亚太地区总计	16330.4	5743.6	28.61	11.52	48.40	1.95	6.47	3.05
世界	33444.0	13511.2	34.21	23.36	27.62	4.41	6.80	3.60
经合组织	12448.4	5605.0	39.37	25.74	15.94	7.90	5.62	5.44
非经合组织国家	20995.5	7906.1	30.55	21.67	35.90	1.94	7.64	2.30
欧洲联盟	3541.7	1689.2	38.21	23.76	13.87	11.13	4.01	9.02

数据来源：https://www.bp.com/en/global/corporate/energy – economics/statistical – review – of – world – energy/downloads.html。

表7 2017年中国分省（区、市）万元地区生产总值能耗变化率、能源消费总量增速和万元地区生产总值电耗变化率

单位：%

地 区	万元地区生产总值能耗变化率	能源消费总量增速	万元地区生产总值电耗变化率
北 京	-3.99	2.5	-2.01
天 津	-6.24	-2.8	1.83
河 北	-4.42	2.0	-1.19
山 西	-3.37	3.4	3.53
内蒙古	-1.57	2.4	6.77
辽 宁	-1.61	2.5	0.63
吉 林	-5.00	0.0	0.03
黑龙江	-4.02	2.1	-2.63
上 海	-5.28	1.3	-3.88
江 苏	-5.54	1.2	-0.71
浙 江	-3.74	3.7	0.46

续表

地 区	万元地区生产总值 能耗变化率	能源消费总量 增速	万元地区生产总值 电耗变化率
安 徽	− 5. 28	2. 8	− 1. 37
福 建	− 3. 50	4. 3	− 0. 69
江 西	− 5. 54	2. 8	0. 49
山 东	− 6. 94	− 0. 1	− 6. 17
河 南	− 7. 90	− 0. 8	− 1. 72
湖 北	− 5. 54	1. 8	− 1. 62
湖 南	− 5. 24	2. 3	− 2. 07
广 东	− 3. 74	3. 5	− 1. 19
广 西	− 3. 39	3. 6	− 1. 14
海 南	− 2. 03	4. 8	− 0. 84
重 庆	− 5. 12	3. 7	− 1. 81
四 川	− 5. 18	2. 5	− 2. 92
贵 州	− 7. 01	2. 5	1. 19
云 南	− 4. 92	4. 1	− 0. 41
西 藏	—	—	—
陕 西	− 4. 19	3. 4	1. 46
甘 肃	− 0. 75	2. 8	5. 55
青 海	− 4. 71	2. 2	0. 44
宁 夏	7. 65	16. 0	2. 33
新 疆	− 0. 89	6. 7	1. 46

注：地区生产总值按照 2015 年价格计算。

数据来源：《2017 年分省（区、市）万元地区生产总值能耗降低率等指标公报》，国家统计局官网，http：//www. stats. gov. cn/tjsj/zxfb/201807/t20180719_ 1610865. html。2018 年 7 月 19 日。

G.25
全球气候灾害历史统计

翟建青　秦建成*

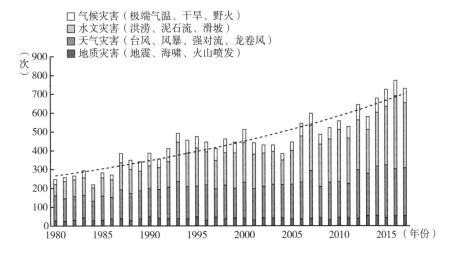

图1　1980～2017年全球重大自然灾害事件发生次数

注：自然灾害事件入选本项统计的标志为至少造成一人死亡或至少造成10万美元（低收入经济体）、30万美元（下中等收入经济体）、100万美元（上中等收入经济体）或300万美元（高收入经济体）的损失；经济体划分参考世界银行相关标准。图2～图4同。

资料来源：慕尼黑再保险公司和国家气候中心。

---

* 翟建青，国家气候中心副研究员，南京信息工程大学气象灾害预报预警与评估协同创新中心骨干专家，研究领域为气候变化影响评估与灾害风险管理；秦建成，中国科学院大学博士研究生，研究领域为气候变化影响评估与灾害风险管理。

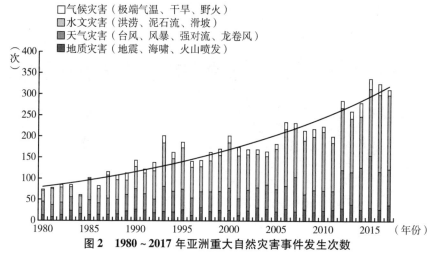

图 2　1980～2017 年亚洲重大自然灾害事件发生次数

资料来源：慕尼黑再保险公司和国家气候中心。

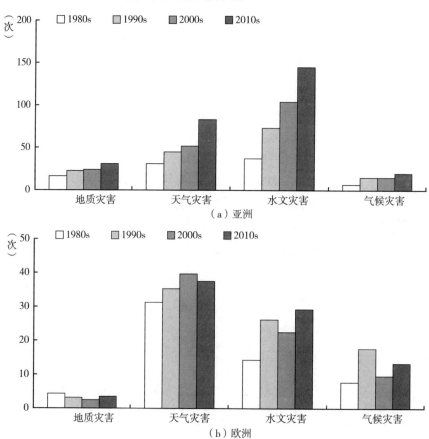

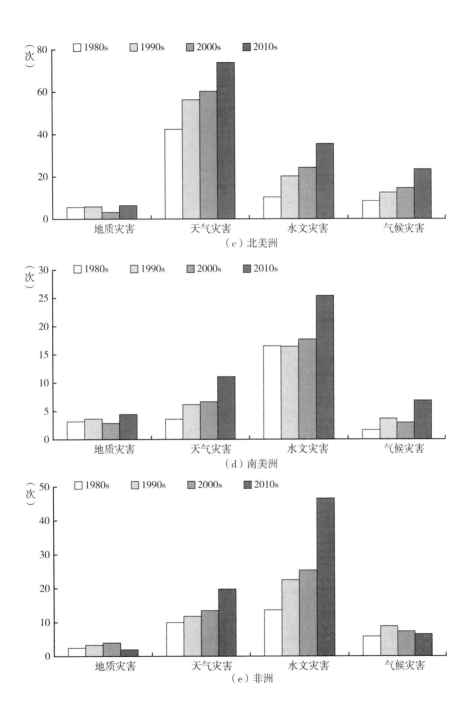

（c）北美洲

（d）南美洲

（e）非洲

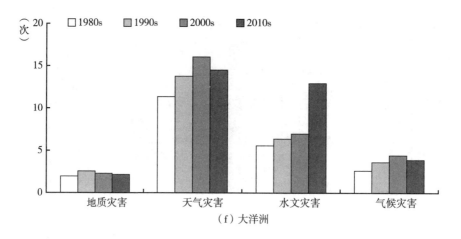

（f）大洋洲

图3　各大洲分年代重大自然灾害事件发生次数

资料来源：慕尼黑再保险公司和国家气候中心。

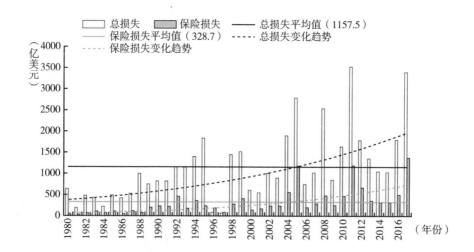

图4　1980～2017年全球重大自然灾害总损失和保险损失

注：损失值为2017年计算值，已根据各国CPI指数扣除物价上涨因素并考虑了本币与美元汇率的波动，图5～图10同。

资料来源：慕尼黑再保险公司和国家气候中心。

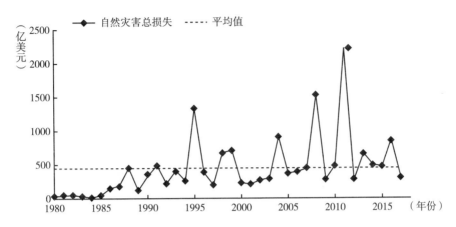

图 5　1980～2017 年亚洲重大自然灾害总损失

资料来源：慕尼黑再保险公司和国家气候中心。

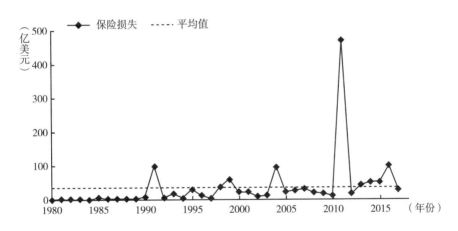

图 6　1980～2017 年亚洲重大自然灾害保险损失

资料来源：慕尼黑再保险公司和国家气候中心。

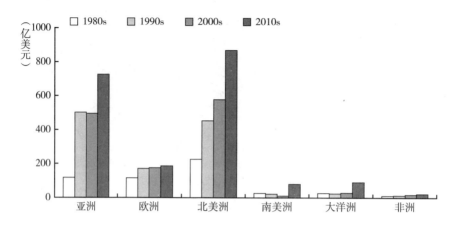

图7 各大洲分年代重大自然灾害总损失

资料来源：慕尼黑再保险公司和国家气候中心。

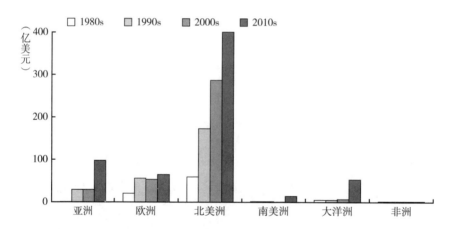

图8 各大洲分年代重大自然灾害保险损失

资料来源：慕尼黑再保险公司和国家气候中心。

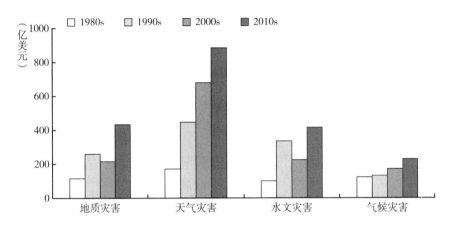

图9　各类重大自然灾害分年代总损失

资料来源：慕尼黑再保险公司和国家气候中心。

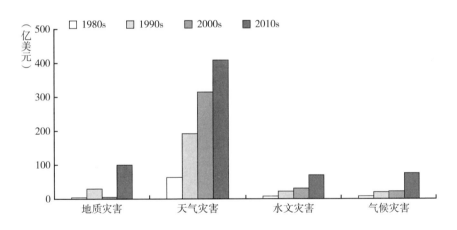

图10　各类重大自然灾害分年代保险损失

资料来源：慕尼黑再保险公司和国家气候中心。

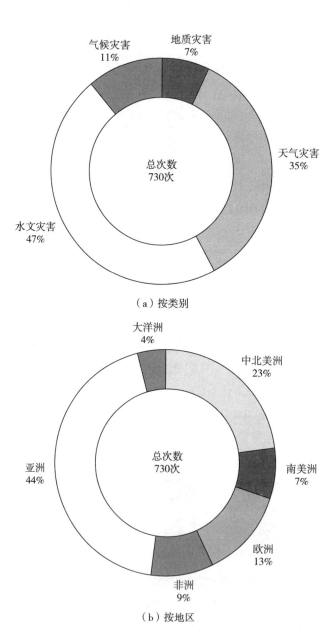

（a）按类别

（b）按地区

图11 2017年全球各类重大自然灾害发生次数分布

资料来源：慕尼黑再保险公司和国家气候中心。

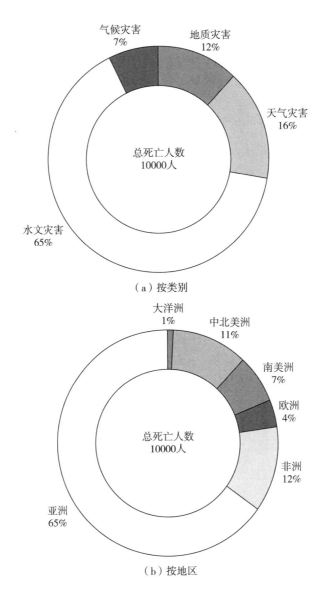

（a）按类别

（b）按地区

图 12　2017 年全球重大自然灾害死亡人数分布

资料来源：慕尼黑再保险公司和国家气候中心。

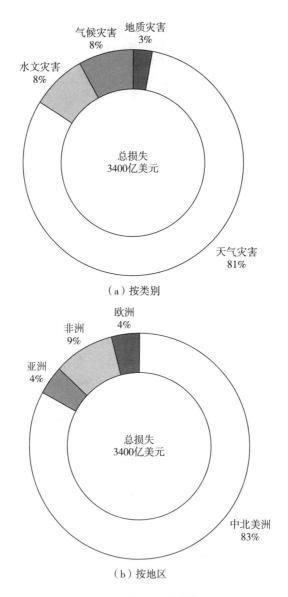

（a）按类别

（b）按地区

图13 2017年全球重大自然灾害总损失分布

资料来源：慕尼黑再保险公司和国家气候中心。

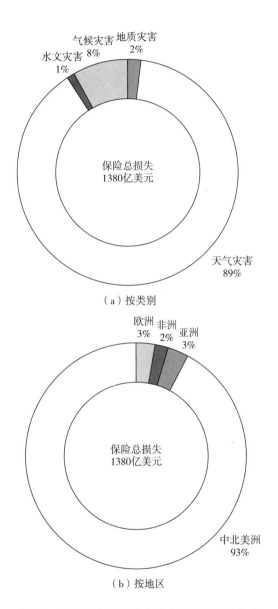

气候灾害 地质灾害
8% 2%

水文灾害
1%

保险总损失
1380亿美元

天气灾害
89%

（a）按类别

欧洲 非洲 亚洲
3% 2% 3%

保险总损失
1380亿美元

中北美洲
93%

（b）按地区

图14　2017年全球重大自然灾害保险损失分布

资料来源：慕尼黑再保险公司和国家气候中心。

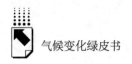

表1　1980年以来美国重大气象灾害（直接经济损失≥10亿美元）损失统计

灾害类型	次数（次）	次数比例（%）	损失（十亿美元）	损失比例（%）	平均损失（十亿美元）	死亡人数（人）
干　　旱	25	10.7	241.0	15.2	9.6	2993
洪　　水	29	12.4	123.3	7.8	4.3	543
低温冰冻	9	3.9	29.8	1.9	3.3	162
强　风　暴	99	42.5	219.0	13.8	2.2	1612
台风/飓风	40	17.2	870.2	54.9	21.8	3469
火　　灾	15	6.4	54.8	3.5	3.7	238
暴　风　雪	16	6.9	47.2	3.0	3.0	1044
总　　计	233	100.0	1585.3	100.0	6.8	10061

资料来源：https://www.ncdc.noaa.gov/billions/summary-stats；灾害损失值已采用CPI指数进行调整，计算时期截至2018年7月。

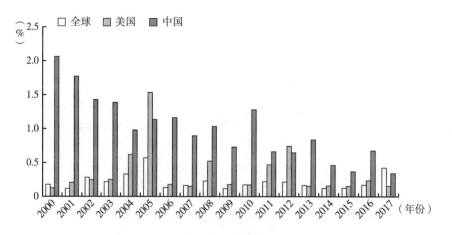

图15　全球、美国及中国气象灾害直接经济损失占GDP比重

资料来源：慕尼黑再保险公司、世界银行和国家气候中心。

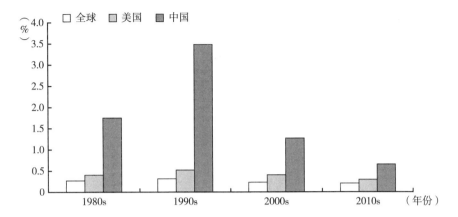

图16 全球、美国及中国气象灾害直接经济损失占 GDP 比重的年代变化

资料来源：慕尼黑再保险公司、世界银行和国家气候中心。

G.26
中国气候灾害历史统计

翟建青　秦建成*

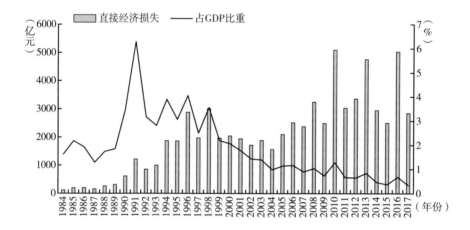

图1　1984~2017年中国气象灾害直接经济损失及其占GDP比重

资料来源：《中国气象灾害年鉴》和《中国气候公报》。

---

* 翟建青，国家气候中心副研究员，南京信息工程大学气象灾害预报预警与评估协同创新中心骨干专家，研究领域为气候变化影响与灾害风险管理；秦建成，中国科学院大学博士研究生，研究领域为气候变化影响与灾害风险管理。

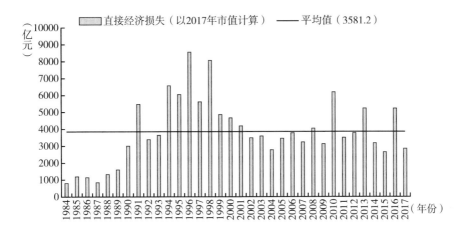

图2 1984～2017年中国气象灾害直接经济损失

资料来源:《中国气象灾害年鉴》和《中国气候公报》。

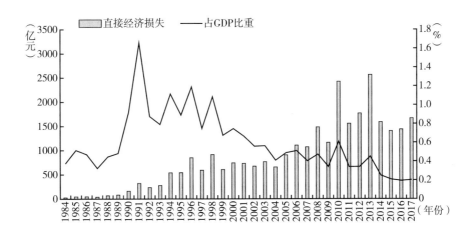

图3 1984～2017年中国城市气象灾害直接经济损失及其与GDP比重

资料来源:《中国气象灾害年鉴》《中国气候公报》和国家统计局。

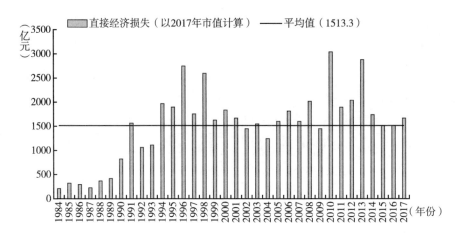

图4　1984～2017年中国城市气象灾害直接经济损失

资料来源：《中国气象灾害年鉴》《中国气候公报》和国家统计局。

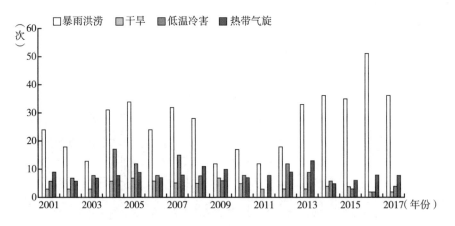

图5　2001～2017年中国气象灾害发生次数

资料来源：《中国气象灾害年鉴》和《中国气候公报》。

表1 2004～2017年中国气象灾害灾情统计

| 年份 | 农作物灾情 | | 人口灾情 | | 直接经济损失（亿元） | 城市气象灾害直接经济损失（亿元） |
	受灾面积（万公顷）	绝收面积（万公顷）	受灾人口（万人）	死亡人口（人）		
2004	3765.0	433.3	34049.2	2457	1565.9	653.9
2005	3875.5	418.8	39503.2	2710	2101.3	903.3
2006	4111.0	494.2	43332.3	3485	2516.9	1104.9
2007	4961.4	579.8	39656.3	2713	2378.5	1068.9
2008	4000.4	403.3	43189.0	2018	3244.5	1482.1
2009	4721.4	491.8	47760.8	1367	2490.5	1160.3
2010	3742.6	487.0	42494.2	4005	5097.5	2421.3
2011	3252.5	290.7	43150.9	1087	3034.6	1555.8
2012	2496.0	182.6	27389.4	1390	3358.0	1766.3
2013	3123.4	383.8	38288.0	1925	4766.0	2560.8
2014	1980.5	292.6	23983.0	849	2953.2	1586.8
2015	2176.9	223.3	18521.5	1216	2704.1	1403.8
2016	2622.1	290.2	19000.0	1432	5032.9	1435.6
2017	1847.81	182.67	14448.0	881	3018.7	1667.2

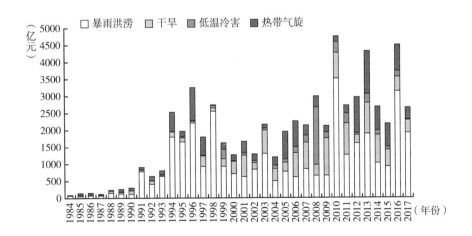

图6 1984～2017年中国各类气象灾害直接经济损失

资料来源：《中国气象灾害年鉴》《中国气候公报》和民政部。

355

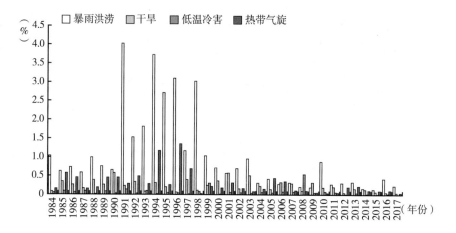

图7　1984～2017 年中国各类灾害直接经济损失占 GDP 比重

资料来源：《中国气象灾害年鉴》《中国气候公报》和民政部。

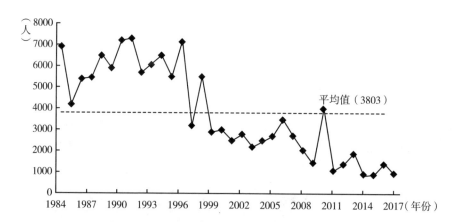

图8　1984～2017 年中国气象灾害造成的死亡人数变化

资料来源：《中国气象灾害年鉴》《中国气候公报》和民政部。

356

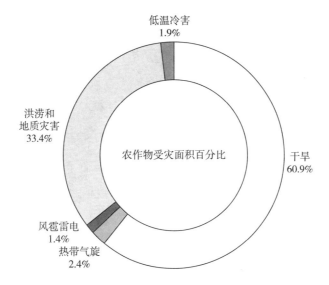

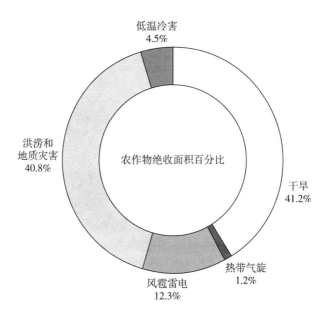

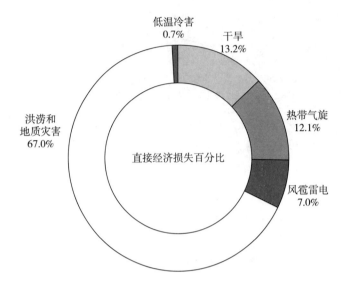

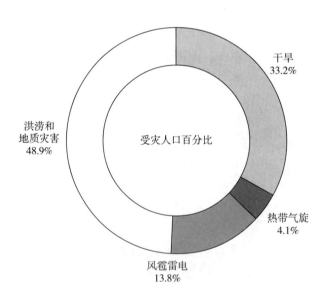

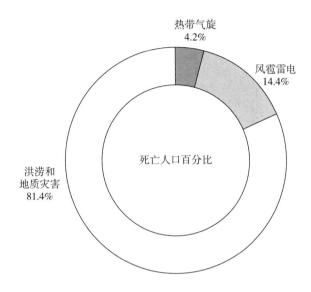

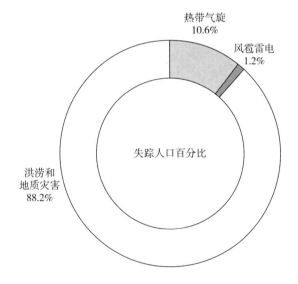

图 9　2017 年中国各类气象灾害在因灾损失及伤亡人口中的占比

资料来源:《中国气象灾害年鉴》《中国气候公报》和民政部。

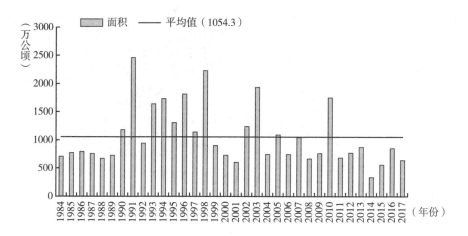

图10　1984～2017年中国暴雨洪涝面积

资料来源：《中国气象灾害年鉴》《中国气候公报》和民政部。

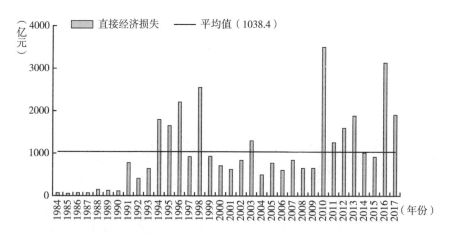

图11　1984～2017年中国暴雨洪涝灾害直接经济损失

资料来源：《中国气象灾害年鉴》《中国气候公报》和民政部。

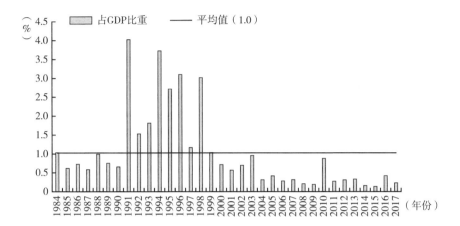

图 12　1984～2017 年中国暴雨洪涝灾害直接经济损失占 GDP 比重

资料来源:《中国气象灾害年鉴》《中国气候公报》和民政部。

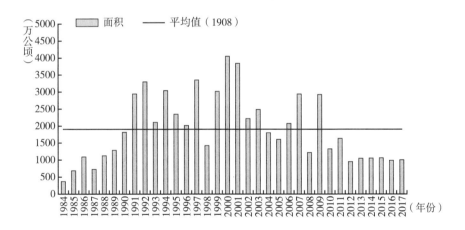

图 13　1984～2017 年中国干旱受灾面积变化

资料来源:《中国气象灾害年鉴》《中国气候公报》和民政部。

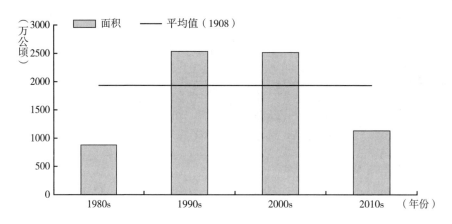

图14　中国干旱受灾面积年代变化

资料来源:《中国气象灾害年鉴》《中国气候公报》和民政部。

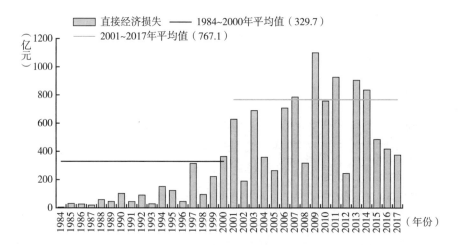

图15　1984～2017年中国干旱灾害直接经济损失情况（2017年市值）

资料来源:《中国气象灾害年鉴》《中国气候公报》和民政部。

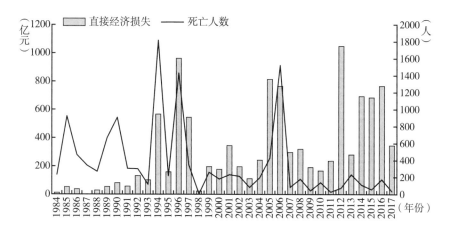

图16   1984～2017年中国台风灾害直接经济损失和死亡人数

资料来源：《中国气象灾害年鉴》《中国气候公报》和民政部。

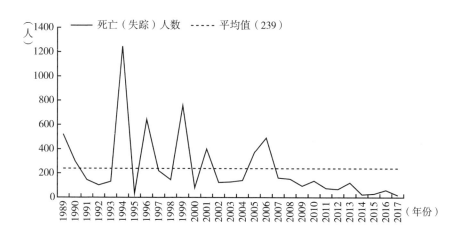

图17   1989～2017年中国海洋灾害造成死亡（失踪）人数

注：海洋灾害包括风暴潮、海浪、海冰、海啸、赤潮、绿潮、海平面变化、海岸侵蚀、海水入侵与土壤盐渍化以及咸潮入侵灾害。

资料来源：国家海洋局，http：//www. soa. gov. cn/zwgk/hygb/zghyzhgb/。

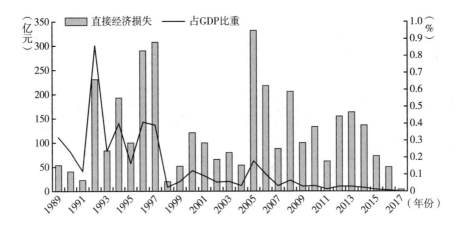

图18　1989~2017年中国海洋灾害造成直接经济损失及其占GDP比重

资料来源：国家海洋局，http：//www. soa. gov. cn/zwgk/hygb/zghyzhgb/

G.27
缩略词

胡国权　崔禹*

AFTF——Alternative Fuels Task Force，可替代燃料工作小组

AIIB——The Asian Infrastructure Investment Bank，亚洲基础设施投资银行

AR5——the Fifth Assessment Report，（IPCC）第五次评估报告

AR6——the Sixth Assessment Report，（IPCC）第六次评估报告

CAC——Coal Association of Canada，加拿大煤炭协会

CAEP——Committee on Aviation Environmental Protection，航空环境保护委员会

CAN——Climate Action Network，气候行动网络

CCER——China Certified Emission Reduction，中国核查减排量

CCS——Carbon Capture and Storage，碳捕获与封存

CDM——Clean Development Mechanism，清洁发展机制

CDR——Carbon Dioxide Removal，碳清除

CNG——Compressed Natural Gas，压缩天然气

COP——Conference of the Parties，（《联合国气候变化框架公约》）缔约方大会

CORSIA——Carbon Offsetting and Reduction Scheme for International Aviation，国际航空碳抵消及减排机制

DEM——Digital Elevation Model，数字高程系统

* 胡国权，博士，国家气候中心副研究员，研究领域为气候变化数值模拟、气候变化应对战略；
崔禹，中国社会科学院城市发展与环境研究所科研助理。

DFID——Department for International Development，（英国）国际发展部

DFIs——Developmental Financial Institutions，开发性金融机构

EDF——Environmental Defense Fund，美国环境保护基金会

EEDI——Energy Efficiency Design Index，能效设计指数

EIA——Energy Information Administration，（美国）能源信息署

EMCA——ESCO Committee of China Energy Conservation Association，中国节能协会节能服务产业委员会

ESCO——Energy Service Company，节能服务公司

GCMs——General Circulation Models，全球环流模式

GCW——Global Cryosphere Watch，全球冰冻圈观测

GEWEX——The Global Energy and Water Exchanges，全球能量与水循环实验计划

GFCS—— Global Framework for Climate Services，全球气候服务框架

GIS——Geographic Information System，地理信息系统

GMTF——Global MBM Task Force，全球市场机制工作小组

GWSP——Global Water System Project，全球水系统计划

HLPF——High Level Political Forum，全球政府间的可持续发展高级别政治论坛

HWRP——Hydrology and Water Resources Programme，水文和水资源计划

IACS——International Association of Cryospheric Sciences，国际冰冻圈科学协会

ICAO——International Civil Aviation Organization，国际民航组织

ICS——International Chamber of Shipping，国际航运公会

ICS——International Council for Science，国际科学理事会

ICSI——International Commission on Snow and Ice，国际雪冰委员会

ICSU——The International Council of Science Unions，国际科学联盟

IDA——International Development Association，国际开发协会

IEA——International Energy Agency，国际能源署

IGBP——International Geosphere – Biosphere Program，国际地圈生物圈计划

IHP——International Hydrological Programme，（联合国）国际水文计划

IILS——International Institute of Labour Studies，国际劳工问题研究所

ILO ——International Labour Organization，国际劳工组织

IMO——International Maritime Organization，国际海事组织

INC——Intergovernmental Negotiating Committee，政府间谈判委员会

INDCs/NDCs——Intended Nationally Determined Contributions/Nationally Determined Contributions，国家自主贡献

IPCC——Intergovernmental Panel on Climate Change，政府间气候变化专门委员会

ISSU——The International Social Science Council，国际社会科学联盟

ITCP——Integrated Technical Cooperation Programme，综合技术合作计划

ITUC——International Trade Union Confederation，国际工会联盟

IUGG——The International Union of Geodesy and Geophysics，国际大地测量地球物理联合会

LNG——Liquefied Natural Gas，液化天然气

LPAA—— Lima – Paris Action Agenda，利马巴黎行动议程

LPG——Liquefied Petroleum Gas，液化石油气

MPGCA—— Marrakech Partnership for Global Climate Action，全球气候行动马拉喀什合作伙伴关系

MRV——Monitoring, Reporting, and Verification，测量、报告与核查

NCE——New Climate Economy，新气候经济

NDB——New Development Bank，新开发银行

NGOs——Non – Governmental Organizations，非政府组织

ODA——Official Development Assistance，官方发展援助

OECD——Organisation for Economic Co – operation and Development，经济合作与发展组织

PPCA ——the Powering Past Coal Alliance，助力弃用煤炭联盟，简称

"弃煤联盟"

RCMs——Regional Climate Model，区域气候模式

RCPs——Representative Concentration Pathways，典型浓度路径情景

RS——Remote Sensing，遥感系统

SAF——Sustainable Aviation Fuel，可持续航空燃料

SBI——The Subsidiary Body for Implementation，附属履行机构

SBSTA——Subsidiary Body for Scientific and Technological Advice，附属科学技术咨询机构

SDGs——Sustainable Development Goals，联合国可持续发展目标

SPM——Summary for Policymakers，决策者摘要

SSE——Sustainable Stock Exchange，可持续证券交易所

SWAT——Soil and Water Assessment Tool，水土评估模型

UNEP——United Nations Environment Programme，联合国环境规划署

UNFCCC——United Nations Framework Convention on Climate Change，联合国气候变化框架公约

VOCs——Volatile Organic Compounds，挥发性有机物

WCC - 3——the third World Climate Conference，第三次世界气候大会

WCRP——World Climate Research Programme，世界气候研究计划

WIGOS——WMO Integrated Global Observing System，WMO 全球综合观测系统

WMO——World Meteorological Organization，世界气象组织

WWAP——World Water Assessment Programme，联合国世界水评估计划

WWF——World Wild Fund for Nature，世界自然基金会

Abstract

Climate change is one of the severest challenges for human society. From the 15th Conference of Parties to the *UN Framework Convention on Climate Change* (UNFCCC) achieved in Copenhagen, Denmark in 2009 to the upcoming the 24th Conference of Parties to the UNFCCC in Katowice, Portland, the international climate governance has gone a course with twists and turns for 10 years. Along with this course, from the first green book of climate change "*Annual Report on Actions to Address Climate Change (2009): The Road to Copenhagen*" to this year's "*Annual Report on Actions to Address Climate Change (2018): Gathering in Katowice*", it took 10 years exactly.

This book is divided into six sections. The first section is general report, providing a brief review of some significant progress in the field of climate change during the last 10 years, including scientific observation and assessment, international climate governance, and policy actions to address climate change in China. On this basis, this first section focuses on new international environment of global international climate cooperation at present, and China's green low-carbon development path and its role in international climate governance.

The second section is quantitative index analysis. Since the index of city resilient to heavyrain was introduced last year, a set of indicators for evaluation of low-carbon cities will be launched this year including 15 indicators of 6 dimensions to assess the achievement and problems of low-carbon cities in 2016, which can provide significant reference for urban construction and governance. It should be noted that quantitative index analysis emphasizes on promoting development of low-carbon cities, while city ranking result is not that important.

The third section focuses on international climate progress with 11 articles, including a group of 3 articles aiming at the coming Talanoa Facilitative Dialogue, to reflect China's perspective and contribute China's intelligence. The Special

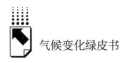

Report on Global Warming of 1. 5 °C (SR1. 5) released by Intergovernmental Panel on Climate Change (IPCC) in October 2018 has attracted global attention. An expert participating IPCC plenary was invited to provide full interpretation to the key points of SR1. 5. In addition, the trends in aviation and navigation emissions and policies, "Powering Past Coal Alliance", South – South cooperation, the role of NGOs in international climate governance, etc. are topics of the green book which deserve more attentions and deep thinking.

The fourth section focuses on domestic policies and actions on climate change with 5 articles reflecting policies and actions to address climate change in China from different aspects. For example, along with "blue sky protection campaign" launching from place to place, haze governance has gained remarkable achievements, and the collaborative governance of atmospheric pollutants and greenhouse gases is vital to city green low-carbon development. The energy strategy in China stresses "energy-saving priority", while energy saving and emission reduction complement each other. For another case, along with China's increasing force to cut overcapacity to control total coal consumption, livelihood issues should be managed well in the process of promoting energy structure transition, and so called "fair transition" has practical meaning to China. Moreover, green finance is in the ascendant. How to deal with global climate financing system and how does China's carbon market affect the international competitiveness of the covered industries will be discussed in a specific article.

The fifth section selects 5 research reports with broad contents, including topics such as climate change awareness, climate scientific research programs and international cooperation, climate change and poverty, city adaptation policies, etc. , to help readers broaden their horizon. For example, one of vital reason of rural poverty comes from climate change's adverse impacts on rural fragile ecological environment, so launching targeted poverty alleviation policy takes climate change factors into considerations, improves and promotes capacity to adapt climate change in rural areas. For another example, with population and economic activity aggressiveness in urban areas, city adaptation to climate change needs to take comprehensive considerations of local circumstances and the demands of production, livelihood, and ecology, to build a suitable mode for urban sustainable development.

The last section of this book collects data of social, economic, energy and carbon emissions in selected countries and regions, as well as data of global and Chinese meteorological disasters in 2017, which will provide reference for the readers.

Keywords: International Climate Governance; Mitigation; Adaptation; Sustainable Development

Contents

I General Report

G. 1 10 Years of Tackling Climate Change: Light at the End
of the Tunnel

    Chen Ying, Chao Qingchen, Hu Guoquan, Liu Zhe, Wang Mou / 001

    Introduction / 002

    1. Progress on Scientific Understanding / 003

    2. International Climate Process and International Governance / 009

    3. Domestic Policies and Actions to Address Climate Change / 016

    5. Statistics of the Green Book within 10 Years / 021

    Conclusions / 026

Abstract: It took 10 years since the first Annual Report on Actions to Address Climate Change by Chinese Academy of Social Sciences and China Meteorological Administration published in 2009. This green book always pays close attention to and reflect international climate process and low – carbon development in China. This report reviews 10 years of tackling climate change from different perspectives including scientific understanding, international climate governance and domestic policies and actions. It also comprehensively analyzes the current situations to address climate change, and briefly summarizes the birth and development process of the green book as well as the outlook for the future.

Keywords: Climate Change; Scientific Understanding; International Climate Governance; Low – carbon Development

II Evaluation with Quantitative Indexs

G. 2 Effectiveness Evaluation of Low-carbon Cities Construction in
      China   *Chen Nan*，*Zhuang Guiyang* / 027

Abstract：This paper evaluated the multi-dimensional effectiveness of different low-carbon cities construction in China in 2016 by using the low-carbon city construction evaluation index system developed newly by the Institute for Urban and Environmental Studies Chinese Academy of Social Sciences. The results showed that most cities in China have achieved some positive effectiveness in low-carbon development. The overall level of low-carbon development of eastern cities, eco-priority cities and cities in the Pearl River Delta are relatively high, but they have the characteristics of large internal differences. Finally, it put forward some suggestions, such as clarifying the orientation of city development, narrowing the gap of cities low-carbon development in the region; optimizing the selection of indicators, expanding the scope of evaluation; giving full play to the synergistic effectiveness of low-carbon and regional development, and constructing a new system of regional green development.

Keywords：Low-Carbon Cities Construction; Effectiveness Evaluation; Evaluation Index System

III International Process to Address Climate Change

G. 3 Opportunities and Challenges of China as a Torchbearer
      in Global Climate Governance within the
      "Deglobalization"   *Teng Fei* / 045

Abstract：The pull out of US from *the Paris Agreement* is a symbol event of

"deglobalization" trend dominated by US and UK, also a major challenge to global governance structure. To maintain a beneficial international environment to peaceful growth, it is crucial for China as a guard to promote current globalization process and also seek solutions to resolve many challenges which we are facing. Global climate change is not only a global environment issue, but also a racecourse between "deglobalization" and "reglobalizaiton", representing the internal necessity for China's goal to become a great modern socialist country. China should defend the principle of equity and fairness, participate and lead the institutional establishment of global climate governance in a deeper manner, with a view to promote win-win cooperation and joint development among countries. The climate change could be an important field and successful example of enhancing national image and "soft power" through expansion of international influence and discourse power.

Keywords: Globalization; Climate Change; Climate Governance; the Paris Agreement

G. 4   China's Approach to the "Talanoa Dialogue"
on Address Climate Change   *Chai Qimin*, *Qi Yue* / 057

Abstract: The Talanoa Dialogue on address climate change is a series of events aimed at promoting mutual understanding and joint actions among parties and non-state players under the United Nations multilateral process in addition to the negotiations on *the Paris Agreement*. The dialogue, which ran through 2018, was divided into two phases, the preparatory phase and the political phase, with three themes— "Where are we", "Where do we want to go", "How do we get there". The dialogue is a reflection of the experience and lessons learned from the negotiations since the United States withdrew from *the Paris Agreement*, and also a try to discuss how to strengthen international cooperation in the process of implementing *the Paris Agreement* to enhance the action and support for climate change, which is different from the general negotiation in terms of form and topic scope. Taking a driving seat in international cooperation to respond to climate change, China has become an important participant, contributor and torchbearer in the global endeavor for ecological civilization. China's delegation, the cities, private sectors, NGOs and other stakeholders should work together to correctly understand the Talanoa Dialogue and make our China's Contributions.

Keywords: the Paris Agreement; Talanoa Dialogue; National Determined Contributions; Global Stocktake

G. 5　Towards a Climate Resilience Society: Challenges

and Prospects　　　　*Sun Shao, Chao Qingchen, Huang Lei* / 066

Abstract: Studies showed that global climate risks are increasing, in which the climate risks faced by developing countries are significantly higher than those by developed ones. In the process of achieving climate resilience and sustainable development, full consideration should be given to the realistic capabilities of social and economic transformation. For developing countries, adaptation is more realistic and urgent. The international community should maintain the principle of equal emphasis on adaptation and mitigation for a long time and help developing countries remove many obstacles in the field of adaptation. China, which is working hard towards the ecological civilization, has made remarkable progress in the areas of ecology-based poverty reduction and disaster prevention and reduction. On the premise of building a community of shared future for mankind, all countries in the world should coordinate their domestic development goals and global demand for emission reduction, and make positive contributions to the protection of the global environment and the realization of a climate resilience society.

Keywords: Adaptation; Mitigation; Climate Resilience; Sustainable Development

气候变化绿皮书

G. 6　IPCC Special Report on Global Warming of 1. 5℃

Huang Lei, Chao Qingchen, Zhang Yongxiang / 079

Abstract: The 48th session of the Intergovernmental Panel on Climate Change (IPCC) convened from 1 – 6 October 2018 in Incheon, Republic of Korea, adopted the Summary for Policymakers (SPM) of the Special Report on Global Warming of 1. 5℃ (SR15) and approved the Technical Summary and the underlying assessment report. On 8 October, the Panel released the Special Report. The SPM consists of four sections: Understanding Global Warming of 1. 5℃; Projected Climate Change, Potential Impacts, and Associated Risks; Emission Pathways and System Transitions Consistent with 1. 5℃ Global Warming; Strengthening the Global Response in the Context of Sustainable Development and Efforts to Eradicate Poverty. The Special Report was produced in response to an invitation from the UN Framework Convention on Climate Change (UNFCCC) and will feed into the Talanoa Dialogue of UNFCCC and other mechanisms such as the transparency framework and the global stocktake.

Keywords: IPCC; Global Warming of 1. 5℃; Climate Change Assessment; the Paris Agreement

G. 7　The New Changes of Global Climate Governance and the Rising Status of NGOs
Yu Hongyuan / 088

Abstract: As one of the most important parts of the global governance, the most notable feature of global climate governance is the diversification of the participants and measures to solve global warming problems. At present, various NGOs are developing rapidly in the field of global climate governance: the status of NGOs is ever rising in the UN climate change negotiations, the issues of NGOs concerned have attracted the attention of the international community, and the activities of these NGOs are more free. NGOs mainly serve three aspects of global climate governance: the diverse soft powers of NGOs involved in global climate governance, the multiple modes of NGOs participating in global climate governance, and the different roles of NGOs in global climate governance. The reform of the global climate governance system is at a turning point in history, and in this context, China needs to continuously enhance its capabilities and improve its strategies to lead global climate governance and the construction of non-governmental organizations.

Keywords: Global Climate Governance; NGOs; the Paris Agreement

G. 8 Powering Past Coal Alliance: Status, Impacts and Policy Implications *Chen Ying* / 100

Abstract: With the global green and low carbon development and energy transition, the UK, Canada and some other countries initiated Powering Past Coal Alliance (PPCA) in November 2017. It aimed to tackle climate change by phasing out traditional coal-burning power generation for clean growth. Although its current influence is limited, in long term, it is absolutely part of solution to address climate change to reduce coal consumption for global green and low carbon transition. Being the largest producer and consumer of coal, China is making great efforts to control the total coal consumption by deepening supply side structure reform and effectively phasing out low efficient and surplus production capacities.

Keywords: Powering Past Coal Alliance (PPCA); Energy Transition; Green and Low Carbon Development

G. 9 Current Situation, Problems and Tactics of South-South Cooperation on Climate Change *Tan Xianchun, Gu Baihe, Zhu Kaiwei* / 115

Abstract: The South-South cooperation on climate change is an important

part for the implementation of the *Paris Agreement* and the promotion of global cooperation in climate change. It is also the key link for China to maintain the unity of the developing countries, support itself to participate in the negotiations on climate change, promote green low-carbon development, and create favorable external conditions for the development of the domestic economic society. Through a review of the historical process of South-South cooperation on climate change, this paper analyzed the comparative advantages of China, and pointed out existing problems and obstacles. It also assessed the potential needs for climate change, capital, capacity building and policies under the framework of South-South cooperation with questionnaire survey and expert survey. Under the background of global climate governance transformation and China's new diplomatic strategy, the development trend and model of South-South climate change cooperation is prejudged, and the strategic development road map for mid-long term is designed, in order to find new impetus to deal with the global climate change, establish a new green and low carbon transformation partnership, and provide a strategic support for promoting bilateral dialogue and practical cooperation on climate change.

Keywords: South-South Cooperation; Climate Change; Climate Governance

G. 10 Evolution of the Global Climate Regime Based on Science and Practice
Gao Xiang, Gao Yun / 128

Abstract: Global climate governance is an international political consensus based on sciences and practice. Climate change has caused global concern since 1970s, and the enhancement of relevant knowledge in natural science, engineering and social science has provided more and more solid basis for political decision on international cooperation for addressing climate change. The policies and measures to address climate change, as well as international cooperation have evolved alongside the advance of science and experiences, which contributed to the evolution of global climate governance regime to echo the request from science and feasibility. Such global regime will continue its evolution together with the implementation of Paris Agreement, especially on how the regime could facilitate developing countries on receiving finance, technology transfer and capacity building support to address climate change while accelerating its social economic development.

Keywords: Climate Change; Global Climate Governance; IPCC; UNFCCC

G. 11 The Global Progress of Advancing the Synergy between Climate Actions and Sustainable Development

Zhang Xiaohua, Deng Liangchun / 142

Abstract: The international community adopted the Paris Agreement on climate change in 2015, as well as *the United Nations 2030 Agenda for Sustainable Development and the Addis Ababa Action Agenda* on financing for development. These have provided the grand blueprint for the entire world towards a sustainable future. Many countries in the world, particularly developing countries, have always stressed to address climate change in the framework of sustainable development. Meanwhile, there is a very close linkage between *the United Nations 2030 Agenda for Sustainable Development and the Paris Agreement*, and it is critical to achieve the goals in a mutually complementary and supportive approach in various areas. Therefore, since the adoption of those agreements, the international community has highlighted the synergy between advancing climate actions and sustainable development, meanwhile there are also many progresses at the implementation level. This paper analyzed the progress of the aforesaid two international political processes, as well as the linkage between developing countries' actions to implement *the Paris Agreement and the United Nations 2030 Agenda for Sustainable Development*. It also forecasted the new trend of global efforts on sustainable development and climate change and the paper concluded by providing several recommendations to China on advancing the synergy between climate actions and sustainable development

Keywords: the United Nations 2030 Agenda for Sustainable Development; Sustainable Development Goals; Nationally Determined Contributions (NDCs); the Paris Agreement

G. 12　Analysis on Initial IMO Strategy on Reduction of GHG Emissions from Ships

Zhang Kunkun, Zhao Yinglei, Zhang Shuang / 158

Abstract: International Maritime Organization (IMO) in London have adopted an initial strategy on the reduction of greenhouse gas emissions from ships, setting out a vision to reduce GHG emissions from international shipping and phase them out, as soon as possible in this century.

The initial strategy represents a framework for Member States, setting out the future vision for international shipping, the levels of ambition to reduce GHG emissions and guiding principles; and includes candidate short-, mid- and long-term further measures with possible timelines and their impacts on States. The strategy also identifies barriers and supportive measures including capacity building, technical cooperation and research and development (R&D).

According to the egy represents a framework for Member States, setting out the future, which represents a milestone of the first global climate framework for shipping, is due to be revised by 2023. Continuing the momentum of work on this issue, the Organization for the following 5 years planned to make decisions following a three-step approach, namely, data collecting, data analysis then decision-making, with a view to ensuring the revised strategy is evidence-based and following a structured process.

Keywords: International Maritime Organization; International Shipping; GHG Emissions Reduction from Ships

G. 13   Impact Analysis on the Carbon Offsetting

and Reduction Scheme for International Aviation

Wang Ren , Zhao Fengcai , Lv Jixing / 169

Abstract: The 39th session of the ICAO Assembly adopted the resolution on the development of the carbon offsetting and reduction scheme for international aviation, which established the first sectoral market-based measures globally. In June 2018, the ICAO Council adopted the CORSIA Standards and Recommended Practices (SARPs) as Annex 16, Volume IV to the Convention on International Civil Aviation. This paper elaborates on the development of the CORSIA as well as its SARPs and analyzes the impact of CORSIA, particularly its offsetting assignment methods, eligible emission units criteria, sustainable aviation fuel criteria, etc, on Chinese aviation industry and its relevant industries as well as the impact on the global climate governance. Based on the analysis, this paper makes recommendations on how China should address the CORSIA appropriately.

Keywords: ICAO; CORSIA; Impact Analysis;

Ⅳ   Domestic Policies and Actions on Climate Change

G. 14   An Evaluation on the Co-benefits of Reducing Greenhouse

Gases Emission from Urban Air Pollution Prevention

Policies in China—Taking Chongqing City As a Case

Feng Xiangzhao , Mao Xianqiang / 181

Abstract: In China today, major cities are generally facing the increasingly severe pressure of local air pollution prevention and greenhouse gas emission reduction. How to coordinate the solution of local and global environmental issues is becoming one of important strategic choices of domestic environmental quality, response to climate change and ecological civilization construction. In response to

the increasingly prominent regional atmospheric environment problems, the State Council issued Air Pollution Prevention Action Plan in September 2013. Subsequently, many cities have formulated more detailed air pollution control programs. Many measures such as industrial restructuring, energy structure improvement, which can objectively affect urban energy consumption activities and corresponding CO_2 emissions, have been involved in these programs. Based on this, this study takes a low-carbon pilot city-Chongqing as a case, and selects relevant emission reduction measures from Implementation Opinions on Implementing the Air Pollution Prevention Action Plan in Chongqing to carry out the co-benefit evaluation on reducing atmospheric pollutants and greenhouse gases. The results show that cities are the most suitable responsibility carrier for implementing co-control measures towards local air pollutants and greenhouse gases. The coordinated development of green and low-carbon is conducive to the optimal allocation of urban resources and the minimization of social governance costs. Under the background of air pollution prevention, some structural control measures towards stationary emission sources or mobile emission sources, such as the shutdown of thermal power plants, the closure of small cement plants and the elimination of yellow-label vehicles and old vehicles, can lead to dual emission reduction of local air pollutants and the greenhouse gases. And also, the improvement of urban energy structure can make great contribution to co-control air pollutants and GHGs.

Keywords: Cities; Air Pollution Prevention Policies; Greenhouse Gases Reduction; Co-benefits

G. 15　Esco Development in China

Zhao Ming / 192

Abstract: China is facing great challenge on energy and environment during the rapid economic development period as the world biggest energy consumer. In the past dozens of years, energy conservation has been promoted as national principle policy. Energy efficiency has been greatly improved which made great contribution to the global climate change. Energy efficiency regarded as first energy has received common acknowledgement and high attention. According to the IEA report "energy efficiency 2017", energy efficiency is no more important than ever before for a series of political goals including energy safety, economic growth and sustainable environment. China ESCO industry has become the world leader due to the great development with the support of national policies and industrial efforts, and it will continue to contribute for our national dream.

Keywords: Energy Service Industry; Energy Efficiency; Ecological Civilization

G. 16 Addressing Climate Change and Just Transition

Zhang Ying / 204

Abstract: The paper summarizes the research and negotiation progress of just transition of labour, the creation of decent and quality job under the framework of UNFCCC. The key of just transition is to resolve job problem, which requires to understand the impacts of climate change policies on employment. Low-carbon development refers to the development path of low-carbon economy through low-carbonization process, aiming at achieving the dual goals of sustainable development and climate change. Through the adjustment of industrial structure and energy structure, in addition to the impact on the overall size and structure of employment, new requirements for employment skills will be put forward. In order to better promote a fair transition in the implementation of climate policy, China should actively carry out targeted research, and promote new low-carbon employment opportunities by increasing green investment. It is also necessary to properly consider and resettle unemployment caused by climate policy shocks. Groups to prevent these people from becoming poor due to policy shocks.

Keywords: Climate Change; Just Transition; Job Creation; Mitigation Policies; Adaptation Policies

G. 17　The Impacts of China's Carbon Emission Price on International
　　　　Competitiveness of the Covered Industries

Qi Shaozhou, Yang Guangxing / 216

Abstract: Based on the fixed relationships between the energy consumption and greenhouse gas emission, this paper constructs a carbon-energy price mapping to further analyze the influences of carbon prices on the international competitiveness of covered industries, and then policy suggestions are put forward according to the research conclusions.

Keywords: Carbon Price; Covered Industry; International Competitivenss

G. 18　Global Climate Financing System in Transition
　　　　and China's Response

Liu Qian, Xu Yinshuo, Luo Nan / 230

Abstract: Climate financing was originated from global environmental cooperation. With the synergy among climate governance, trading and sustainable development, the connotation of climate financing further evolves. Climate financing now covers three dimensions: 1) how do public finance from developed countries support the supply of global climate public goods, 2) how to manage the global financial markets and institutions to provide more finance in addressing climate change, and 3) how do policy, market and institution deal with risks related with climate change, extreme weather events, energy transition and carbon price. This paper evaluates the development and characteristics of the global climate financing, and analyses the common challenges faced with climate financing in developing countries. On the basis of the evaluation and analysis, this paper presents solutions to balancing the international and the domestic climate financing strategies, and implementing climate financing governance with Chinese characteristics.

Keywords: Climate Financing; Climate Governance; Climate Public Good Supply; China's Response

V Special Research Reports

G. 19 Research Progress on Coupling Simulation of Climate
and Hydrology   *Wang Shourong* / 241

Abstract: Water resources is related to all aspects of ecosystem, society and economy, while the scientific foundation for research on water resources is understanding the hydrological feature under climate change background, and coupling simulation of climate and hydrology is the right tool for the research. In this paper, the related international scientific programs are briefly introduced, the research progress on hydrological process and its changing trends are elaborated, the research achievements are demonstrated, and main methodology and scientific problems are discussed. Finally some suggestions on intensifying climatic and hydrological observations and experiments, promoting research on hydrological mechanism and simulation, enhancing impact assessment of climate change on water resources, and support for sustainable development, are put out.

Keywords: Climate Change; Hydrological Cycle; Coupling Simulations; Decision Support

G. 20 New Service Demands Proposed to Cryospheric Science
by the New Normal of Global Climate
Ma Lijuan, Qin Dahe / 254

Abstract: The progress of science and technology has accelerated social economic development and improved people's living standards, but brought about

the consequences of global warming and environmental degradation at the same time. The problems of snow line rise, glacier retreat, frozen ground degradation, sea ice extent decrease, and so on, attracted broad attention. The Antarctic, the Arctic and the Qinghai-Xizang Plateau are regions with most developed cryosphere on the Earth, and also affected by climate change the most dramatically. However, the cryospheric data and records there are also the most scarce. To this end, the World Meteorological Organization launched Global Cryosphere Watch, aimed to establish observational network of global cryosphere, provide comprehensive cryospheric products and services, guide the establishment of Polar Regional Climate Center, serve countries and regions affected by cryospheric changes, help the people there to improve the ability to adapt to climate change.

Keywords: Cryosphere; Cryospheric Science; Polar Regions; World Meteorological Organization; Global Cryosphere Watch

G. 21　Climate Induced Poverty: Impacts and Coping Measures

Meng Huixin, Zheng Yan / 264

Abstract: Climate change and poverty are major challenges to human society in the 21 century. It is imperative and strategic importance of coping climate induced poverty and improving climate security in China. Considering the context of socio-economic transition, it is complicate to explore diverse driving factors of rural poverty in China. It's also lack of holistic and theorectical analysis on climate induced poverty. In review of the research progess in China and abroad, this article gives a brief review about the situation and challenges of climate change on rural poverty, analyzes impact mechanism of climate induced poverty in China, and then categorizes the climate induced poverty from perspectives of regional distribution, sectoral characteristics and social group. In the end, this article proposes strategy and policy options for China to cope with the climate induced poverty.

Keywords: Climate Change; Poverty; Climate Poverty; Coping Strategy

G. 22　Impacts of Extreme Climate Events on Ecosystem,
　　　　Production and Living in Urban Area and Adaptation

Li Guoqing, Chen Lu, Yuan Yuan / 276

Abstract: The global climate change has intensified the frequency and intensity of extreme weather disasters such as torrential rain and flood, high temperature and heat wave and heavy smog, which have affected a city's ecology, economy and social systems to different degrees and hindered the normal operation of urban functions. The adaptation of a city to the climate change includes not only the response and adjustment of various elements within the three systems of ecology, production and living, but also their mutual integration and coordinated response. Starting from basic elements of urban society, economy and ecology, this paper analyzes the urgent needs of ecological priority, green production and smart life to adapt to climate change, explores ways and measures for a city's ecology, economy and social systems to adapt to extreme weather and climate and points out that an effective way for a city to cope with extreme climate events under the climate change is to establish an intelligent urban green technology system and a smart urban social management system of disaster prevention and reduction for the purpose of increasing the city's ability to adapt to the climate change.

Keywords: Extreme Climate Events; Urban Adaptability; Systems of Ecosystem, Production and Living; Adaptation Strategies

G. 23　Analysis on the Perception and Adaptation Countermeasures
　　　　on Climate Change of Populations in Xinjiang Region

Zhao Lin, Wang Changke, Wang Tie,

Li Yuanpeng, Han Xueyun / 291

Abstract: Extreme weather and climate events caused by climate change are becoming more frequent, but there are regional and group differences in the

perception and adaptability to climate change. In this study, 495 residents aged above 18 in Xinjiang were selected as the subjects to make a questionnaire survey. The questionnaire was designed from climate change perception and adaptation. The survey was conducted by focusing on urban and rural areas, genders, ages, educational backgrounds and occupations to find out Xinjiang residents' cognitive differences in climate change trend and major meteorological disasters. The survey results show that residents in Xinjiang region have an relatively accurate perception of the local climate change, and there are differences between different groups in coping with climate change. On the early warning of meteorological disasters, there are 14.7% respondents said they could not receive any early warning information about meteorological disasters. Xinjiang should give full play to the role of news media and cell-phone message service, and strengthen the reception and transmission of early warning information at the grassroots level. In response to drought and water shortage, infrastructure construction measures, such as reservoir building, are more easily accepted by Xinjiang residents.

Keywords: Climate Change; Meteorological Disasters; Cognitive Adaptation; Countermeasures; Xinjiang Region

VI Appendix

G. 24 Statistics of Population, Economy, Energy and Carbon
Emissions in Major Countries and Regions   *Zhu Shouxian* / 309

G. 25 Statistics of Global Weather and Climate Disaster
Zhai Jianqing, Qin Jiancheng / 339

G. 26 Statistics of National Weather and Climate Disaster in China
Zhai Jianqing, Qin Jiancheng / 352

G. 27 Abbreviations   *Hu Guoquan, Cui Yu* / 365

❖ 皮书起源 ❖

"皮书"起源于十七、十八世纪的英国，主要指官方或社会组织正式发表的重要文件或报告，多以"白皮书"命名。在中国，"皮书"这一概念被社会广泛接受，并被成功运作、发展成为一种全新的出版形态，则源于中国社会科学院社会科学文献出版社。

❖ 皮书定义 ❖

皮书是对中国与世界发展状况和热点问题进行年度监测，以专业的角度、专家的视野和实证研究方法，针对某一领域或区域现状与发展态势展开分析和预测，具备原创性、实证性、专业性、连续性、前沿性、时效性等特点的公开出版物，由一系列权威研究报告组成。

❖ 皮书作者 ❖

皮书系列的作者以中国社会科学院、著名高校、地方社会科学院的研究人员为主，多为国内一流研究机构的权威专家学者，他们的看法和观点代表了学界对中国与世界的现实和未来最高水平的解读与分析。

❖ 皮书荣誉 ❖

皮书系列已成为社会科学文献出版社的著名图书品牌和中国社会科学院的知名学术品牌。2016 年，皮书系列正式列入"十三五"国家重点出版规划项目；2013~2018 年，重点皮书列入中国社会科学院承担的国家哲学社会科学创新工程项目；2018 年，59 种院外皮书使用"中国社会科学院创新工程学术出版项目"标识。

基本子库 SUB DATABASE

中国社会发展数据库（下设 12 个子库）

全面整合国内外中国社会发展研究成果，汇聚独家统计数据、深度分析报告，涉及社会、人口、政治、教育、法律等 12 个领域，为了解中国社会发展动态、跟踪社会核心热点、分析社会发展趋势提供一站式资源搜索和数据分析与挖掘服务。

中国经济发展数据库（下设 12 个子库）

基于"皮书系列"中涉及中国经济发展的研究资料构建，内容涵盖宏观经济、农业经济、工业经济、产业经济等 12 个重点经济领域，为实时掌控经济运行态势、把握经济发展规律、洞察经济形势、进行经济决策提供参考和依据。

中国行业发展数据库（下设 17 个子库）

以中国国民经济行业分类为依据，覆盖金融业、旅游、医疗卫生、交通运输、能源矿产等 100 多个行业，跟踪分析国民经济相关行业市场运行状况和政策导向，汇集行业发展前沿资讯，为投资、从业及各种经济决策提供理论基础和实践指导。

中国区域发展数据库（下设 6 个子库）

对中国特定区域内的经济、社会、文化等领域现状与发展情况进行深度分析和预测，研究层级至县及县以下行政区，涉及地区、区域经济体、城市、农村等不同维度。为地方经济社会宏观态势研究、发展经验研究、案例分析提供数据服务。

中国文化传媒数据库（下设 18 个子库）

汇聚文化传媒领域专家观点、热点资讯，梳理国内外中国文化发展相关学术研究成果、一手统计数据，涵盖文化产业、新闻传播、电影娱乐、文学艺术、群众文化等 18 个重点研究领域。为文化传媒研究提供相关数据、研究报告和综合分析服务。

世界经济与国际关系数据库（下设 6 个子库）

立足"皮书系列"世界经济、国际关系相关学术资源，整合世界经济、国际政治、世界文化与科技、全球性问题、国际组织与国际法、区域研究 6 大领域研究成果，为世界经济与国际关系研究提供全方位数据分析，为决策和形势研判提供参考。

法律声明

"皮书系列"（含蓝皮书、绿皮书、黄皮书）之品牌由社会科学文献出版社最早使用并持续至今，现已被中国图书市场所熟知。"皮书系列"的相关商标已在中华人民共和国国家工商行政管理总局商标局注册，如 LOGO（✎）、皮书、Pishu、经济蓝皮书、社会蓝皮书等。"皮书系列"图书的注册商标专用权及封面设计、版式设计的著作权均为社会科学文献出版社所有。未经社会科学文献出版社书面授权许可，任何使用与"皮书系列"图书注册商标、封面设计、版式设计相同或者近似的文字、图形或其组合的行为均系侵权行为。

经作者授权，本书的专有出版权及信息网络传播权等为社会科学文献出版社享有。未经社会科学文献出版社书面授权许可，任何就本书内容的复制、发行或以数字形式进行网络传播的行为均系侵权行为。

社会科学文献出版社将通过法律途径追究上述侵权行为的法律责任，维护自身合法权益。

欢迎社会各界人士对侵犯社会科学文献出版社上述权利的侵权行为进行举报。电话：010-59367121，电子邮箱：fawubu@ssap.cn。

社会科学文献出版社